高含硫气藏相对渗透率

郭 肖 著

科学出版社

北 京

内 容 简 介

本书主要阐述相对渗透率计算方法、气-水相对渗透率实验、气-液硫相对渗透率实验以及高含硫气藏双重介质渗流机理。

本书可供从事油气田开发的研究人员、油藏工程师以及油气田开发管理人员参考，同时也可作为大专院校相关专业师生的参考书。

图书在版编目(CIP)数据

高含硫气藏相对渗透率 / 郭肖著. —北京:科学出版社, 2020.10
（高含硫气藏开发理论与实验丛书）
ISBN 978-7-03-066099-2

Ⅰ. ①高… Ⅱ. ①郭… Ⅲ. ①含硫气体-气藏-相对渗透率-研究
Ⅳ. ①TE375

中国版本图书馆 CIP 数据核字（2020）第 174112 号

责任编辑：罗 莉 陈 杰 / 责任校对：彭 映
责任印制：罗 科 / 封面设计：墨创文化

科学出版社 出版

北京东黄城根北街16号
邮政编码：100717
http://www.sciencep.com

四川煤田地质制图印刷厂 印刷

科学出版社发行 各地新华书店经销

*

2020 年 10 月第 一 版 开本：787×1092 1/16
2020 年 10 月第一次印刷 印张：13 1/4
字数：311 000

定价：198.00 元
（如有印装质量问题，我社负责调换）

序　言

　　四川盆地是我国现代天然气工业的摇篮，川东北地区高含硫气藏资源量丰富。我国相继在四川盆地发现并投产威远、卧龙河、中坝、磨溪、黄龙场、高峰场、龙岗、普光、安岳、元坝、罗家寨等含硫气田。含硫气藏开发普遍具有流体相变规律复杂、液态硫吸附储层伤害严重、硫沉积和边底水侵入的双重作用加速气井产量下降、水平井产能动态预测复杂、储层-井筒一体化模拟计算困难等一系列气藏工程问题。

　　油气藏地质及开发工程国家重点实验室高含硫气藏开发研究团队针对高含硫气藏开发的基础问题、科学问题和技术难题，长期从事高含硫气藏渗流物理实验与基础理论研究，采用物理模拟和数学模型相结合、宏观与微观相结合、理论与实践相结合的研究方法，采用"边设计-边研制-边研发-边研究-边实践"的研究思路，形成了基于实验研究、理论分析、软件研发与现场应用为一体的高含硫气藏开发研究体系，引领了我国高含硫气藏物理化学渗流理论与技术的发展，研究成果已为四川盆地川东北地区高含硫气藏安全高效开发发挥了重要支撑作用。

　　为了总结高含硫气藏开发渗流理论与实验技术，为大专院校相关专业师生、油气田开发研究人员、油藏工程师以及油气田开发管理人员提供参考，本研究团队历时多年编撰了"高含硫气藏开发理论与实验"丛书，该系列共有 6 个专题分册，分别为：《高含硫气藏硫沉积和水-岩反应机理研究》《高含硫气藏相对渗透率》《高含硫气藏液硫吸附对储层伤害的影响研究》《高含硫气井井筒硫沉积评价》《高含硫有水气藏水侵动态与水平井产能评价》以及《高含硫气藏储层-井筒一体化模拟》。丛书综合反映了油气藏地质及开发工程国家重点实验室在高含硫气藏开发渗流和实验方面的研究成果。

　　"高含硫气藏开发理论与实验"丛书的出版将为我国高含硫气藏开发工程的发展提供必要的理论基础和有力的技术支撑。

罗平亚

2020.03

前　　言

　　高含硫气藏开采过程中，随地层压力和温度不断下降，当气体中含硫量达到饱和时元素硫开始析出，温度高于硫熔点(119℃)时析出为液态硫，温度低于硫熔点时析出为固态硫，若固相硫微粒直径大于孔喉直径或气体携带结晶体的能力低于元素硫结晶体的析出量，固态硫将在储层岩石孔隙喉道中沉积，从而堵塞气体渗流通道，降低地层有效孔隙空间和渗透率，影响气体产能。

　　气-水与气-液态硫相对渗透率是高含硫气藏开发方案设计与开发动态指标预测、动态分析和气、水分布关系研究最重要的基础性参数。相对渗透率曲线的求取方法有实验室直接测定方法和毛管力曲线计算法、矿场资料计算法、经验公式计算法等间接方法。本书主要阐述相对渗透率计算方法、气-水相对渗透率实验、气-液硫相对渗透率实验以及高含硫气藏双重介质渗流机理。本书理论与实际相结合，图文并茂，内容翔实。

　　本书的出版得到国家自然科学基金面上项目"考虑液硫吸附作用的高含硫气藏地层条件气-液硫相对渗透率实验与计算模型研究"(51874249)和国家科技重大专项"复杂生物礁气藏精细数值模拟"(2016ZX05017-005-005)资助，在此表示感谢。

　　希望本书能为油气田开发研究人员、油藏工程师以及油气田开发管理人员提供参考，同时也可作为大专院校相关专业师生的参考书。限于编者的水平，本书难免存在不足和疏漏之处，恳请同行专家和读者批评指正，以便今后不断对其进行完善。

编者

2019 年 11 月

目　　录

第1章 绪 论

1.1 引 言

高含硫气藏在我国四川盆地川东北地区分布广泛，典型发育有普光气田飞仙关组和长兴组气藏、元坝气田长兴组气藏、罗家寨气田飞仙关组气藏、渡口河气田与铁山坡气田飞仙关组气藏。该类气藏埋藏深、高温高压、H_2S 含量大。由于 H_2S 具有剧毒性和腐蚀性，导致高含硫气藏室内实验和现场开发对安全条件要求高。高含硫气藏开采过程中随地层压力和温度不断下降，当气体中含硫量达到饱和时元素硫开始析出，温度高于硫熔点(119℃)时析出为液态硫，温度低于硫熔点时析出为固态硫，若固相硫微粒直径大于孔喉直径或是气体携带结晶体的能力低于元素硫结晶体的析出量，固态硫将在储层岩石孔隙喉道中沉积，从而堵塞气体渗流通道，降低地层有效孔隙空间和渗透率，影响气体产能。

四川盆地高含硫气藏储层温度普遍高于单质硫的熔点，例如，普光气田飞仙关组气藏地层温度为 123.4℃，元坝长兴组气藏地层温度超过 145℃。开采过程中流体流动状态为气-水-液态硫流动或气-水-固态硫耦合流动。气-水与气-液态硫相对渗透率是高含硫气藏开发方案设计与开发动态指标预测、动态分析和气水分布关系研究最重要的基础性参数。目前国内外尚无地层条件下的高含硫气-液硫相对渗透率实验测试和理论模型，液硫吸附对近井地带储层伤害影响的报道也很少。川东北高含硫气藏通常采用常规方法确定的气-水相对渗透率进行开发动态预测。在近井地带存在液态硫污染甚至固态硫堵塞的情况下，现场实验已经证实常规方法预测结果不能反映真实的高含硫气藏地下渗流特征。因此，需要模拟高含硫气藏在地层条件下的气-水和气-液硫相对渗透率，研究不同相渗对高含硫气藏开发的动态影响。

1.2 国内外研究现状及发展动态分析

当温度高于硫熔点(119℃)时，高含硫气藏流体流动特征为气-水-液态硫共同流动。当温度低于硫熔点时，可能出现固态硫沉积，孔隙结构发生变化。模拟高温高压地层条件下高含硫气-液态硫的相对渗透率，既要考虑实际地层高温高压测试条件问题，又要考虑高含硫气藏开发过程中液态硫析出和吸附问题。国内外的相关研究包括硫溶解度实验和模型研究、液态硫吸附储层伤害研究、硫沉积实验与模型研究、孔隙微观结构测试实验研究、相对渗透率实验与经验模型的研究、温度和上覆地层压力对相对渗透率影响研究，这些研究成果将为本项目研究提供借鉴。

1.2.1 硫溶解度实验和模型研究

硫溶解度是表征在不同温度压力条件下元素硫在酸性气体中的溶解度的重要物理参数，其溶解机理包括物理溶解和化学溶解。

国外 Kennedy 和 Wieland(1960)在实验压力为 6.8~40.8MPa，温度为 65.6℃、93.3℃、121℃条件下首次开展了元素硫在 CH_4、CO_2、H_2S 单组分气体以及三种组分混合气体中的溶解度实验。Roof(1971)在压力为 6.8~30.6MPa，温度为 43.3~110℃条件下实验测试了硫在纯 H_2S 中的溶解度。Swift 等(1976)在压力为 34.5~138MPa，温度为 121~204℃条件下实验测试了硫在纯 H_2S 中的溶解度。Brunner 等(1980，1988)在压力为 6.6~155MPa，温度为 116~213℃条件下测定了元素硫在不同含量的 CO_2、H_2S、C_1~C_4 等酸性气体混合物中的溶解度。Davis 等(1992)测试了压力为 7~55MPa，温度为 60~150℃条件下硫在不同含量的 H_2S 酸性气体混合物中的溶解度。Chrastil(1982)基于气体组分缔合定律和熵原理，建立了描述固体或液体在高密度气体中的溶解度的理论模型。Roberts(1997)利用 Brunner 和 Woll(1980)的两组实验数据，对 Chrastil(1982)建立的溶解度经验公式进行系数拟合，建立了元素硫在酸性气体中的常系数溶解度经验公式，被国内外广泛用于预测元素硫在混合酸性气体中的溶解度。Karan 等(1998)利用 PR 状态方程描述气相和液相，采用经验关联模型，建立了硫在酸性气体中溶解度的热力学预测模型。Heidemann 等(2001)采用改进的 PR 状态方程准确描述了元素硫在酸性混合气体中的溶解度。

国内谷明星等(1993)实验测定了硫在超临界/近临界条件下在 H_2S、CO_2、CH_4 及富含 H_2S 的酸性气体中的溶解度，并将 PR 状态方程应用于固体硫在 H_2S、CO_2 及 CH_4 单组分气体中的溶解度数据，预测了固体硫在含 H_2S 酸性流体混合物中的溶解度。Sun 和 Chen(2003)等在压力 20~45MPa，温度为 30~90℃条件下测试了硫在 7 个三元酸性气体体系中的溶解度，并建立了能够预测和关联元素硫在高含硫天然混合气中溶解度的气固热力学模型。乔海波等(2006)基于不同学者测定的高压区和低压区的元素硫在酸性气体中的溶解度实验数据，分别拟合得到的两套 Chrastll 模型系数能较大地提高该模型对实验数据的拟合精度。杨学锋等(2006，2009)建立了高含硫气体中描述元素硫沉积的气固、气液和气液固热力学数学模型。卞小强等(2009，2011)等基于化工热力学和超临界流体缔合理论，建立了酸性气体中硫溶解度的半经验四参数(压力、温度、溶解度和超临界流体密度)缔合模型。Hu 等(2014)在 Chrastil 溶解度模型的基础上，通过数学方法建立了新的硫溶解度预测模型。陈磊和李长俊(2015)提出了误差逆向传播人工神经网络模型来关联和预测硫在高含硫气体中的溶解度。李洪等(2015)基于 Brunner 和 Woll(1980)的实验数据，运用统计学和多元回归理论建立了 3 参数的硫溶解度预测模型。He 和 Guo(2016)等改进了 Chrastil 模型，并对新模型系数进行拟合，建立了 3 参数(温度、压力、气体密度)硫溶解度预测新模型。

1.2.2 液态硫吸附储层伤害研究

Abou-Kassem(2000)在含硫油藏数值模型中考虑了硫的吸附，并建立了硫吸附模型。张勇等(2006)分析了液态硫在孔隙介质中的运移和沉积，并建立了液态硫在孔隙介质中的运移模型。张文亮(2010)基于硫沉积储层伤害实验,分析了国内外硫沉积的相态及其影响因素,研究认为液态硫沉积不会对气井产能产生较大影响。张广东(2014)研制了高含硫气藏微观渗流机理测试装置,分析了多孔介质中硫沉积形态及分布特征,进行了应力敏感和液硫沉积共同作用对储层伤害的评价实验。他采用高含硫气井气液固三相相态理论预测模型,结合气-液硫两相产能方程,对生产过程中含硫气井地层中含硫饱和度的分布、渗透率伤害进行了预测。张砚(2016)从水平井渗流机理出发,考虑水平井不同渗流阶段的压降公式,建立了水平井硫饱和度预测模型,并利用实例进行了水平井硫沉积影响因素分析。

1.2.3　硫沉积实验与模型研究

1.硫沉积实验研究进展

高含硫气藏开采过程中,随地层压力和温度不断下降,当气体中含硫量达到饱和时元素硫开始析出。若结晶体微粒直径大于孔喉直径或是气体携带结晶体的能力低于元素硫结晶体的析出量,则会发生硫物理沉积现象。同时,硫和H_2S之间也存在一个化学反应平衡,即$H_2S + S_x \rightleftharpoons H_2S_x$,随着温度和压力降低,多硫化物分解析出更多的硫。大量硫物理化学沉积会导致气藏严重污染和伤害。通常采取与温度和压力有关的硫溶解能力作为硫沉积条件的判别依据。

Kuo(1972)最早建立了硫沉积量和渗透率的经验关系式。Adin(1978)基于实验建立了固相颗粒沉积引起的孔隙度和渗透率变化的经验模型。Gruesbeck 和 Collins(1982)引入堵塞通道率来表征硫沉积对渗透率的伤害。Al-Awadhy 等(1998)实验研究了碳酸盐岩油藏不同原油驱替速度下硫沉积引起驱替压差增加的问题。Shedid 和 Zekri(2004)实验研究了碳酸盐岩油藏中元素硫沉积以及沥青与元素硫共同沉积的储层伤害问题,并利用扫描电镜(scanning electron microscope,SEM)研究了岩心中硫的沉积位置。Zekri 等(2009)和 Shedid 等(2009)分别实验评价了元素硫沉积和沥青沉积对碳酸盐岩油藏注 CO_2 驱替动态的影响。Tran 等(2010)对不同粒径、不同形状、不同组分和不同浓度的微粒对裂缝造成的伤害进行了实验研究。Guo 等(2009)利用岩心流动实验(借助扫描电镜)研究了不同注入速度下岩心中不同位置处的(硫微粒)沉积量的大小。另外,He 和 Guo(2016)采用自研自制的抗腐蚀高温高压渗透率测试仪,测定了液态硫在岩心中的吸附能力,初步分析了岩石物性、温度与压力对液硫吸附能力的影响。

2.硫沉积预测模型研究进展

Kuo(1972)建立了一维径向流动模型来研究了井距、产气速度、井筒半径对硫沉积的影响。Roberts(1997)应用常规黑油模型用油组分替代固态沉积硫,并设置其相对渗透率为零来模拟硫沉积过程。Abou-Kassem(2000)基于 Gruesbeck 和 Cllins(1982)的研究,考虑硫的沉积和吸附,建立了元素硫运移沉积数学模型。Hands 等(2002)考虑近井地带温度变化和地层中水动力效应影响,建立了高含硫裂缝性气藏硫沉积预测解析模型。Civan(2007)建立了微粒在多孔介质的孔隙喉道中运移、聚集、沉积、堵塞等综合储层伤害数学模型。Guo 等(2009)建立了高含硫气藏三维多组分数学模型,分析研究了初始硫化氢浓度、岩石渗透率和气流速度对硫沉积的影响。Hu 等(2013)在常规黑油模型的基础上，分析得到了硫沉积与束缚水饱和度的关系，建立了非达西流动下的硫沉积储层伤害模型。Mahmoud(2013)研究了硫吸附对降低孔隙度、渗透率、相对渗透率、岩石润湿性的影响。Guo 等(2015)提出了一个新预测模型来计算近井地带硫的饱和度，分析了气藏温度和压力、气体黏度、偏差系数、气藏的初始孔隙度以及绝对渗透率对硫的饱和度的影响，然后分析了硫沉积对气井产能的影响。He 和 Guo(2016)采用变常数法对 Chrastil 模型进一步改进，提出了元素硫溶解度新模型；同时，他们建立了考虑硫沉积、气体性质变化、裂缝发育程度以及气井产量影响的储层渗透率伤害模型,研究发现高含 H_2S 裂缝性气藏的沉积主要在近井地带，裂缝孔径对近地层的渗透率有显著影响。

1.2.4 孔隙微观结构测试实验研究

学者普遍采用铸体薄片鉴定、环境扫描电镜、X 衍射、核磁共振、恒速压汞和 CT 扫描技术研究物性参数及其变化、矿物成分分析、岩石润湿性分析以及孔隙微观结构及其变化。环境扫描电镜能够在岩样含有流体的情况下进行实验研究，从而观测到岩样矿物的微观特征及其变化情况。核磁共振(nuclear magnetic resonance，NMR)技术不仅能够较准确地测试储层岩石的微观孔隙结构特征，对储层的孔隙度、渗透率、饱和度等基本物性参数进行测试，还能分析储层的可动流体分布情况。恒速压汞能够将岩样的孔隙和喉道分开，并且对孔隙、喉道的形态变化分别进行测定与分析，最终分别得到孔隙与喉道的毛管曲线。

高含硫气藏开采过程中随地层压力和温度不断下降，将会产生液态硫污染甚至固态硫堵塞现象，储层孔隙结构特征和流体分布会发生变化。本书主要借助油气藏地质及开发工程国家重点实验室的 PDP-200 脉冲衰减法超低渗透岩心渗透率测量仪、MicroXCT-400 三维重构成像 X 射线显微镜、环境扫描电子显微镜以及三维核磁过程成像分析及流动实验分析仪，研究液态硫析出污染和固态硫沉积前后孔隙结构变化的内在机理。

1.2.5 相对渗透率研究

1.相对渗透率实验数据处理方法研究进展

相对渗透率是油气藏开发方案设计与开发动态指标预测、动态分析和气水分布关系研究最重要的基础性参数。相对渗透率曲线的求取方法有实验室直接测定方法和诸如毛管力曲线计算法、矿场资料计算法和经验公式计算法等间接方法。实验室测定相对渗透率主要有稳态法和非稳态法两种。稳定法测定相对渗透率基于一维达西渗流理论，非稳态法则是以 Buckley-Leverett 一维两相水驱油前缘推进理论为基础。岩心相对渗透率是多因素影响的复杂函数，不是饱和度的唯一函数，还与储层润湿性、流体饱和顺序、岩石孔隙结构、流体性质、实验温度、压差以及流动状态等有关。实验测得的相对渗透率曲线是这些因素综合作用的结果。

实验室测定相对渗透率非稳态法能解决稳态法测试周期长的问题，但其数据处理方法复杂。Johnson 等(1959)基于 Buckley-Leverett 前沿推进理论提出了经典的 JBN 方法。Jones

和 Roszelle(1978)以 JBN 方法为基础提出了琼斯图解法。不少研究人员发展了 JBN 方法，提出了考虑毛细管压力的驱替实验数据处理方法。邓英尔等(2000)、宋付权和刘慈群(2000)通过引入油相启动压力梯度，建立了低渗透油藏油-水相对渗透率非稳态计算方法。周英芳等(2010)考虑油相和水相启动压力梯度动态变化，建立了低渗透岩心水驱油相对渗透率求取算法。桓冠仁和沈平平(1982)采用三次多项式拟合方法处理实验数据。李克文等(1994)采用指数函数进行实验数据拟合分析。随着计算机技术的快速发展，利用数值模拟历史拟合的隐式方法也广泛用来计算相对渗透率。吕伟峰等(2012)运用 CT 双能同步扫描方法，采用稳态物理模拟实验，研究了水湿与油湿的露头岩石的三相相对渗透率。勘探开发研究院自主研发了国际先进的岩芯 CT 扫描驱替实验平台及系列方法，建立了 CT 双能同步扫描方法，实现了对油、气、水三相流体饱和度的同步在线精确识别，获取了水驱、气驱过程中的流体饱和度沿程分布信息。Bennion 和 Bachu(2007，2008)开展系列实验研究了地质环境、孔隙结构、毛管力、界面张力、矿化度、温度和压力对相对渗透率的影响，并使用扫描电镜(SEM)分析了实验前后孔隙结构的变化。

目前行业标准《岩石中两相流体相对渗透率测定方法》(SY/T 5345—2007)也不适用于气-水-液硫共存体系中高温高压条件下相对渗透率的实验测试。近期课题组利用自研自制设备初步测试了高温高压条件下气-水与气-液硫的相对渗透率，实验发现与川东北高含硫气田开发动态预测通常采用的相对渗透率差异明显。

2. 相对渗透率经验模型研究进展

基于实验数据采用数理统计方法，不少研究者也提出了油-气、油-水、油-气-水及微乳液-油-水等的相对渗透率经验公式(表 1-1)。其中，Corey(1954)首先建立了水湿砂岩油-气相对渗透率经验公式。Rose(1948)建立了非胶结砂岩、胶结砂岩和灰岩储层的油-气和油-水相对渗透率经验公式。Honarpour 等(1982)提出了可采用指数形式的油-水两相相对渗透率计算模型。由于实验室很难测到三相相对渗透率，许多研究者提出了油-气-水三相相对渗透率经验模型。其中在数值模拟中应用最广的是 Stone I 和 Stone II 模型。Ranaee 等(2014)运用 S 型函数模型研究了三相相对渗透率曲线的预测。雷刚等(2015)提出了应力敏感储层相对渗透率分形模型。然而，川东北高含硫气藏相对渗透率来自室内常温常压的实验测试，相对渗透率模型通常采用 Corey 模型，国内外尚缺乏针对高温高压高含硫气藏气-液硫相对渗透率的理论模型。

表 1-1　气藏气-水相对渗透率计算公式主要研究进展

时间	研究人员	研究成果
1954 年	Corey	提出了气相相对渗透率曲线经验公式，即 Corey 模型
1958 年	Pirson	提出了气水系统的 Pirson 模型
1966 年	Brooks 和 Corey	考虑孔隙大小及其分布规律，改进了 Corey 模型
1979 年	Byrnes	考虑临界含气饱和度和含水饱和度，提出了修正的 Corey 模型
1982 年	Honarpour 等	提出了气-水相对渗透率指数模型
1987 年	Ward 和 Morrow	提出了水相相对渗透率渗经验公式

续表

时间	研究人员	研究成果
2001 年	Li 和 Horne	提出了 Li-Horne 模型
2010 年	Cluff 和 Byrnes	提出了临界含气饱和度和临界含水饱和度的计算公式
2015 年	雷刚等	提出了应力敏感储层相对渗透率分形模型

3.温度和上覆地层压力对相对渗透率影响的研究进展

通常气-水相对渗透率曲线是在常温、接近大气压条件下测定的。地下数千米处的多孔介质具有上覆压力，相对渗透率具有应力敏感性。Fatt(1953)首次测定了上覆压力为 3000 psi[①]的油-气相对渗透率，认为上覆压力对相对渗透率没有重要影响。Thomas 和 Ward(1972)在室温和围压为 100~6000 psi 条件下，测定了致密砂岩岩心气-水相对渗透率，实验发现随围压增加，气相相对渗透率下降明显，而水相渗透率几乎没有变化。Gawish 和 AI-Homadhi(2008)研究了油藏在高温、高压条件下孔隙压力、压降和上覆压力对油-水相对渗透率的影响，实验发现温度、泥质含量以及净上覆压力对油-水相对渗透率有着不同的影响，随着净上覆压力增加，油相相对渗透率下降，水相相对渗透率没有变化。Jones 等(2001)研究了应力为 2.8~20.7MPa 对油-水相对渗透率的影响，研究结论与 Gawish(2008)和 AI-Homadhi 的相同。郭肖(2014)建立了实验室条件与地层条件相对渗透率曲线转换模型，模拟计算了不同温度，压力对气-水相对渗透率的影响；研究表明实验温度和压力不会对水相相对渗透率曲线造成影响，而对气相对渗透率有很大影响，在高温高压条件下相差能达到 10 倍以上。Guo 等(2017)通过实验研究了温度对超低渗储层渗透率的影响，并建立了岩石渗透率与压力和温度关系的理论模型，实验和理论相互印证。

据对高含硫气藏流动规律国内外研究进展的长期跟踪，仅有 Bennion 和 Bachu(2008)开展过纯 CO_2-水和纯 H_2S-水系统相对渗透率曲线研究。本项目组一直致力于高含硫气藏渗流规律研究，并取得了阶段性研究进展。若能弄清楚高含硫气藏在地层条件下气-水以及气-液态硫的相对渗透率规律，对指导高含硫气藏安全高效开发、生产、具有重要的理论和应用价值。因此，本项目的研究成果具有广阔的应用前景。

---

① 1psi=6.89476×10³Pa。

第2章 相对渗透率计算方法

2.1 常规相对渗透率计算

2.1.1 实验方法测定

1.稳态法

稳态实验是求取相对渗透率最基本的方法。在稳态法中，迫使固定比例的流体通过岩样，直到建立起饱和度和压力的平衡态(压力分布、饱和度分布不随时间而改变)。设计该实验的关键在于如何消除或降低岩心出口端由于毛细管压力而造成的"末端效应"。目前比较常用的方法有宾夕法尼亚法、单岩心动力法、不动流体法、分散注入法等。其理论依据为忽略毛细管压力和重力作用的两相不可压缩、不互溶流体的一维渗流方程：

$$K_{\mathrm{w}} = \frac{Q_{\mathrm{w}}\mu_{\mathrm{w}}L}{A\Delta p} \times 10^{-1} \tag{2-1}$$

$$K_{\mathrm{o}} = \frac{Q_{\mathrm{o}}\mu_{\mathrm{o}}L}{A\Delta p} \times 10^{-1} \tag{2-2}$$

考虑气体膨胀：

$$K_{\mathrm{g}} = \frac{2LQ_{\mathrm{g}}\mu_{\mathrm{g}}p_0 Z_{\mathrm{a}}}{A\left(p_1^2 - p_2^2\right)Z_0} \times 10^{-1} \tag{2-3}$$

$$K_{\mathrm{rw}} = \frac{K_{\mathrm{w}}}{K_{\mathrm{o}}\left(S_{\mathrm{wi}}\right)} \tag{2-4}$$

$$K_{\mathrm{ro}} = \frac{K_{\mathrm{o}}}{K_{\mathrm{o}}\left(S_{\mathrm{wi}}\right)} \tag{2-5}$$

$$K_{\mathrm{rg}} = \frac{K_{\mathrm{g}}}{K_{\mathrm{o}}\left(S_{\mathrm{wi}}\right)} \tag{2-6}$$

称重法求含水饱和度：

$$S_{\mathrm{w}} = \frac{m_i - m_1 - V_{\mathrm{p}}\rho_{\mathrm{o}}}{V_{\mathrm{p}}\left(\rho_{\mathrm{w}} - \rho_{\mathrm{o}}\right)} \times 100 \tag{2-7}$$

物质平衡法求含水饱和度：

$$S_{\mathrm{w}} = S_{\mathrm{wi}} + \frac{V_i - V_{\mathrm{o}}}{V_{\mathrm{p}}} \times 100 \tag{2-8}$$

式(2-1)～式(2-8)中，Q_{w}——驱替水流量，$\mathrm{mL \cdot s^{-1}}$；

Q_{o}——驱替油流量，$\mathrm{mL \cdot s^{-1}}$；

Q_{g}——驱替气流量，$\mathrm{mL \cdot s^{-1}}$；

μ_o——实验温度下油的黏度，mPa·s；

μ_w——实验温度下水的黏度，mPa·s；

μ_g——实验温度下气体的黏度，mPa·s；

m_i——任一时刻含油水岩样的质量，g；

m_1——岩样干重，g；

ρ_w——测试条件下水的密度，g·cm^{-3}；

ρ_o——测定温度下模拟的油密度，g·cm^{-3}；

V_p——孔隙体积，cm^3；

V_o——计量管中原始油的体积，cm^3；

V_i——第 i 种油水比稳定后计量管内含油的体积，cm^3；

S_{wi}——束缚水饱和度，%；

S_w——岩样含水饱和度，%；

K_w——水相有效渗透率，μm^2；

K_g——气相有效渗透率，μm^2；

K_o——油相有效渗透率，μm^2；

K_{rw}——水相相对渗透率，小数；

K_{ro}——油相相对渗透率，小数；

K_{rg}——气相相对渗透率，小数；

p_1、p_2——岩心进出口端压力，MPa；

p_0——实验室压力，MPa；

Z_0——p_0 压力下天然气的偏差系数；

Z_a——岩心平均压力下天然气的偏差系数；

L——岩心长度，cm；

A——岩心横截面积，cm^2。

2.非稳态法

非稳态法是以水驱油基本理论(即 Buckley-Leverett 前沿推进理论)为出发点，认为在水驱油过程中，油、水饱和度的分布是驱油时间和距离的函数。因为油、水的相渗透率随饱和度分布变化而变化，油、水在岩石某一横截面上的流量也随时间而变化。这样，只要在水驱油过程中能准确地记录恒定压力时的油、水流量或恒定流量时的压力变化，便可计算出两相相对渗透率随饱和度的变化关系。由非稳态实验数据获取相对渗透率主要有两类方法：以 JBN 方法为代表的显式处理方法和利用数值模拟历史拟合的隐式处理方法。

1) 显式处理方法

Johnson 等(1959)最先提出用驱替实验数据计算相对渗透率的理论。之后经过 Jones 和 Roszelle(1978)的发展已成为目前计算相对渗透率的标准方法，通常称为 JBN 方法。

假设多孔介质均匀，流体为不可压缩、不混溶牛顿流体，忽略重力和毛细管压力的影响，渗流符合达西定律，并假设流体在岩心中以等饱和度面推进。

则油、水连续性方程分别为

$$\frac{\partial v_{\mathrm{o}}}{\partial x} + \varphi \frac{\partial S_{\mathrm{o}}}{\partial t} = 0 \tag{2-9}$$

$$\frac{\partial v_{\mathrm{w}}}{\partial x} + \varphi \frac{\partial S_{\mathrm{w}}}{\partial t} = 0 \tag{2-10}$$

油、水两相运动方程为

$$v_{\mathrm{o}} = -\frac{KK_{\mathrm{ro}}}{\mu_{\mathrm{o}}} \frac{\partial p}{\partial x} \tag{2-11}$$

$$v_{\mathrm{w}} = -\frac{KK_{\mathrm{rw}}}{\mu_{\mathrm{w}}} \frac{\partial p}{\partial x} \tag{2-12}$$

含水率为

$$f_{\mathrm{w}} = \frac{v_{\mathrm{w}}}{v(t)} \tag{2-13}$$

将含水率公式代入式(2-10)得

$$v(t) f_{\mathrm{w}}'(S_{\mathrm{w}}) \frac{\partial S_{\mathrm{w}}}{\partial x} + \varphi \frac{\partial S_{\mathrm{w}}}{\partial t} = 0 \tag{2-14}$$

方程(2-14)的特征方程为

$$\frac{\mathrm{d}x}{v(t) f_{\mathrm{w}}' S_{\mathrm{w}}} = \frac{\mathrm{d}t}{\varphi} \tag{2-15}$$

根据等饱和度前沿推进假设:

$$\mathrm{d}S_{\mathrm{w}} = 0 \tag{2-16}$$

式(2-15)可改写为

$$\left(\frac{\mathrm{d}x}{\mathrm{d}t}\right)\bigg|_{S_{\mathrm{w}}} = \frac{v(t)}{\varphi} \cdot f_{\mathrm{w}}' \tag{2-17}$$

解得

$$\frac{x}{L} = \frac{f_{\mathrm{w}}'}{f_{\mathrm{w}2}'} \tag{2-18}$$

岩心两端压差表示为

$$\Delta p = -\int_0^L \frac{\partial p}{\partial x} \mathrm{d}x \tag{2-19}$$

将式(2-11)、式(2-18)代入式(2-19)得

$$\int_0^{f_{\mathrm{w}2}'} \frac{f_{\mathrm{o}}}{K_{\mathrm{ro}}} \mathrm{d}f_{\mathrm{w}}' = \frac{f_{\mathrm{w}2}'}{I_{\mathrm{r}}} \tag{2-20}$$

其中相对注入能力 I_{r} 可表示为

$$I_{\mathrm{r}} = \frac{v/\Delta p}{v_{\mathrm{s}}/\Delta p_{\mathrm{s}}} \tag{2-21}$$

由式(2-20)可得

$$K_{\mathrm{ro}} = f_{\mathrm{o}} \frac{\mathrm{d}f_{\mathrm{w}2}'}{\mathrm{d}\left(f_{\mathrm{w}2}'/I_{\mathrm{r}}\right)} \tag{2-22}$$

含水率公式可表示为

$$f_{\mathrm{w}} = \frac{1}{1 + \dfrac{\mu_{\mathrm{w}}}{\mu_{\mathrm{o}}}\dfrac{K_{\mathrm{ro}}}{K_{\mathrm{rw}}}} \qquad (2\text{-}23)$$

将式(2-22)代入式(2-23)得

$$K_{\mathrm{rw}} = K_{\mathrm{ro}}\frac{f_{\mathrm{w}}}{f_{\mathrm{o}}}\frac{\mu_{\mathrm{w}}}{\mu_{\mathrm{o}}} \qquad (2\text{-}24)$$

据 Jones 的推导，岩心出口含水饱和度为

$$S_{\mathrm{w2}}(Q_{\mathrm{i}}) = \overline{S_{\mathrm{w}}}(Q_{\mathrm{i}}) - Q_{\mathrm{i}}f_{\mathrm{o2}} = S_{\mathrm{wc}} + \frac{\sum Q_{\mathrm{o}}}{V_{\mathrm{p}}} - Q_{\mathrm{i}}f_{\mathrm{o2}} \qquad (2\text{-}25)$$

对于气驱水相对渗透率的计算，驱替相为气体(非润湿相)，被驱替相是水(湿相)，气相在驱替过程中随压力降低不断膨胀，用前缘驱替理论导出的公式与气(水)驱油计算公式一样，应对气量进行一定的校正。

$$K_{\mathrm{rg}} = K_{\mathrm{rw}}\frac{\mu_{\mathrm{g}}}{\mu_{\mathrm{w}}}R_{\mathrm{f}} \qquad (2\text{-}26)$$

式(2-9)～式(2-26)中，x——流动距离，m；

t——时间，s；

φ——孔隙度，小数；

μ——黏度，mPa·s；

f——分流量，小数；

S——饱和度，S_{o}、S_{w} 分别表示含油饱和度、含水饱和度，小数；

f'——分流量对含水饱和度的导数；

Q_{i}——累积注入孔隙体积倍数；

v_{s}——初始渗流速度，m·s^{-1}；

I_{r}——相对注入能力；

$\overline{S_{\mathrm{w}}}$——平均含水饱和度，小数；

v_{o}、v_{w}、v_{t}——分别为油、水渗流速度和总渗流速度，m·s^{-1}；

K——绝对渗透率，D；

K_{ro}、K_{rw}、K_{rg}——油相相对渗透率、水相相对渗透率，气相相对渗透率，D；

R_{f}——波义耳校正系数，也叫作校正气水比，m^3·m^{-3}；

L、D、A——分别为岩心的长度(cm)、直径(cm)、横截面积(cm^2)；

下标 o、w、2、wc——分别表示油相、水相、出口端、束缚水。

为保证实验数据的连续性，采用非稳态法计算相对渗透率的步骤为：①记录水驱油实验数据，并绘制出 v_{o}、Δp、v_{t} 分别表示与累积时间 t 的关系曲线。②根据光滑曲线查出一定时间间隔 Δt 所对应的 V_{o} 和 V_{t} 值。③利用式(2-21)～式(2-26)逐项计算出 K_{ro}(或 K_{rg})、K_{rw}、S_{w2} 值。④由于所有计算都是基于岩心出口端饱和度的，把 S_{w2} 用含水饱和度符号 S_{w} 表示，并绘制 K_{ro}(或 K_{rg})、K_{rw} 与 S_{w} 关系曲线。

2)隐式处理方法

隐式处理方法的基本原理是通过假设毛管力和相对渗透率的理论模型，对一维两相的

渗流模型进行求解，并利用最优化方法拟合得到模型参数，最终得到相对渗透率曲线和毛管力曲线。与显示处理方法不同，隐式方法采用了一维二相渗流方程的基本模型，不需要 Buckley-Leverett 方程的假设条件，所以具有更宽的实验范围。同时隐式方法还能利用实验中见水前的测试数据，尤其适用于低渗透储层相对渗透率的测试，能解决常规实验处理方法得到的数据点少的问题。

根据达西定律和质量守恒的原理，在忽略重力、恒温、流体微可压缩非混溶条件下，一维油-水两相渗流过程可用如下数学模型描述：

油相：

$$\frac{\partial}{\partial t}\left(\varphi \rho_{\mathrm{o}} S_{\mathrm{o}}\right)=\frac{\partial}{\partial x}\left(\frac{KK_{\mathrm{ro}}\rho_{\mathrm{o}}}{\mu_{\mathrm{o}}}\frac{\partial p_{\mathrm{o}}}{\partial x}\right)+q_{\mathrm{ov}} \tag{2-27}$$

式中，q_{ov}——油在单位时间内单位体积的质量减少量。

水相：

$$\frac{\partial}{\partial t}\left(\varphi \rho_{\mathrm{w}} S_{\mathrm{w}}\right)=\frac{\partial}{\partial x}\left(\frac{KK_{\mathrm{rw}}\rho_{\mathrm{w}}}{\mu_{\mathrm{w}}}\frac{\partial p_{\mathrm{w}}}{\partial x}\right)+q_{\mathrm{wv}} \tag{2-28}$$

$$p_{\mathrm{c}}=p_{\mathrm{o}}-p_{\mathrm{w}} \tag{2-29}$$

$$S_{\mathrm{w}}+S_{\mathrm{o}}=1 \tag{2-30}$$

式中，q_{wv}——水在单位时间内单位体积的质量减少量；

p_{o}——油相压力；

p_{w}——水相压力；

p_{c}——毛管力。

当毛管力已知时，$p_{\mathrm{o}}-p_{\mathrm{w}}=p_{\mathrm{c}}$，则上述方程有四个独立变量，即 p_{w}（或 p_{o}）、S_{w}、K_{ro}、K_{rw}，利用有限差分方法可以求出其数值解。在实验室进行驱替实验时，先在岩心中饱和油，一端注水，另一端先出油，然后油水同出。

以注水端为坐标原点，岩心长为 L，可得

初始条件：

$$p(x,0)=p_{\mathrm{i}} \tag{2-31}$$

$$S_{\mathrm{w}}(x,0)=S_{\mathrm{wi}} \tag{2-32}$$

边界条件：

$$q_{\mathrm{v}}(0,t)=q_{\mathrm{v}}(t) \tag{2-33}$$

$$q_{\mathrm{v}}(L,t)=q_{\mathrm{wv}}(t)+q_{\mathrm{ov}}(t)=q_{\mathrm{v}}(t) \tag{2-34}$$

式 (2-31) 中，p_{i}——初始压力，MPa。

对偏微分方程式 (2-27) ～式 (2-30) 进行差分，采用隐式压力显式饱和度 (implicit pressure explicit saturation，IMPES) 方法隐式求解压力，显式求解饱和度。首先通过乘以适当系数合并油相方程和水相方程，将方程组转化为压力方程，显示处理压力项系数，得到高阶线性方程组，求解方程得到压力分布值，最后代入油方程或水方程显式求解饱和度。

考虑油水不可压缩时，合并式 (2-27)、式 (2-28) 得压力方程：

$$\frac{\partial}{\partial x}\left(\frac{KK_{rw}}{\mu_w}\frac{\partial(p_o-p_c)}{\partial x}\right)+\frac{\partial}{\partial x}\left(\frac{KK_{ro}}{\mu_o}\frac{\partial p_o}{\partial x}\right)+\frac{q_{wv}}{\rho_w}+\frac{q_{ov}}{\rho_o}=0 \tag{2-35}$$

即

$$\frac{\partial}{\partial x}\left[\left(\frac{KK_{rw}}{\mu_w}+\frac{KK_{ro}}{\mu_o}\right)\frac{\partial p_o}{\partial x}-\frac{KK_{rw}}{\mu_w}\frac{\partial p_c}{\partial x}\right]+q_v=0 \tag{2-36}$$

令 $\lambda_w=\dfrac{KK_{rw}}{\mu_w}$，$\lambda_o=\dfrac{KK_{ro}}{\mu_o}$，$\lambda=\lambda_w+\lambda_o$，则

$$\frac{\partial}{\partial x}\left(\lambda\frac{\partial p}{\partial x}-\lambda_w\frac{\partial p_c}{\partial x}\right)+q_v=0 \tag{2-37}$$

采用块中心均匀网格对式(2-37)进行离散化，网格大小为 Δx。

$$\left[\lambda_{i+1/2}\left(p_{i+1}^{n+1}-p_i^{n+1}\right)/\Delta x^2-\lambda_{i-1/2}\left(p_i^{n+1}-p_{i-1}^{n+1}\right)\right]/\Delta x^2$$
$$-\left[\lambda_{wi+1/2}\left(p_{ci+1}^n-p_{ci}^n\right)/\Delta x^2-\lambda_{wi-1/2}\left(p_{ci}^n-p_{ci-1}^n\right)\right]/\Delta x^2+q_v=0 \tag{2-38}$$

对于 $2\sim n-1$ 块网格块无注入和采出：

$$\lambda_{i+1/2}\left(p_{i+1}^{n+1}-p_i^{n+1}\right)-\lambda_{i-1/2}\left(p_i^{n+1}-p_{i-1}^{n+1}\right)+\lambda_{wi+1/2}\left(p_{ci}^n-p_{ci-1}^n\right)-\lambda_{wi-1/2}\left(p_{ci+1}^n-p_{ci}^n\right)=0 \tag{2-39}$$

压力项系数采用上游加权原则显式处理：

$$\lambda_i^n\left(p_{i+1}^{n+1}-p_i^{n+1}\right)-\lambda_{i-1}^n\left(p_i^{n+1}-p_{i-1}^{n+1}\right)+\lambda_{wi-1}^n\left(p_{ci}^n-p_{ci-1}^n\right)-\lambda_{wi}^n\left(p_{ci+1}^n-p_{ci}^n\right)=0 \tag{2-40}$$

整理得

$$\lambda_{i-1}^n p_{i-1}^{n+1}-\left(\lambda_{i-1}^n+\lambda_i^n\right)p_i^{n+1}+\lambda_i^n p_{i+1}^{n+1}-\lambda_{wi-1}^n p_{ci-1}^n+\left(\lambda_{wi-1}^n+\lambda_{wi}^n\right)p_{ci}^n-\lambda_{wi}^n p_{ci+1}^n=0 \tag{2-41}$$

对于第 1 个网格块 $i=1$，注入量为 q_v，取上游平均，$\lambda_0^n=0$，则

$$\lambda_1^n\left(p_2^{n+1}-p_1^{n+1}\right)/(\Delta x)^2+\lambda_{w1}^n\left(p_{c1}^n-p_{c2}^n\right)/(\Delta x)^2+q_v=0 \tag{2-42}$$

式(2-42)两端同时乘以 Δx，并令 $Q_v=q_v\Delta x^2$，则

$$p_1^{n+1}-p_2^{n+1}=Q_v/\lambda_1^n+\frac{\lambda_{w1}^n}{\lambda_1^n}\left(p_{c1}^n-p_{c2}^n\right) \tag{2-43}$$

对于第 n 个网格块 $i=n$，产出为 q_v，没有流体从第 n 块流到第 $n+1$ 块，采用上游平均处理方法：

$$\lambda_{n-1}^n\left(p_n^{n+1}-p_{n-1}^{n+1}\right)/\Delta x^2+\lambda_{wn-1}^n\left(p_{cn-1}^n-p_{cn}^n\right)/(\Delta x)^2-q_v=0 \tag{2-44}$$

即

$$p_{n-1}^{n+1}-p_n^{n+1}=Q_v/\lambda_{n-1}^n+\frac{\lambda_{wn-1}^n}{\lambda_{n-1}^n}\left(p_{cn-1}^n-p_{cn}^n\right) \tag{2-45}$$

求取差分方程后显式计算饱和度，将压力计算结果代入水相差分方程：

$$\left[\lambda_{wn}^n\left(p_{i+1}^{n+1}-p_i^{n+1}\right)/\Delta x-\lambda_{wn-1}^n\left(p_i^{n+1}-p_{i-1}^{n+1}\right)/\Delta x\right]/\Delta x+q_{wv}=\varphi\left(S_{wi}^{n+1}-S_{wi}^n\right)/\Delta t \tag{2-46}$$

当 i 为 $2\sim n-1$ 时，$q_v=0$，则

$$S_{wi}^{n+1}=S_{wi}^n+\frac{\Delta t}{\varphi\Delta x^2}\left[\lambda_{wi}^n\left(p_{i+1}^{n+1}-p_i^{n+1}\right)-\lambda_{wi-1}^n\left(p_i^{n+1}-p_{i-1}^{n+1}\right)\right] \tag{2-47}$$

当 $i=1$ 时，$q_{wv}=q_v$，则

$$S_{w1}^{n+1} = S_{w1}^n + \frac{\Delta t}{\varphi \Delta x}\left[\frac{Q_v}{A} - \lambda_{w1}^n \frac{\left(p_1^{n+1} - p_2^{n+1}\right)}{\Delta x}\right] \tag{2-48}$$

当 $i=n$ 时，$q_{wv} = q_v - q_{vo} = f_w q_v$，同时令 $Q_{wv} = q_{wv} A \Delta x$，则

$$S_{wn}^{n+1} = S_{wn}^n + \frac{\Delta t}{\varphi \Delta x}\left[\frac{Q_{wv}}{A} - \lambda_{wn-1}^n \frac{\left(p_n^{n+1} - p_{n-1}^{n+1}\right)}{\Delta x}\right] \tag{2-49}$$

利用非稳态驱替实验的三个记录值(时间 t、t 时刻岩心两端压差 Δp 以及累积产油量 Q_o)建立最优化拟合目标函数：

$$\Delta p = \int_0^L \frac{\partial p}{\partial x}\mathrm{d}x \tag{2-50}$$

$$Q_o = A\int_0^t (1-f_w)q_v \mathrm{d}t \tag{2-51}$$

$$f_w = [1 + (K_{ro}\mu_w)/(K_{rw}\mu_o)]^{-1} \tag{2-52}$$

目标函数为

$$J = \sum_{h=1}^n (\Delta p_m - \Delta p_c)^2 + \sum_{h=1}^n (Q_{om} - Q_{oc})^2 \tag{2-53}$$

式中，下标 m 和 c——分别表示实验测量值和理论计算值。

采用如下指数式相对渗透率计算模型：

$$K_{ro} = \frac{K_{ro}^*[(1-S_e)^{n_o} + b(1-S_e)]}{1+b} \tag{2-54}$$

$$K_{rw} = \frac{K_{rw}^*[S_e^{n_w} + a(1-S_e)]}{1+a} \tag{2-55}$$

$$S_e = \frac{S_w - S_{wc}}{1 - S_{wc} - S_{or}} \tag{2-56}$$

式中，n_w、n_o——待定系数；

$\quad\ S_{wc}$、S_{or}——分别表示束缚水饱和度和残余油饱和度；

$\quad\ K_{ro}^*$、K_{rw}^*——分别表示端点饱和度下油、水相对渗透率值；

$\quad\ a$、b——很小的正整数，可取 0.001。引入 a、b 的目的是在进行最优化计算的过程中在相对渗透率很小时求导不出现奇异点。

毛管力可以利用实验数据，也可以利用以下毛管力模型进行拟合：

$$p_c = \frac{p_c^*[(1-S_e)^{n_c} + \varepsilon(1-S_e)]}{1+\varepsilon} \tag{2-57}$$

式中，p_c^*——束缚水饱和度下的毛管力；

$\quad\ n_c$——待定参数；

$\quad\ \varepsilon$——很小的常数(10^{-5})。

最优化方法确定相对渗透率的具体步骤为：①首先假设系数 n_0、n_w 初值，利用相对渗透率模型计算相对渗透率值；②将计算的相对渗透率代入差分方程求解得到各时间步的 Δp、Q_o；③将计算得到的 Δp、Q_o 代入最优化模型，利用适当的最优化方法调整参数 n_0、n_w，直到满足精度要求；④将 n_0、n_w 代入相对渗透率模型求得相渗曲线。

2.1.2 毛管力曲线法

利用毛管力曲线计算相对渗透率是一种间接的计算方法。实验室直接获取相对渗透率较困难，而获取毛管力却相对容易，因此该方法具有较强的实际意义。它的理论依据是：①毛管力曲线反映了岩石的孔喉分布，而岩石的渗透率(和相对渗透率)与孔隙分布有直接联系；②相对渗透率和毛管力都直接与湿相、非湿相饱和度有关，因此通过适当的转化函数，根据岩石流体饱和度的变化特征计算相对渗透率曲线是可能的。目前已有很多学者研究了利用毛管力数据计算相对渗透率的方法，应用比较成功的有 Purcell 积分模型、Corey-Brooks 方程以及分形几何方法等。

1.Purcell 积分模型

由泊肃叶定律知，单根毛管 i 的流量公式为

$$q_i = \frac{\pi \cdot r_i^4 \Delta p}{8\mu L} \tag{2-58}$$

第 i 根毛管的体积：

$$V_i = \pi r_i^2 L \tag{2-59}$$

毛管力计算公式：

$$p_{ci} = \frac{2\sigma \cos\theta}{r_i} \tag{2-60}$$

将式(2-59)、式(2-60)代入式(2-58)得

$$q_i = \frac{(\sigma \cos\theta)^2 \Delta p V_i}{2\mu L^2 p_{ci}^2} \tag{2-61}$$

假设岩心由 n 根不同直径的毛细管组成，则总流量表示为

$$Q = \sum_{i=1}^{n} q_i = \frac{(\sigma \cos\theta)^2 \Delta p}{2\mu L^2} \sum_{i=1}^{n} \frac{V_i}{p_{ci}^2} \tag{2-62}$$

根据达西定律：

$$Q = \frac{KA\Delta p}{\mu L} \tag{2-63}$$

由式(2-63)和式(2-62)得

$$K = \frac{(\sigma \cos\theta)^2}{2AL} \sum_{i=1}^{n} \frac{V_i}{p_{ci}^2} \tag{2-64}$$

饱和度定义为

$$S_i = \frac{V_i}{V_p} \tag{2-65}$$

孔隙度为

$$\varphi = \frac{V_p}{AL} = \frac{V_i/S_i}{AL} \tag{2-66}$$

所以有

$$V_i = AL\varphi S_i \tag{2-67}$$

将式(2-67)代入式(2-64)，并将和式变为积分式：

$$K = \frac{(\sigma\cos\theta)^2}{2}\varphi\int_0^1\frac{\mathrm{d}S_i}{p_\mathrm{c}^2} \tag{2-68}$$

岩石中含水饱和度为 S_i 时，水和油的有效渗透率分别为

$$K_\mathrm{w} = 0.5(\sigma\cos\theta)^2\varphi\int_0^{S_i}\frac{\mathrm{d}S}{p_\mathrm{c}^2} \tag{2-69}$$

$$K_\mathrm{o} = 0.5(\sigma\cos\theta)^2\varphi\int_{S_i}^1\frac{\mathrm{d}S}{p_\mathrm{c}^2} \tag{2-70}$$

水、油相对渗透率分别为

$$K_\mathrm{rw} = \frac{K_\mathrm{w}}{K} = \frac{\int_0^{S_i}\dfrac{\mathrm{d}S}{p_\mathrm{c}^2}}{\int_0^1\dfrac{\mathrm{d}S}{p_\mathrm{c}^2}} \tag{2-71}$$

$$K_\mathrm{ro} = \frac{K_\mathrm{o}}{K} = \frac{\int_{S_i}^1\dfrac{\mathrm{d}S}{p_\mathrm{c}^2}}{\int_0^1\dfrac{\mathrm{d}S}{p_\mathrm{c}^2}} \tag{2-72}$$

Burdine(1953)通过引入与饱和度有关的迂曲度提高了计算精度：

$$K_\mathrm{rw} = \frac{\tau_\mathrm{rwt}^2\int_0^{S_\mathrm{w}}\dfrac{\mathrm{d}S}{p_\mathrm{c}^2}}{\int_0^1\dfrac{\mathrm{d}S}{p_\mathrm{c}^2}} \tag{2-73}$$

$$K_\mathrm{rnw} = \frac{\tau_\mathrm{rnwt}^2\int_{S_\mathrm{w}}^1\dfrac{\mathrm{d}S}{p_\mathrm{c}^2}}{\int_0^1\dfrac{\mathrm{d}S}{p_\mathrm{c}^2}} \tag{2-74}$$

式中，$\tau_\mathrm{rwt} = \dfrac{S_\mathrm{wt} - S_\mathrm{min}}{1 - S_\mathrm{min}}$，$\tau_\mathrm{rnwt} = \dfrac{S_\mathrm{nwt} - S_\mathrm{nwtr}}{(1 - S_\mathrm{min}) - S_\mathrm{nwtr}}$。其中，$\tau_\mathrm{rwt}$、$\tau_\mathrm{rnwt}$ 分别为湿相和非湿相迂曲度；S_min 表示最小湿相饱和度，对于亲水岩石为束缚水饱和度；S_nwtr 表示残余非湿相饱和度，对于亲水岩石为残余油饱和度。

Wyllie 和 Gardner(1958)进一步提出了如下的改进计算式：

$$K_\mathrm{rw} = \tau_\mathrm{rwt}^2\frac{\int_{S_\mathrm{wi}}^{S_\mathrm{wt}}\dfrac{\mathrm{d}S}{p_\mathrm{c}^2}}{\int_{S_\mathrm{wi}}^1\dfrac{\mathrm{d}S}{p_\mathrm{c}^2}} \tag{2-75}$$

$$K_\mathrm{rnw} = \tau_\mathrm{rnwt}^2\frac{\int_{S_\mathrm{wt}}^1\dfrac{\mathrm{d}S}{p_\mathrm{c}^2}}{\int_{S_\mathrm{wi}}^1\dfrac{\mathrm{d}S}{p_\mathrm{c}^2}} \tag{2-76}$$

2.Corey-Brooks 方程

Corey(1954)等利用毛管力曲线与归一化含水饱和度在对数坐标上呈线性关系的事实,修正了 Corey 之前的排驱型毛管力-饱和度关系式,并把修正后的方程同 Burdine 方程结合起来,导出 Corey-Brooks 方程,可以预测任何孔隙大小分布的排驱型相对渗透率:

$$S_w^* = \left(\frac{p_c}{p_d}\right)^\lambda \tag{2-77}$$

式中,λ——孔隙大小分布量度;

p_d——最大孔隙尺寸量度,相当于连续非润湿相存在的最小的毛管力值。

两相相对渗透率计算公式为

$$K_{rwt} = \left(S_w^*\right)^{\frac{2+\lambda}{\lambda}} \tag{2-78}$$

$$K_{rnwt} = (1-S_w^*)^2\left[1-\left(S_w^*\right)^{\frac{2+\lambda}{\lambda}}\right] \tag{2-79}$$

式中,K_{rwt}、K_{rnwt}——湿相、非湿相相对渗透率。

排驱型相对渗透率计算公式为

$$S_w^* = \frac{S_w - S_{wi}}{1 - S_{wi}} \tag{2-80}$$

利用 Corey-Brooks 方程计算相对渗透率时,先由作图法得到 λ 和 p_d 的值:在双对数坐标上作出 $S_w^* \sim p_c$ 关系曲线,取线性关系较好段,作一直线,直线的斜率为 λ,p_d 为 S_w^* =1 时的截距。理论上,λ 可以有大于零的任何值,λ 值越大储层孔隙分布越均匀,值越小孔隙变化越明显。对于砂岩储层通常 λ 值的范围为 2~4。

3.分形几何方法

由 Purcell 模型计算相对渗透率曲线时需要计算毛管力的积分值,从实际操作角度要精确计算这一积分值十分困难。因为缺乏毛管力与饱和度间的数学表达式,只能利用有限的测试数据,将积分面积化为区间面积求和,或者利用插值方法构造出等距饱和度数据,这些方法降低了计算的准确性。利用分形几何学的原理和方法,建立毛管力曲线的理论模型,能很好地解决这一问题。已经证明沉积岩的孔隙空间具有分形的特征,具有几个不同尺度结构层次。把分形维数值作为一个桥梁,可以实现毛细管压力曲线和相对渗透率曲线的相互转换。

根据分形几何原理,储集层孔径分布符合分形结构,则孔径大于 r 的孔隙数目 $N(>r)$ 与 r 有如下幂函数关系:

$$N(>r) = \int_{r_{max}}^r p(r)dr = \alpha r^{-D} \tag{2-81}$$

式中,r_{max}——储集层中最大孔隙半径,m;

$p(r)$——孔径分布密度函数;

α——比例系数;

D——孔径分形维数。

对式(2-81)求导得到孔径分布密度函数:

$$p(r) = \frac{\mathrm{d}N(>r)}{\mathrm{d}r} = \beta r^{-D-1} \quad (\beta = -D\alpha) \tag{2-82}$$

储集层中孔径小于 r 的孔隙累积体积为

$$V(<r) = \int_{r_{\min}}^{r} P(r)\alpha r^3 \mathrm{d}r = \gamma(r^{(3-D)} - r_{\min}^{(3-D)}) \tag{2-83}$$

式中, γ ——比例系数, $\gamma = \beta\alpha/(3-D)$;

$r_{\min}$ ——岩石最小孔径。

储集层总孔隙体积:

$$V = \int_{r_{\min}}^{r_{\max}} P(r)\alpha r^3 \mathrm{d}r = \gamma(r_{\max}^{(3-D)} - r_{\min}^{(3-D)}) \tag{2-84}$$

小于 r 的累积孔隙体积分数为

$$S = \frac{V(<r)}{V} = \frac{r^{(3-D)} - r_{\min}^{(3-D)}}{r_{\max}^{(3-D)} - r_{\min}^{(3-D)}} \tag{2-85}$$

由于 $r_{\min} \ll r_{\max}$, 式(2-85)化简为

$$S = \frac{r^{(3-D)}}{r_{\max}^{(3-D)}} \tag{2-86}$$

储集层中任意孔径大小的孔道对油气运移的阻力由毛管力确定:

$$p_{\mathrm{c}} = (2\sigma\cos\theta)/r \tag{2-87}$$

式中, p_{c} ——孔径 r 对应的毛管力值, MPa;

σ、θ ——分别表示两相的界面张力和接触角。

将式(2-87)代入式(2-86)得毛管力曲线的分形描述公式:

$$S = \left(\frac{p_{\mathrm{c}}}{p_{\min}}\right)^{(D-3)} \tag{2-88}$$

式中, $p_{\min}$ ——孔径 $r_{\max}$ 对应的毛管力值, MPa;

S ——毛管力为 p_{c} 时所对应的湿相饱和度。

将毛管力公式(2-88)代入 Burdine 计算公式积分可得

$$K_{\mathrm{rw}} = \tau_{\mathrm{rwt}}^2 \tau_{\mathrm{rwt}}^{(5-D)/(3-D)} = \tau_{\mathrm{rwt}}^{(11-3D)/(3-D)} \tag{2-89}$$

$$K_{\mathrm{ro}} = (1 - \tau_{\mathrm{rwt}})^2 [1 - \tau_{\mathrm{rwt}}^{(5-D)(3-D)}] \tag{2-90}$$

目前测量孔隙结构的分形维数有两类方法:①实验直接确定。主要有电镜扫描法、小角度散射法、铸体薄片法等。②利用压汞毛管力曲线、孔隙分布曲线等资料计算分形维数,主要通过图形法或回归法求得孔隙结构分形维数。大量电镜扫描实验和压汞试验计算得到的分形维数为 2.0~3.0。利用毛管力回归得到分形维数从而计算相对渗透率本质上为 Corey-Brooks 方程的理论依据。

2.1.3 经验公式法

1.经典经验公式总结

广泛调研国内外文献，按储层类型、润湿性质、流体系统对常用计算经验公式进行分类汇总，如表 2-1 所示。

表 2-1 相对渗透率计算经验模型

| 砂岩储层 | 水湿岩石 | 油水系统 | 1.Corey 模型 $$K_{rw} = \left(\frac{S_w}{1-S_{wi}}\right)^4 ; \quad K_{ro} = \left(1 - \frac{S_w}{1-S_{wi}}\right)^2 \left[1 - \left(\frac{S_w}{1-S_{wi}}\right)^2\right]$$ 2.Pirson 模型 $$K_{rw} = S_w^4 \left(\frac{S_w - S_{wi}}{1-S_{wi}}\right)^{1/2} ; \quad K_{ro} = \left(1 - \frac{S_w - S_{wi}}{1-S_{wi}-S_{or}}\right)^2$$ 3.Jones 模型 $$K_{rw} = \left(\frac{S_w - S_{wi}}{1-S_{wi}}\right)^{1/2} ; \quad K_{ro} = \left(\frac{0.9 - S_w}{0.9 - S_{wi}}\right)^2$$ 4.Wyllie 模型
胶结砂砾岩： $$K_{ro} = (1-S^*)^2(1-S^{*2}) ; \quad K_{rw} = (S^*)^4$$ 非胶结分选性好： $$K_{ro} = (1-S^*)^3 ; \quad K_{rw} = (S^*)^3$$ 非胶结分选性差： $$K_{ro} = (1-S^*)^2(1-S^{*2}) ; \quad K_{rw} = (S^*)^{3.5}$$ 5.Honarpour&Koederitz 模型 $$K_{rw}^{wo} = 0.035388\left(\frac{S_w - S_{wi}}{1-S_{wi}-S_{orw}}\right) - 0.010874\left(\frac{S_w - S_{orw}}{1-S_{wi}-S_{orw}}\right)^{2.9} + 0.56556(S_w)^{3.6}(S_w - S_{wi}) ;$$ $$K_{ro}^{wo} = 0.76067\left[\frac{\left(\frac{S_o}{1-S_{wi}}\right) - S_{ore}}{1-S_{orw}}\right]^{1.8} \left(\frac{S_o - S_{orw}}{1-S_{wi}-S_{orw}}\right)^{2.0} + 2.6318\varphi(1-S_{orw})(S_o - S_{orw})$$ 6.Al-Fattah 回归模型 $$K_{ro} = K_{ro}(S_{wi}) \cdot \left(\frac{1-S_w}{1-S_{wi}}\right)^{3.661763} \left(\frac{1-S_w - S_{or}}{1-S_{wi}-S_{or}}\right)^{0.7} ;$$ $$K_{rw} = K_{rw}(S_{or}) \cdot \exp\left[-1.05086\left(\frac{S_w - S_{wi}}{1-S_w - S_{or}}\right)^{-0.46163}\right]$$ 7.三次方经验公式 $$K_{rw} = \left(\frac{S_w - S_{wi}}{1-S_{wi}}\right)^3 ; \quad K_{ro} = \left(\frac{1-S_w - S_{wi}}{1-S_{wi}-S_{or}}\right)^3$$ |
| | | 气水系统 | 1.Corey 模型 $$K_{rw} = \left(\frac{S_w}{1-S_{wi}}\right)^4 ; \quad K_{rg} = \left(1 - \frac{S_w}{1-S_{wi}}\right)^2 \left[1 - \left(\frac{S_w}{1-S_{wi}}\right)^2\right]$$ 2.Pirson 模型 $$K_{rg} = (1-S_{we})(1-S_{we}^{1/4}S_w^{1/2})^{1/2} ; \quad K_{rw} = S_{we}^{3/2}S_w^3$$ |

续表

砂岩储层	水湿岩石	油气系统	1.Corey 模型 $K_{ro}=\left(\frac{S_o}{1-S_{wi}}\right)^4$；$K_{rg}=\left(1-\frac{S_o}{1-S_{wi}}\right)^2\left[1-\left(\frac{S_o}{1-S_{wi}}\right)^2\right]$ 2.Wyllie 模型 胶结砂砾岩： $K_{ro}=(S^*)^4$；$K_{rg}=(1-S^*)^2(1-S^{*2})$ 非胶结分选性好： $K_{ro}=(S^*)^3$；$K_{rg}=(1-S^*)^3$ 非胶结分选性差： $K_{ro}=(S^*)^{3.5}$；$K_{rg}=(1-S^*)^2(1-S^{*1.5})$ 3.Honarpour&Koederitz 模型 $K_{ro}^{og}=0.98672\left(\frac{S_o}{1-S_{wi}}\right)^4\left(\frac{S_o-S_{org}}{1-S_{wi}-S_{org}}\right)^2$； $K_{rg}^{og}=1.1072\left(\frac{S_g-S_{gc}}{1-S_{wi}}\right)^2K_{rg}(S_{org})+2.7794\left[S_{org}(S_g-S_{gc})/1-S_{wi}\right]\cdot K_{rg}S_{org}$
	油湿岩石	油水系统	1.Honarpour&Koederitz 模型 $K_{rw}^{wo}=1.5814\left(\frac{S_w-S_{wi}}{1-S_{wi}}\right)^{1.91}-0.58617\left(\frac{S_w-S_{orw}}{1-S_{wi}-S_{orw}}\right)(S_w-S_{wi})-1.2484\varphi(1-S_{wi})(S_w-S_{wi})$； $K_{ro}^{wo}=0.76067\left[\frac{\left(\frac{S_o}{1-S_{wi}}\right)-S_{ore}}{1-S_{orw}}\right]^{1.8}\left(\frac{S_o-S_{orw}}{1-S_{wi}-S_{orw}}\right)^{2.0}+2.6318\varphi(1-S_{orw})(S_o-S_{orw})$ 2.Al-Fattah 回归模型 $K_{ro}=K_{ro}(S_{wi})\cdot\left(\frac{1-S_w}{1-S_{wi}}\right)^{3.661763}\left(\frac{1-S_w-S_{or}}{1-S_{wi}-S_{or}}\right)^{0.7}$； $K_{rw}=K_{rw}(S_{or})\cdot\exp\left[-1.05086\cdot\left(\frac{S_w-S_{wi}}{1-S_w-S_{or}}\right)^{-0.46163}\right]$
		油气系统	1.Honarpour&Koederitz 模型 $K_{ro}^{og}=0.98672\left(\frac{S_o}{1-S_{wi}}\right)^4\left(\frac{S_o-S_{org}}{1-S_{wi}-S_{org}}\right)^2$； $K_{rg}^{og}=1.1072\left(\frac{S_g-S_{gc}}{1-S_{wi}}\right)^2K_{rg}(S_{org})+2.7794\left[S_{org}(S_g-S_{gc})/1-S_{wi}\right]\cdot K_{rg}(S_{org})$
		气水系统	1.Corey 模型 $K_{rw}=\left(\frac{S_w}{1-S_{wi}}\right)^4$；$K_{rg}=\left(1-\frac{S_w}{1-S_{wi}}\right)^2\left[1-\left(\frac{S_w}{1-S_{wi}}\right)^2\right]$ 2.Pirson 模型 $K_{rg}=(1-S_{we})\left[1-S_{we}^{1/4}S_w^{1/2}\right]^{1/2}$；$K_{rw}=S_{we}^{3/2}S_w^3$
	中性润湿	油水系统	1.Honarpour&Koederitz 模型 $K_{rw}^{wo}=1.5814\left(\frac{S_w-S_{wi}}{1-S_{wi}}\right)^{1.91}-0.58617\left(\frac{S_w-S_{orw}}{1-S_{wi}-S_{orw}}\right)(S_w-S_{wi})-1.2484\varphi(1-S_{wi})(S_w-S_{wi})$； $K_{ro}^{wo}=0.76067\left[\frac{\left(\frac{S_o}{1-S_{wi}}\right)-S_{ore}}{1-S_{orw}}\right]^{1.8}\left(\frac{S_o-S_{orw}}{1-S_{wi}-S_{orw}}\right)^{2.0}+2.6318\varphi(1-S_{orw})(S_o-S_{orw})$

砂岩储层	中性润湿	油水系统	**2.Al-Fattah 回归模型** $$K_{ro} = K_{ro}(S_{wi})\left(\frac{1-S_w}{1-S_{wi}}\right)^{3.661763}\left(\frac{1-S_w-S_{or}}{1-S_{wi}-S_{or}}\right)^{0.7};$$ $$K_{rw} = K_{rw}(S_{or}) \cdot \exp\left[-1.05086\left(\frac{S_w-S_{wi}}{1-S_w-S_{or}}\right)^{-0.46163}\right]$$
		油气系统	**1.Honarpour&Koederitz 模型** $$K_{ro}^{og} = 0.98672\left(\frac{S_o}{1-S_{wi}}\right)^4\left(\frac{S_o-S_{org}}{1-S_{wi}-S_{org}}\right)^2;$$ $$K_{rg}^{og} = 1.1072\left(\frac{S_g-S_{gc}}{1-S_{wi}}\right)^2 K_{rg}S_{org} + 2.7794\left[S_{org}(S_g-S_{gc})/1-S_{wi}\right] \cdot K_{rg}(S_{org})$$
		气水系统	**1.Corey 模型** $$K_{rw} = \left(\frac{S_w}{1-S_{wi}}\right)^4;\quad K_{rg} = \left[1-\frac{S_w}{1-S_{wi}}\right]^2\left[1-\left(\frac{S_w}{1-S_{wi}}\right)^2\right]$$ **2.Pirson 模型** $$K_{rg} = (1-S_{we})\left[1-S_{we}^{1/4}S_w^{1/2}\right]^{1/2};\quad K_{rw} = S_{we}^{3/2}S_w^3$$
碳酸盐岩	水湿岩石	油水系统	**1.Wyllie 模型** $$K_{rw} = (S^*)^4;\quad K_{ro} = (1-S^*)^2(1-S^{*2})$$ **2.Honarpour&Koederitz 模型** $$K_{rw}^{wo} = 0.0020525\times\frac{(S_w-S_{wi})}{\varphi^{2.15}} - 0.051371(S_w-S_{wi})\left(\frac{1}{K_a}\right)^{0.43};$$ $$K_{ro}^{wo} = 1.2624\left(\frac{S_o-S_{orw}}{1-S_{orw}}\right)\left(\frac{S_o-S_{orw}}{1-S_{wi}-S_{orw}}\right)^2$$
		油气系统	**1.Wyllie 模型** $$K_{ro} = (S^*)^4;\quad K_{rg} = (1-S^*)^2(1-S^{*2})$$ **2.Honarpour&Koederitz 模型** $$K_{ro}^{og} = 0.93752\left(\frac{S_o}{1-S_{wi}}\right)^4\left(\frac{S_o-S_{org}}{1-S_{wi}-S_{org}}\right)^2;$$ $$K_{rg}^{og} = 1.8655\times\frac{(S_g-S_{gc})S_g}{(1-S_{wi})}K_{rg}S_{org} + 8.0053\times\frac{(S_g-S_{gc})(S_{org})^2}{(1-S_{wi})}$$ $$-0.02589(S_g-S_{gc})\left(\frac{1-S_{wi}-S_{org}-S_{gc}}{1-S_{wi}}\right)^2\times\left[1-\frac{(1-S_{wi}-S_{org}-S_{gc})}{(1-S_{wi})}\right]^2\left(\frac{K_a}{\varphi}\right)^{0.5}$$
	油湿岩石	油水系统	**1.Honarpour&Koederitz 模型** $$K_{rw}^{wo} = 0.29986\left(\frac{S_w-S_{wi}}{1-S_{wi}}\right) - 0.32797\left(\frac{S_w-S_{orw}}{1-S_{wi}-S_{orw}}\right)^2(S_w-S_{wi}) + 0.413259\left(\frac{S_w-S_{wi}}{1-S_{wi}-S_{orw}}\right)^4;$$ $$K_{ro}^{wo} = 1.2624\left(\frac{S_o-S_{orw}}{1-S_{orw}}\right)\left(\frac{S_o-S_{orw}}{1-S_{wi}-S_{orw}}\right)^2$$
		油气系统	**1.Honarpour&Koederitz 模型** $$K_{ro}^{og} = 0.93752\left(\frac{S_o}{1-S_{wi}}\right)^4\left(\frac{S_o-S_{org}}{1-S_{wi}-S_{org}}\right)^2;$$

续表

碳酸 盐岩	油湿 岩石	油气 系统	$K_{rg}^{og} = 1.8655 \times \dfrac{(S_g - S_{gc})S_g}{(1 - S_{wi})} K_{rg} S_{org} + 8.0053 \times \dfrac{(S_g - S_{gc})(S_{org})^2}{(1 - S_{wi})}$ $\quad - 0.02589(S_g - S_{gc})\left(\dfrac{1 - S_{wi} - S_{org} - S_{gc}}{1 - S_{wi}}\right)\left[1 - \dfrac{(1 - S_{wi} - S_{org} - S_{gc})}{(1 - S_{wi})}\right]^2 \left(\dfrac{K_a}{\varphi}\right)^{0.5}$
	中性 润湿	油水 系统	1.Honarpour&Koederitz 模型 $K_{rw}^{wo} = 0.29986\left(\dfrac{S_w - S_{wi}}{1 - S_{wi}}\right) - 0.32797\left(\dfrac{S_w - S_{orw}}{1 - S_{wi} - S_{orw}}\right)^2 (S_w - S_{wi}) + 0.413259\left(\dfrac{S_w - S_{wi}}{1 - S_{wi} - S_{orw}}\right)^4 ;$ $K_{ro}^{wo} = 1.2624\left(\dfrac{S_o - S_{orw}}{1 - S_{orw}}\right)\left(\dfrac{S_o - S_{orw}}{1 - S_{wi} - S_{orw}}\right)^2$
		油气 系统	1.Honarpour&Koederitz 模型 $K_{ro}^{og} = 0.93752\left(\dfrac{S_o}{1 - S_{wi}}\right)^4 \left(\dfrac{S_o - S_{org}}{1 - S_{wi} - S_{org}}\right)^2 ;$ $K_{rg}^{og} = 1.8655 \times \dfrac{(S_g - S_{gc})S_g}{(1 - S_{wi})} K_{rg} S_{org} + 8.0053 \times \dfrac{(S_g - S_{gc})(S_{org})^2}{(1 - S_{wi})}$ $\quad - 0.02589(S_g - S_{gc})\left(\dfrac{1 - S_{wi} - S_{org} - S_{gc}}{1 - S_{wi}}\right)\left[1 - \dfrac{(1 - S_{wi} - S_{org} - S_{gc})}{(1 - S_{wi})}\right]^2 \left(\dfrac{K_a}{\varphi}\right)^{0.5}$

　　影响相对渗透率曲线的因素繁多，同一油藏的相对渗透率曲线不尽相同，即使沉积类型相同、区域临近、物性相近的相对渗透率曲线有时也会有很大差异。这些经验模型无法包含所有影响因素，因此利用经验模型前一定要注意与实验数据进行比较。

　　为了更加准确地描述相对渗透率曲线的形态，国内外很多学者推出了很多带参数的拟合模型，其中应用较广的有指数式模型、Chierici 模型和 LET 模型。

　　指数模型是在总结众多经验模型形式的基础上建立起的一个实用的广义相对渗透率曲线模型：

$$\begin{cases} K_{rnw} = a_2(1 - S_{wD})^n \\ K_{rw} = a_1 S_{wD}^m \end{cases} \tag{2-91}$$

$$S_{wD} = \frac{S_w - S_{wi}}{1 - S_{wi} - S_{or}} \tag{2-92}$$

式中，m——含水饱和度指数；

　　　a_1、a_2——残余油饱和度和束缚水饱和度下水和油的相对渗透率；

　　　S_{wD}——标准化含水饱和度。

　　与指数式模型一样，Chierici 模型也被广泛应用于相对渗透率实验数据拟合和预测，其表达式为

$$K_{rw} = \exp\left(-D_1 R_g^{D_2}\right) \tag{2-93}$$

$$K_{rn} = K_{rnwc} \exp\left(-D_3 R_g^{-D_4}\right) \tag{2-94}$$

$$R_g = \frac{1 - S_w}{S_w - S_{wc}} \tag{2-95}$$

Chierici 模型中常数 D_1、D_2、D_3、D_4、K_{rnwc} 均为正常数，由实验数据拟合得到。

LET 公式为三参数模型，分别表示开始段、结束段和中间部分的相对渗透率曲线，能更好地描述相对渗透率曲线形态特征。

$$S_{wn} = \frac{S_w - S_{wi}}{1 - S_{wi} - S_{orw}} \qquad (2\text{-}96)$$

$$K_{row} = K_{ro}^* \frac{(1 - S_{wn})^L}{(1 - S_{wn})^L + E \cdot S_{wn}^T} \qquad (2\text{-}97)$$

$$K_{rw} = K_{rw}^* \frac{S_{wn}^L}{S_{wn}^L + E \cdot (1 - S_{wn})^T} \qquad (2\text{-}98)$$

参数 L 用于描述相渗曲线开始段的形态，经验表明 L 值与 Corey 方程中的 λ 参数值接近；参数 T 用于描述结束段的形态；E 用于描述中间斜率段的位置，"1"作为中间值，增大 E 值使得中间段更偏向结束部分，减少 E 值将导致中间段偏向开始部分。实验结果显示 L.E.T.模型参数的取值范围为：$L \geqslant 1$、$E > 0$ 和 $T \geqslant 0.5$。

2.常规物性资料回归模型

1)大庆油田统计规律

实际油藏的储层物性和渗流条件都具有很强的非均质性，实验测试得到的相对渗透率曲线往往很有限，如何利用有限的测试曲线得到更精确的模拟结果就成为一个亟待解决的问题。目前常用的处理方法有：①利用多条有代表性的相渗曲线进行归一化平均处理，并将平均后的曲线用于全油藏；②将油藏按沉积相带划分为若干区域，在每一区域按平均方法处理相渗曲线；③利用"端点缩放技术"，将同种类型的饱和度端点值，在初始饱和度场的约束下，进行线性平移转换，保持油-水相对渗透率曲线的递变规律。但对于非均值性十分严重的油藏，常常需要更准确的方法来反映储层非均质性，甚至要求不同网格采用特定的相对渗透率曲线。

大庆油田利用开发数据库中岩心数据齐全的 617 条油-水相对渗透率曲线数据，统计了相对渗透率数据与空气渗透率之间的经验关系，如下：

$$S_{wc} = -0.0442\ln(K_{oc}) + 0.2235 \qquad (2\text{-}99)$$

$$S_{wr} - S_{wc} = -0.6734 S_{wc} + 0.5937 \qquad (2\text{-}100)$$

$$K_{air} = 2.1236 K_{oc}^{0.7814} \qquad (2\text{-}101)$$

$$K_{wn} = 0.4501 K_{oc}^{1.143} \qquad (2\text{-}102)$$

完全归一化平均相对渗透率 $\tilde{K}$ 曲线的多项式回归关系式为

$$\tilde{K}_{ro} = 1 - 2.47301\tilde{S}_w^5 + 7.50594\tilde{S}_w^4 - 9.58575\tilde{S}_w^3 + 7.39948\tilde{S}_w^2 - 3.84665\tilde{S}_w \qquad (2\text{-}103)$$

$$\tilde{K}_{rw} = 0.2698\tilde{S}_w^3 - 0.0948\tilde{S}_w^2 + 0.2249\tilde{S}_w \qquad (2\text{-}104)$$

不同油藏的情况应具体问题具体分析，但这为数值模拟中利用物性计算每个网格的相对渗透率曲线，实现每个网格使用特定相对渗透率曲线，使数值模拟更加优化提供了一种思路。

2)利用神经网络模型预测

目前影响相对渗透率的因素以及作用机理还不完全清楚，各因素与相对渗透率之间的定量关系尚未明确,要建立精确理论模型用于计算和预测相对渗透率既不现实也没有必要。实际应用中人们往往只关心参数输入与结果输出,对于输入与输出之间的理论关系并不十分关心。针对相对渗透率曲线预测的特殊性,提出了利用神经网络模型预测相对渗透率曲线的方法。利用模型的学习和记忆能力,通过网络结构建立起储层和流体物性与相对渗透率的非线性关系,将各种复杂关系暗含于网络结构之中。建立的网络模型可以根据测试资料选取输入参数,还可以利用新增的相渗测试数据训练网络模型,因此具有较广的应用范围。

用于预测相对渗透率的神经网络模型是一个具有反向传播、多层拓扑结构的正反馈神经网络。在这个模型中信息从输入层传播到输出层,计算误差后再反向传播并调整各网络节点间的权重以增加网络模型的预测能力,直到预测的输出结果达到满意的结果,如图 2-1 所示。针对油水两相和油气两相相对渗透率的不同特点,分别建立了用于预测油-水和油-气相对渗透率的模型,二者在输入参数、网络拓扑结构以及训练方式上存在一定的差别,但基本原理和方法是一致的。

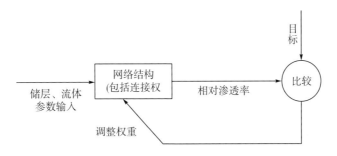

图 2-1 神经网络模型预测相对渗透率示意图

油-水两相相对渗透率计算模型利用三层(输入层、隐层和输出层)BP 神经网络模型作为预测器。在输出层和隐层中选择 S 形函数(sigmoid function)作为转移函数,其表达式为

$$f(y) = \frac{1}{1 + e^{-y}} \tag{2-105}$$

S 形函数能够保证网络节点的输出结果在[0,1],同时在所有区间上连续,具有正的一阶导数。S 形函数是反向传播(back propagation,BP)神经网络常用的转移函数。模型误差采用通用与误差原则,第 p 个样本误差的计算公式为

$$E_p = \frac{\sum_i (t_{pi} - O_{pi})^2}{2} \tag{2-106}$$

其中,t_{pi}、O_{pi}——分别表示输出期望值和计算网络输出值。

网络学习的指导思想是 Widrow-Hoff 算法所规定的梯度下降算法。即对网络权值 $w_{i,j}$(输入节点与隐层节点之间的权值)、$T_{l,i}$(隐层节点与输出节点间的权值)和阈值 θ 的修正,使误差函数 E_p 沿梯度方向下降。BP 神经网络三层节点分别表示为:输入节点 x_j、隐层节点 y_i、输出节点 O_l。

输入节点输入:x_j

隐层节点输出：　$y_i = f(\sum_j w_{i,j} \cdot x_j - \theta_i) = f(\text{net}_i)$

输出接点输出：　$O_l = f(\sum_i T_{i,j} \cdot y_i) = f(\text{net}_l)$

输出层（隐层节点与输出节点间）权值修正公式：

$$T_{l,i}(k+1) = T_{l,i}(k) + \Delta T_{l,i}(k) = T_{l,i}(k) - \eta \cdot \frac{\partial E}{\partial T_{l,i}} = T_{l,i}(k) + \eta \cdot \delta_l \cdot y_i \quad (2\text{-}107)$$

输出层（隐层节点与输出节点间）阈值修正公式：

$$\theta_l(k+1) = \theta_l(k) + \Delta \theta_l = \theta_l(k) + \eta \cdot \frac{\partial E}{\partial \theta_l} = \theta_l(k) + \eta \delta_l \quad (2\text{-}108)$$

误差函数：　$\delta_l = (t_l - O_l) \cdot O_l \cdot (1 - O_l)$。

隐层（输入节点与隐层节点间）权值修正公式：

$$w_{i,j}(k+1) = w_{i,j}(k) + \Delta w_{i,j}(k) = w_{i,j}(k) - \eta' \cdot \frac{\partial E}{\partial w_{i,j}} = w_{i,j}(k) + \eta' \cdot \delta_i' \cdot x_j \quad (2\text{-}109)$$

隐层（输入节点与隐层节点间）阈值修正公式：

$$\theta_i(k+1) = \theta_i(k) + \Delta \theta_i = \theta_i(k) + \eta' \cdot \frac{\partial E}{\partial \theta_i} = \theta_i(k) + \eta' \delta_i' \quad (2\text{-}110)$$

误差函数：　$\delta_i' = y_i(1 - y_i)\sum_l \delta_l T_{l,i}$。

η 与 η' 表示学习效率，学习效率决定网络记住输入和输出特征曲线之间关系的快慢，学习效率一般为小于 1 的常数。合理选择学习效率可以提高收敛速度，步长太大就会使神经网络变得不稳定，过小虽然可以避免不稳定情况，但是收敛速度会很慢。为了解决 BP 网络的收敛速度与稳定性的矛盾，最简单的方法是在广义与规则中加入动量项 α，即

$$T_{l,i}(k+1) = T_{l,i}(k) + \eta \cdot \delta_l \cdot y_i + \alpha \cdot \Delta T_{l,i}(k-1) \quad (2\text{-}111)$$

$$w_{i,j}(k+1) = w_{i,j}(k) + \eta' \cdot \delta_i' \cdot x_j + \alpha' \cdot \Delta w(k-1) \quad (2\text{-}112)$$

动量能够通过把权重变为上次权重变化的部分与由算法规则得到的新变化的和加入网络学习中，避免产生大的波动。动量常数是 0~1 的一个常数。动量常数为 0 时，权重变化由梯度得到；当动量常数为 1 时，新的权重变化等于上次的权重变化，梯度值被忽略。

Silpngarmlers 等（2001）最先将神经网络模型用于预测油-水相对渗透率。他们研究了五种不同类型的人工神经网络（artificial neural network，ANN）模型，分别采用不同的输入参数，表 2-2 和表 2-3 比较了不同模型的输入参数和误差，选择哪种模型取决于获得参数的情况。经过对比 Guler 等给出的推荐模型的网络结构如图 2-2 所示。

表 2-2　不同油-水相对渗透率模型输入参数表

ANN 模型	输入基本参数	输入组合参数
ANN-4.4	S_{or}, S_{wirr}, S_w	—
ANN-4.3	K, φ, S_{or}, S_{wirr}, S_w	—
ANN-4.2	μ_w, μ_o, K, φ, S_{or}, S_{wirr}, S_w	μ_w/μ_o, $(\mu_w/\mu_o)^{0.08}$, $\ln(\mu_w/\mu_o)$
ANN-4.1	σ_{wo}, K, φ, S_{or}, S_{wirr}, S_w	$\sigma_{wo}S_{wirr}$, $\sigma_{wo}S_{or}$, $\ln(\sigma_{wo})$
ANN-4	μ_w, μ_o, σ_{wo}, K, φ, S_{or}, S_{wirr}, S_w	以上全部+$\ln[\mu_w/(\mu_o\sigma_{wo})]$

表2-3　油、水相对渗透率平均偏差

	ANN-4	ANN-4.1	ANN-4.2	ANN-4.3	ANN-4.4
水相相对渗透率误差/%	2.4	3.0	8.9	10.0	8.9
油相相对渗透率误差/%	3.8	8.0	8.6	9.9	10.5
实验次数	66	66	66	66	66

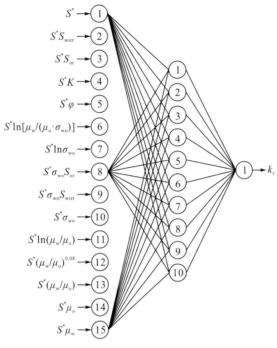

图 2-2　油-水相对渗透率模型网络结构

为了克服端点附近相对渗透率预测困难的问题，需对输入和输出的结构进行修改。首先为油、水相建立独立的网络，每一网络专门研究该相的相对渗透率。对每个输入结构先计算标准化饱和度，然后所有岩石和流体性质以及有关的函数通过标准化饱和度值扩大，如图 2-2 所示。用以下公式计算标准化饱和度：

$$\begin{cases} S^* = \dfrac{S_w - S_{wirr}}{1 - S_{wirr}},\text{适用于水相相对渗透率模型预测器} \\[2mm] S^* = \dfrac{1 - S_w - S_{or}}{1 - S_{or}},\text{适用于油相相对渗透率模型预测器} \end{cases}$$

式中，S_{wirr}——束缚水饱和度。

相对于油-水相对渗透率曲线，油-气相对渗透率曲线与各物性之间具有更强的非线性关系。直接采用油-水相对渗透率模型预测油-气两相相对渗透率往往不能取得满意的结果。Ertekin 和 Silpngarmlers（2005）采用与油-水两相相对渗透率模型类似的方法建立了更为稳定和强大的网络模型用于预测油-气相对渗透率。该模型中分别为气相和油相建立不同的网络模型，采用不同的输入、输出参数。表 2-4 中为气相和油相模型的输入参数，图

2-3 为 Silpngarmlers 等建立的推荐网络模型。

表 2-4 油-气相对渗透率模型输入参数表

油相相对渗透率模型输入参数	气相相对渗透率模型输入参数
μ_g/μ_o，$(\mu_g/\mu_o)^2$，φ^*	k/φ，$(k/\varphi)^2$，φ^*
S_o^*，$(S_o^*)^2$，$(S_o^*)^3$，$(S_o^*)^4$	S_{og}^*，$(S_{og}^*)^2$，$(S_{og}^*)^3$，$(S_{og}^*)^4$
S_{gc}^2，S_{gc}^3，S_{gc}^4	μ_g^2，μ_g^3，μ_g^4
S_{gc}^{-2}，S_{gc}^{-3}，S_{gc}^{-4}	μ_g^{-2}，μ_g^{-3}，μ_g^{-4}

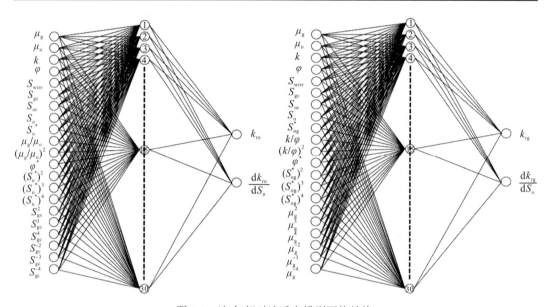

图 2-3 油-气相对渗透率模型网络结构

输入参数中标准化饱和度的计算公式为

$$\begin{cases} S_o^* = \dfrac{S_o - S_{or}}{1 - S_{or}}, \text{适用于油相相对渗透率预测器} \\ S_{og}^* = \dfrac{S_o - S_{or}}{1 - S_{or} - S_{gc}}, \text{适用于气相相对渗透率预测器} \end{cases}$$

式中，S_{gc}——束缚气饱和度。

归一化孔隙度 φ^* 计算公式为：$\varphi^* = \varphi(1 - S_{or} - S_{wirr})$。

相对渗透率的神经网络模型是一个动态预测模型，动态训练数据库使新数据集可以加入，从而增强网络预测能力和适应性。网络更新时，不合适的数据集不应该被包含，新数据集在进入训练数据库之前必须进行检测以保持网络模型的一致性。目前检测新数据集主要有两种方法：一种是利用建立网络对所有新数据集进行预测，如果预测数据集在接受误差范围内，新的数据集应该被加入训练集以增强预测能力。另一种方法是用一部分新数据集训练网络模型，并用训练后的网络模型预测全部新数据集结果，如果预测结果满足要求，该新数据集也应该被收入训练数据库中。

2.1.4 矿场资料计算法

1.利用产能公式计算

对于油、水相对渗透率，考虑均质等厚油层中油、水同时流动，忽略毛管力和重力的影响，平面径向渗流的基本微分方程式为

$$\frac{K}{\mu_o} K_{ro} \left(\frac{\partial^2 p}{\partial r^2} + \frac{1}{r} \frac{\partial p}{\partial r} \right) = S_o C_o^* \frac{\partial p}{\partial t} \tag{2-113}$$

$$\frac{K}{\mu_w} K_{rw} \left(\frac{\partial^2 p}{\partial r^2} + \frac{1}{r} \frac{\partial p}{\partial r} \right) = (1 - S_o) C_w^* \frac{\partial p}{\partial t} \tag{2-114}$$

由式(2-113)、式(2-114)两式可得

$$K_{ro} = \left(S_o C_o^* \frac{\partial p}{\partial t} \right) \Bigg/ \left[\frac{K}{\mu_o} \left(\frac{\partial^2 p}{\partial r^2} + \frac{1}{r} \frac{\partial p}{\partial t} \right) \right] \tag{2-115}$$

$$K_{rw} = \left[(1 - S_o) C_w^* \frac{\partial p}{\partial t} \right] \Bigg/ \left[\frac{K}{\mu_w} \left(\frac{\partial^2 p}{\partial r^2} + \frac{1}{r} \frac{\partial p}{\partial t} \right) \right] \tag{2-116}$$

油、水相对渗透率比值：

$$K_{ro} / K_{rw} = \mu_r (C_o^* / C_w^*) \left[S_o / (1 - S_o) \right] \tag{2-117}$$

见水前单井产量 Q_{oi} 由平面径向流公式得到：

$$Q_{oi} = (2\pi K h \Delta p) / \left[\mu_o \ln(r_e / r_w) \right] \tag{2-118}$$

式中，h——地层厚度，cm；

r_e——供给边缘半径，cm；

r_w——井筒半径，cm。

见水后单井产油量 Q_o、产水量 Q_w 分别为

$$Q_o = (2\pi K h K_{ro} \Delta p) / \left[\mu_o \ln(r_e / r_w) \right] \tag{2-119}$$

$$Q_w = (2\pi K h K_{rw} \Delta p) / \left[\mu_w \ln(r_e / r_w) \right] \tag{2-120}$$

泄油面积内平均油相和水相相对渗透率为

$$K_{ro} = \frac{K \cdot K_{ro}}{K} = \frac{J_o}{J_{oi}} = \frac{Q_o}{\Delta p} \Bigg/ \frac{Q_{oi}}{\Delta p} \tag{2-121}$$

$$K_{rw} = \frac{K \cdot K_{rw}}{K} = \frac{J_w}{J_{oi} \cdot \mu_r} = \frac{Q_w}{\Delta p} \Bigg/ \left(\frac{Q_{oi}}{\Delta p} \cdot \mu_r \right) \tag{2-122}$$

式中，J_{oi}——见水前井的采油指数，$m^3 \cdot d^{-1} \cdot MPa^{-1}$；

J_o——采油指数，$m^3 \cdot d^{-1} \cdot MPa^{-1}$；

J_w——采水指数，$m^3 \cdot d^{-1} \cdot MPa^{-1}$。

油、水相对渗透率比值：

$$K_{ro} / K_{rw} = \frac{J_o \cdot \mu_r}{J_w} = (\mu_r \cdot Q_o) / Q_w \tag{2-123}$$

将式(2-123)代入式(2-117)得

$$\mu_{\mathrm{r}}(C_{\mathrm{o}}^{*}/C_{\mathrm{w}}^{*})\left[S_{\mathrm{o}}/(1-S_{\mathrm{o}})\right]=(\mu_{\mathrm{r}}\cdot Q_{\mathrm{o}})/Q_{\mathrm{w}} \tag{2-124}$$

泄油面积内平均含油饱和度：

$$\tilde{S}_{\mathrm{o}}=\left[1+(C_{\mathrm{o}}^{*}/C_{\mathrm{w}}^{*})(Q_{\mathrm{w}}/Q_{\mathrm{o}})\right]^{-1} \tag{2-125}$$

对于油-气相对渗透率，结合气油比和 PVT 性质，则径向流稳态微分方程为

$$\frac{\partial}{\partial r}\left[r\left(\frac{R_{\mathrm{sg}}K_{\mathrm{o}}}{B_{\mathrm{o}}\mu_{\mathrm{o}}}+\frac{K_{\mathrm{g}}}{B_{\mathrm{g}}\mu_{\mathrm{g}}}\right)\frac{\partial p}{\partial r}\right]=0 \tag{2-126}$$

$$\frac{\partial}{\partial r}\left[r\frac{K_{\mathrm{o}}}{B_{\mathrm{o}}\mu_{\mathrm{o}}}\frac{\partial p}{\partial r}\right]=0 \tag{2-127}$$

式中，B_{o}——原油体积系数；

B_{g}——气相体积系数；

R_{sg}——溶解气油比。

对式(2-127)进行积分，代入产量 Q_{g}、Q_{o} 得

$$r\left(\frac{R_{\mathrm{sg}}K_{\mathrm{o}}}{B_{\mathrm{o}}\mu_{\mathrm{o}}}+\frac{K_{\mathrm{g}}}{B_{\mathrm{g}}\mu_{\mathrm{g}}}\right)\frac{\partial p}{\partial r}=\frac{Q_{\mathrm{g}}}{2\pi h} \tag{2-128}$$

$$r\frac{K_{\mathrm{o}}}{B_{\mathrm{o}}\mu_{\mathrm{o}}}\frac{\partial p}{\partial r}=\frac{Q_{\mathrm{o}}}{2\pi h} \tag{2-129}$$

代入边界条件分离变量积分，得产油量为

$$Q_{\mathrm{o}}=\frac{2\pi h}{\ln\dfrac{r_{\mathrm{e}}}{r_{\mathrm{w}}}}\int_{P_{\mathrm{w}}}^{P_{\mathrm{e}}}\frac{K_{\mathrm{o}}}{B_{\mathrm{o}}\mu_{\mathrm{o}}}\mathrm{d}p \tag{2-130}$$

由式(2-128)和式(2-129)得气油比 R 为

$$R=R_{\mathrm{sg}}+(K_{\mathrm{g}}/K_{\mathrm{o}})[(B_{\mathrm{o}}\mu_{\mathrm{o}})/(B_{\mathrm{g}}\mu_{\mathrm{g}})] \tag{2-131}$$

利用中值定理，引入平均含油饱和度 $\tilde{S}_{\mathrm{o}}$ 和平均地层压力 $\tilde{p}$ 得

$$Q_{\mathrm{o}}=\frac{2\pi h}{\ln\dfrac{r_{\mathrm{e}}}{r_{\mathrm{w}}}}\int_{P_{\mathrm{w}}}^{P_{\mathrm{e}}}\frac{K\dfrac{K_{\mathrm{o}}}{K}(S_{\mathrm{o}})}{B_{\mathrm{o}}(p)\mu_{\mathrm{o}}(p)}\mathrm{d}p=\frac{2\pi h K\dfrac{K_{\mathrm{o}}}{K}(\tilde{S}_{\mathrm{o}})}{\ln\dfrac{r_{\mathrm{e}}}{r_{\mathrm{w}}}B_{\mathrm{o}}(\tilde{p})\mu_{\mathrm{o}}(\tilde{p})}\int_{P_{\mathrm{w}}}^{P_{\mathrm{e}}}\mathrm{d}p \tag{2-132}$$

采油指数为

$$J_{\mathrm{o}}=\frac{Q_{\mathrm{o}}}{\Delta p}=\frac{Q_{\mathrm{o}}}{p_{\mathrm{e}}-p_{\mathrm{w}}}=\frac{2\pi K h}{\left(\ln\dfrac{r_{\mathrm{e}}}{r_{\mathrm{w}}}B_{\mathrm{o}}(\tilde{p})\mu_{\mathrm{o}}(\tilde{p})\right)\Big/\left(\dfrac{K_{\mathrm{o}}}{K}(\tilde{S}_{\mathrm{o}})\right)} \tag{2-133}$$

假设开井时地层压力大于饱和压力，则

$$J_{\mathrm{oi}}=\frac{Q_{\mathrm{oi}}}{\Delta p_{\mathrm{i}}}=\frac{2\pi K h}{\ln\dfrac{r_{\mathrm{e}}}{r_{\mathrm{w}}}B_{\mathrm{oi}}\mu_{\mathrm{oi}}} \tag{2-134}$$

油相相对渗透率：

$$K_{ro} = K_o / K = (Q_o / \Delta P) / (Q_{oi} / \Delta p_i) \frac{B_{oi} \mu_{oi}}{B_o(\tilde{p}) \mu_o(\tilde{p})} \tag{2-135}$$

由气油比得气相相对渗透率：

$$K_{rg} = \frac{K_g}{K} = \frac{K_g}{K_o} \cdot K_{ro} = \left(\frac{R - R_{sg}}{\overline{\frac{B_o \mu_o}{B_g \mu_g}}} \right) \cdot K_{ro} \tag{2-136}$$

利用物质平衡求取平均含油饱和度。在忽略岩石压缩和束缚水时，对油相有如下物质平衡方程：

$$\frac{V_\varphi S_{oi}}{B_o(p_i)} = \frac{V_\varphi S_{oi+1}}{B_o(p_{i+1})} + \int_{t_i}^{t_{i+1}} Q_o dt \tag{2-137}$$

式(2-137)左边为原始地层原油体积(地面条件下)，右边为 t_{i+1} 时刻地下原油与 $t_i \sim t_{i+1}$ 时间内采出的原油之和。

气相脱气区内包含有溶解气和自由气：

压力 p_i 下溶解气的地面体积：

$$[V_\varphi S_{oi} R_{sg}(p_i)] / B_g(p_i)$$

压力 p_i 下自由气的地面体积：

$$V_\varphi (1 - S_{oi}) / B_g(p_i)$$

$t_i \sim t_{i+1}$ 时间内采气量为

$$\int_{t_i}^{t_{i+1}} Q_g dt = \int_{t_i}^{t_{i+1}} \tilde{R} Q_o dt = \tilde{R} \int_{t_i}^{t_{i+1}} Q_o dt$$

式中，$\tilde{R} = \dfrac{Q_g}{Q_o}$ 表示 $t_i \sim t_{i+1}$ 时间内的平均气油比。

压力 p_{i+1} 下溶解气的地面体积：

$$[V_\varphi S_{oi+1} R_{sg}(p_{i+1})] / B_g(p_{i+1})$$

压力 p_{i+1} 下自由气的地面体积：

$$V_\varphi (1 - S_{oi+1}) / B_g(p_{i+1})$$

气体物质平衡方程为

$$\begin{aligned} &[V_\varphi S_{oi} R_{sg}(p_i)] / B_g(p_i) + V_\varphi (1 - S_{oi}) / B_g(p_i) \\ &= [V_\varphi S_{oi+1} R_{sg}(p_{i+1})] / B_g(p_{i+1}) + V_\varphi (1 - S_{oi+1}) / B_g(p_{i+1}) + \tilde{R} \int_{t_i}^{t_{i+1}} Q_o dt \end{aligned} \tag{2-138}$$

将油相物质平衡方程中的积分式代入气相物质平衡方程：

$$S_{oi+1} = \frac{\tilde{R} \dfrac{S_{oi}}{B_o(p_i)} - \dfrac{S_{oi} R_{sg}(p_i) - (1 - S_{oi}) + 1}{B_g(p_i)}}{\dfrac{\tilde{R}}{B_o(p_{i+1})} - \dfrac{R_{sg}(p_{i+1}) + 1}{B_g(p_{i+1})}} \tag{2-139}$$

利用上面递推关系，可以由原始含油饱和度和各时间段的生产统计资料得到不同时间点的储层平均含油饱和度，从而绘制出相对渗透率曲线。

2.利用水驱曲线计算

乙型水驱曲线的关系式为

$$\lg R_{wo} = a + bN_p \tag{2-140}$$

式中，a、b——待定参数。

地层采出程度可表示为

$$R = \frac{S_w - S_{wi}}{1 - S_{wi}} \tag{2-141}$$

累积产油量 N_p 为

$$N_p = NR \tag{2-142}$$

式中，N——地质储量。

将式(2-141)、式(2-142)代入式(2-140)中整理得

$$\lg R_{wo} = a - \frac{bNS_{wi}}{1 - S_{wi}} + \frac{bNS_w}{1 - S_{wi}} \tag{2-143}$$

式(2-143)经过变换得

$$R_{wo} = A \cdot e^{BS_w} \tag{2-144}$$

式中，$A = e^{2.303\left(a - \frac{bNS_{wi}}{1 - S_{wi}}\right)}$；$B = \frac{2.303bN}{1 - S_{wi}}$。

在均质等厚储层中，忽略重力、毛管力和溶解气的作用时，油相和水相的流量公式为

$$Q_o = \frac{2\pi KK_{ro} h \Delta p \rho_o}{\mu_o B_o \ln\left(r_e / r_w\right)} \tag{2-145}$$

$$Q_w = \frac{2\pi KK_{rw} h \Delta p \rho_w}{\mu_w B_w \ln\left(r_e / r_w\right)} \tag{2-146}$$

由式(2-146)除以式(2-145)得水油比的关系式：

$$R_{wo} = \frac{Q_w}{Q_o} = \frac{\rho_w \mu_o B_o K_{rw}}{\rho_o \mu_w B_w K_{ro}} \tag{2-147}$$

令 $C = \frac{\rho_w \mu_o B_o}{\rho_o \mu_w B_w}$，则式(2-147)经变换得

$$\frac{K_{rw}}{K_{ro}} = \frac{C}{R_{wo}} \tag{2-148}$$

将式(2-148)代入式(2-144)得

$$\frac{K_{rw}}{K_{ro}} = \frac{C}{A} \cdot e^{-BS_w} \tag{2-149}$$

由式(2-144)可以得

$$S_w = \frac{1}{B} \ln\left(\frac{R_{wo}}{A}\right) \tag{2-150}$$

由式(2-149)、式(2-150)，可以根据不同时刻的生产数据得到含水饱和度，以及油、水两相的相对渗透率的比值。

油-水相对渗透率的表达式采用指数形式，其表达式为

$$K_{ro} = K_{ro}\left(S_{wi}\right)\left(\frac{1-S_{or}-S_w}{1-S_{or}-S_{wi}}\right)^m \tag{2-151}$$

$$K_{rw} = K_{rw}\left(S_{or}\right)\left(\frac{S_w-S_{wi}}{1-S_{or}-S_{wi}}\right)^n \tag{2-152}$$

式中，$K_{ro}(S_{wi})$ 和 $K_{rw}(S_{or})$——分别为束缚水饱和度下的油相相对渗透率和残余油饱和度下的水相相对渗透率。

式(2-151)除以式(2-152)，等式两边同时取对数整理得

$$\lg\frac{K_{ro}}{K_{rw}} = \lg\left[\frac{K_{ro}\left(S_{wi}\right)}{K_{rw}\left(S_{or}\right)}\right] + m\lg\left(\frac{1-S_{or}-S_w}{1-S_{or}-S_{wi}}\right) - n\lg\left(\frac{S_w-S_{wi}}{1-S_{or}-S_{wi}}\right) \tag{2-153}$$

将上式改写为线性关系的式子：

$$y = \alpha + mx_1 - nx_2 \tag{2-154}$$

其中，$\alpha = \lg\left[\frac{K_{ro}\left(S_{wi}\right)}{K_{rw}\left(S_{or}\right)}\right]$；$x_1 = \lg\left(\frac{1-S_{or}-S_w}{1-S_{or}-S_{wi}}\right)$；$x_2 = \lg\left(\frac{S_w-S_{wi}}{1-S_{or}-S_{wi}}\right)$；$y = \lg\frac{K_{ro}}{K_{rw}}$。

计算得到不同时刻的含水饱和度和油、水相对渗透率的比值数据后，由式(2-154)利用二元线性回归方法得到系数 α、m、n 的值。假设束缚水饱和度油相的相对渗透率为1（如有实验数据应该采用实验室测定端点值），则残余油饱和度水相相对渗透率由下式求得

$$K_{rw}(S_{or}) = \frac{K_{ro}(S_{wi})}{10^\alpha} \tag{2-155}$$

具体的计算过程如下：①记录油田生产数据 Q_o、Q_w、N_p、N、μ_o、μ_w、B_o、B_w 等；②由水驱曲线回归得到 a 和 b；③由上面公式计算出常数 A、B 和 C；④分别计算不同生产时刻的含水饱和度和油、水相对渗透率比值；⑤对④中得到的数据进行二元线性回归拟合得到参数 α、m、n 的值；⑥计算出 $K_{rw}(S_{or})$，分别计算出不同时刻的相对渗透率值。

针对生产水油比波动较大，实际拟合结果不稳定的现象，可利用甲型水驱曲线与乙型水驱曲线斜率相同的特点，利用累计产油、产水量的半对数关系提高计算的稳定性。

3.含水率拟合方法

油水同流系统中，忽略毛管力和重力，由达西定律有

$$q_o = KA\frac{K_{ro}}{\mu_o B_o}\frac{\partial p}{\partial x} \tag{2-156}$$

$$q_w = KA\frac{K_{rw}}{\mu_w B_w}\frac{\partial p}{\partial x} \tag{2-157}$$

含水率 f_w 计算公式为

$$f_w = \frac{q_w}{q_o+q_w} = \frac{K_{rw}/(\mu_w B_w)}{K_{rw}/(\mu_w B_w) + K_{ro}/(\mu_o B_o)} \tag{2-158}$$

利用物质平衡法得储层内的平均含油饱和度：

$$\tilde{S}_o = \frac{(N-N_p)(1-S_{wi})}{N} = (1-R)(1-S_{wi}) \tag{2-159}$$

平均含水饱和度：

$$\tilde{S}_{\mathrm{w}} = 1 - \tilde{S}_{\mathrm{o}} = R \cdot (1 - S_{\mathrm{wi}}) + S_{\mathrm{wi}} \qquad (2\text{-}160)$$

利用计算得到的含水率与实际含水率建立最优化目标函数：

$$E = \min \sum_{j=1}^{n} \left[f_{\mathrm{w}}^{*} - f_{\mathrm{w}}(\tilde{S}_{\mathrm{w}}) \right]^{2} \qquad (2\text{-}161)$$

拟合模型需满足如下约束条件：

$$0 \leqslant K_{\mathrm{rw}}\left(\tilde{S}_{\mathrm{w}}(i)\right), K_{\mathrm{ro}}\left(\tilde{S}_{\mathrm{w}}(i)\right) \leqslant 1 \quad (i = 1, 2, 3, \cdots, n)$$

式中，f_{w}^{*}、$f_{\mathrm{w}}(\tilde{S}_{\mathrm{w}})$——分别表示实际含水率值和计算含水率值；

i、j——数据点。

相对渗透率计算模型仍采用指数形式：

$$K_{\mathrm{rw}}(S_{\mathrm{w}}) = K_{\mathrm{rw}}(S_{\mathrm{or}}) \cdot \left(\frac{S_{\mathrm{w}} - S_{\mathrm{wi}}}{1 - S_{\mathrm{wi}} - S_{\mathrm{or}}} \right)^{m} \qquad (2\text{-}162)$$

$$K_{\mathrm{ro}}(S_{\mathrm{w}}) = K_{\mathrm{ro}}(S_{\mathrm{wi}}) \cdot \left(\frac{1 - S_{\mathrm{w}} - S_{\mathrm{or}}}{1 - S_{\mathrm{wi}} - S_{\mathrm{or}}} \right)^{n} \qquad (2\text{-}163)$$

指数式模型端点相对渗透率既可以作为拟合参数代入模型进行最优化计算，也可根据实验室获得的准确值代入模型，这样不仅减少了运算量，同时也拟合了实验数据和生产数据，提高了计算的可靠性。

2.2　特殊相对渗透率处理

相对渗透率曲线在勘探初期、一次采油、二次采油和三次采油中都具有重要的应用，因此相对渗透率的计算伴随着油气田开发的全过程。随着特殊油藏的投入开发以及提高采油率技术的广泛应用，对特殊油藏条件下和三次采油过程中相对渗透率的计算方法的研究具有很强现实意义。这些计算方法为特殊条件下的动态预测和数值模拟技术提供了支持。

2.2.1　裂缝性油藏相对渗透率

裂缝性储层的相对渗透率是裂缝油气藏工程计算的重要参数，更是油藏模拟必不可少的输入参数之一，因此需要求得整个裂缝性油藏或气藏有代表性的相对渗透率。然而获取裂缝性油藏的相对渗透率曲线要比常规油藏麻烦得多。裂缝性油藏非均质性更加严重，取心岩样裂缝往往不能代表整个裂缝性油藏裂缝发育的实际情况。裂缝岩石的相对渗透率至今仍难以用实验方法获得。因此，发展计算方法有其更大的优势：计算结果可和实验方法相辅相成，使获得的结果更加可靠，同时也为计算应用提供方便。

1.裂缝系统的相对渗透率

当基质十分致密时，基质-裂缝储层可视为单纯裂缝系统，因此需要研究裂缝网络的相对渗透率曲线。研究纯裂缝的相对渗透率同时也是研究基质-裂缝系统的基础。

早期实验研究是采用两块平板，中间模拟裂缝宽度，用测电阻率的方法确定裂缝空间中的水和油的饱和度，并用实测流量计算渗透率。所得的相对渗透率曲线为两条交叉的直线（$k_{rw}=S_w$，$k_{rnw}=S_{nw}$），同时建立了所谓的 X 形模型，并在数值模拟计算中得到了广泛应用。

Chen 等（2004）在总结前人实验基础上认为，在裂缝系统中两相流体流动通道是不连续的，与 X 形模型的假设条件是不一致的。可通过定义"迂曲通道"（tortuous-channel）的概念对 X 形模型进行修正：

$$\begin{cases} K_{rw} = \dfrac{S_w}{\tau_{c,w}} \\[3mm] K_{rnw} = \dfrac{S_{nw}}{\tau_{c,nw}} \end{cases} \tag{2-164}$$

式中，$\tau_{c,w} = \left(\dfrac{L_x L_y}{A_c} \right)_w$，$\tau_{c,nw} = \left(\dfrac{L_x L_y}{A_c} \right)_{nw}$。其中，$\tau_{c,w}$、$\tau_{c,nw}$ 分别表示湿相与非湿相的"迂曲通道"值；A_c 为某相流体真实流动通道面积；L_x、L_y 表示包围某相流体通道最小的矩形的长和宽，可以通过摄影图片求取，如图 2-4 所示。

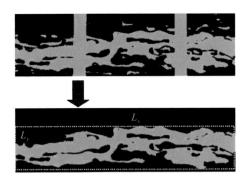

图 2-4　流体在裂缝系统内流动特征

Chen（2004）分析了大量的裂缝中气、水两相的流动数据，得到了气-水两相"迂曲通道"与含水饱和度的统计规律：

$$\frac{1}{\tau_{c,w}} = 0.2677 S_w^2 + 0.331 S_w + 0.3835 \tag{2-165}$$

$$\frac{1}{\tau_{c,g}} = 0.502 S_g^2 + 0.1129 S_g + 0.3483 \tag{2-166}$$

于是得到裂缝系统气、水两相相渗公式（T-C 模型）：

$$K_{rw} = 0.2677 S_w^3 + 0.331 S_w^2 + 0.3835 S_w \tag{2-167}$$

$$K_{rg} = 0.502 S_g^3 + 0.1129 S_g^2 + 0.3483 S_g \tag{2-168}$$

利用动量平衡推导出的裂缝系统相对渗透率理论公式（V-C 模型）为

$$K_{rw} = \left[\frac{S_w^5 (\mu_{hc} - \mu_w) + S_w^3 \mu_w (3 - 2S_w)}{S_w (\mu_{hc} - \mu_w) + \mu_w} \right] \tag{2-169}$$

$$K_{rhc} = \left[\frac{S_{hc}^5 (\mu_w - \mu_{hc}) + S_{hc}^3 \mu_{hc}(3 - 2S_{hc})}{S_{hc}(\mu_w - \mu_{hc}) + \mu_{hc}} \right] \qquad (2\text{-}170)$$

式中，K_{rw}——密度较大流体(对油藏来说为水相)的相对渗透率；

　　　　K_{rhc}——密度较小流体(对油藏来说为烃类)的相对渗透率；

　　　　μ_w、μ_{hc}——分别表示水相(较重)和气、油相(较轻)的黏度。

　　该模型为黏度耦合模型，是利用"管流"理论建立的。通过与实验结果对比发现，在 S_w 较大时 T-C 模型能取得最好的拟合；在 S_w 较小时 V-C 模型能取得最好的拟合。主要原因在于当 S_w 较大时非湿相体积较小，主要占据裂缝中部，两相间的作用主要为水平剪切力，更接近渗流过程；当非湿相体积占大部分时，两相间的扰动明显增加，垂向剪切力更为突出，表现出管流特征。

2.基质-裂缝系统的相对渗透率

　　Braester(1984)基于以下假设条件提出了裂缝-基质系统相对渗透率的理论模型：①裂缝和基质之间具有流体交换，流体可以从裂缝到基质再回到裂缝的循环；②相对渗透率是裂缝和基质中流体饱和度的函数；③整个过程是基质和裂缝两个系统的连续流动。油和水的相对渗透率公式如下：

$$\begin{cases} K_{ro} = \left[\dfrac{K_f}{K} + \left(1 - \dfrac{K_f}{K}\right)(1 - S_{w1}^2)(1 - S_{w1})^2 \right](1 - S_{w2})^2 (1 - S_{w2}^2) \\ K_{rw} = \left[\dfrac{K_f}{K} + \left(1 - \dfrac{K_f}{K}\right) S_{w2}^2 \right] \cdot S_{w2}^4 \end{cases} \qquad (2\text{-}171)$$

式中，K_{ro}、K_{rw}——分别为油和水的相对渗透率；

　　　　K、K_f——分别为裂缝性岩石的绝对渗透率和裂缝渗透率；

　　　　S_{w1}、S_{w2}——分别为基质和裂缝中的含水饱和度。

　　还可以利用电阻率系数与含水饱和度关系从宏观上计算裂缝-基质系统的相对渗透率。由水电相似原理和 Archie 方程有

$$K_{rw} = S_w^* \frac{1}{I}; \quad I = \frac{R_t}{R_o} = S_w^{-n} \qquad (2\text{-}172)$$

$$K_{rw} = S_w^* S_w^n \qquad (2\text{-}173)$$

式中，　$S_w^* = \dfrac{S_w - S_{wr}}{1 - S_{wr} - S_{or}}$；

　　　　I——电阻率系数；

　　　　R_t、R_o——分别表示部分含水及饱和地层水时的电阻值。

　　相对渗透率端点参数由基质和裂缝共同决定：

$$\left. \begin{array}{l} S_{wi} = S_{wim}(1 - \nu) + \nu \cdot S_{wif} \\ S_{or} = S_{orm}(1 - \nu) + \nu \cdot S_{orf} \\ K_{rw}^* = K_{rwm}^*(1 - \nu) + \nu \cdot K_{rwf}^* \end{array} \right\} \qquad (2\text{-}174)$$

式中，下标 m、f——分别代表基质和裂缝。

　　系数 ν 可按岩心资料获得

$$\nu = \frac{\varphi_{\mathrm{f}}}{\varphi_{\mathrm{t}}} = \frac{\varphi_{\mathrm{t}} - \varphi_{\mathrm{m}}}{\varphi_{\mathrm{t}}(1 - \varphi_{\mathrm{m}})} \tag{2-175}$$

式中，φ_{t}——岩心孔隙度。

更可靠的系数 ν 可利用恢复试井 Horner 曲线获得

$$\nu = 10^{-(\delta_{\mathrm{p}}/m)}$$

式中，δ_{p} 和 m——分别表示 Horner 曲线中两平行直线的垂直距离和斜率。

在获得湿相相对渗透率后，利用 Corey-Brooks 方程回归得到 λ 值，用于计算非湿相的相对渗透率：

$$K_{\mathrm{rw}} = (S_{\mathrm{w}}^{*})^{\frac{2+\lambda}{\lambda}} \tag{2-176}$$

$$K_{\mathrm{rnw}} = (1 - S_{\mathrm{w}}^{*})^{2}\left[1 - (S_{\mathrm{w}}^{*})^{\frac{2+\lambda}{\lambda}}\right] \tag{2-177}$$

2.2.2　低渗透油藏相对渗透率

大量的实验数据表明，低渗透油藏渗流不符合达西定律，存在启动压力梯度。而常规实验室处理相对渗透率曲线的 JBN 方法是建立在达西定律基础上的，没有考虑启动压力梯度的影响，往往造成计算的油-水相对渗透率值偏高。考虑启动压力梯度效应的油-水相对渗透率计算公式为

$$K_{\mathrm{ro}}(S_{\mathrm{w}2}) = f_{\mathrm{o}}(S_{\mathrm{w}2}) \cdot \mathrm{d}\left(\frac{1}{\bar{V}(t)}\right)\bigg/ \mathrm{d}\left(\frac{1}{I\bar{V}(t)}\right) \tag{2-178}$$

$$K_{\mathrm{rw}}(S_{\mathrm{w}2}) = K_{\mathrm{ro}}(S_{\mathrm{w}2}) \cdot \frac{f_{\mathrm{w}}(S_{\mathrm{w}2})}{f_{\mathrm{o}}(S_{\mathrm{w}2})} \cdot \frac{\mu_{\mathrm{w}}}{\mu_{\mathrm{o}}} \cdot \frac{\Delta p - G_{\mathrm{o}}L}{\Delta p} \tag{2-179}$$

$$S_{\mathrm{w}2} = S_{\mathrm{w}i} + \bar{V}_{\mathrm{o}}(t) - \bar{V}(t) \cdot \frac{\mathrm{d}\bar{V}_{\mathrm{o}}(t)}{\mathrm{d}\bar{V}(t)} \tag{2-180}$$

式中，$\bar{V}(t)$、$\bar{V}_{\mathrm{o}}(t)$ 分别为无因次累计产液量和无因次累计产油量，$\bar{V}(t) = \dfrac{Q_t}{V_{\varphi}}$，$\bar{V}_{\mathrm{o}}(t) = \dfrac{Q_{\mathrm{o}}}{V_{\varphi}}$，其中，$Q_t$、$Q_{\mathrm{o}}$ 分别为累计产液量、累计产油量，V_{φ} 为孔隙总体积；$I = \dfrac{\nu/(\Delta p + G_{\mathrm{o}}L)}{\nu_{\mathrm{s}}/(\Delta p_{\mathrm{s}} + G_{\mathrm{o}}L)}$，代表注入能力，下标 s 表示开始时刻，$G_{\mathrm{o}}$ 表示启动压力梯度，L 表示岩心长度。

2.2.3　聚合物驱相对渗透率

为了控制流度比和调整剖面，常采用聚合物溶液三次采油技术。驱替剂用聚合物溶液代替注入水，反映驱油过程特征的相对渗透率曲线与水驱有一定的差别。通过简单的降低水相渗透率的方法能够获得近似的聚驱相对渗透率曲线，但有很大误差。因此，有必要根据非牛顿流体渗流理论，进一步研究聚驱相对渗透率曲线的计算方法。实验室用聚合物溶液驱替岩心中的油，在 JBN 方法的基础上，考虑聚合物溶液在砂岩中的流变性，利用以下公式求取聚合物溶液-油的相对渗透率，绘制相对渗透率曲线：

油相：

$$K_{ro}(S_{p2}) = f_o(S_{p2}) \cdot d\left(\frac{1}{\overline{V}(t)}\right) \Bigg/ d\left(\frac{1}{I\overline{V}(t)}\right) \tag{2-181}$$

聚合物溶液相：

$$K_{rp}(S_{p2}) = K_{ro}(S_{p2}) \cdot \frac{\mu_p(S_{p2})}{\mu_o} \cdot \frac{f_p(S_{p2})}{f_o(S_{p2})} \tag{2-182}$$

出口端聚合物饱和度：

$$S_{p2} = S_{wi} + \overline{V}_o(t) - \overline{V}(t) \cdot \frac{d\overline{V}_o(t)}{d\overline{V}(t)} \tag{2-183}$$

其中，$\overline{V}(t) = \frac{Q_t}{V_\varphi}$，$\overline{V}_o(t) = \frac{Q_o}{V_\varphi}$，$\overline{V}(t)$、$\overline{V}_o(t)$ 分别为无因次累积产液量和无因次累计产油量；$I = \frac{v/\Delta p}{v_s/\Delta p_s} = \frac{\Delta p_s}{\Delta p}$（恒速时），代表注入能力。

在非稳态法测聚合物驱相对渗透率时，聚合物溶液有效黏度是随渗流速度、相饱和度、岩心物性等因素变化的。忽略吸附滞留和毛管力的影响，考虑聚合物溶液为假塑性流体，参考 Blake-Kozeny 方程，引入 Camilleri 等（1987）提出的有效黏度描述模型，可将聚合物溶液的等效黏度描述为

$$\mu_p(S_{p2}) = C\left(\frac{3n+1}{4n}\right)^n \left(\frac{\sqrt{2}Q}{A(S_{p2}-S_{wi})\cdot\sqrt{K\varphi}}\right)^{(n-1)}$$

$$= C\left(\frac{3n+1}{4n}\right)^n \left(\frac{\sqrt{2}v}{(S_{p2}-S_{wi})\cdot\sqrt{K\varphi}}\right)^{(n-1)} \tag{2-184}$$

式中，C、n——分别为稠度系数和幂律指数，由流变性实验确定。

由假塑性流体本构方程（$\mu_{ep}=C\gamma^{n-1}$），通过测量不同剪切速率 γ 下的聚合物溶液的有效黏度，从而求解出 C 和 n 的值，代入式（2-184）可以求出聚合物溶液在岩心内部的瞬时黏度。

计算出聚合物溶液等效黏度，根据实验数据的差值和微分便可求解聚合物驱的相对渗透率。K_{rp}、K_{ro}、μ_p、f_p、f_o 均为岩心末端聚合物溶液饱和度为 S_{p2} 的函数，其数值均为聚合物溶液相饱和度为 S_{p2} 时刻的值。

当聚合物浓度为零时有 $\mu_p=\mu_w$，式（2-182）变为水驱油时的相对渗透率计算式为

$$K_{rw}(S_{w2}) = \frac{f_w(S_{w2})}{f_o(S_{w2})} \cdot \frac{\mu_w}{\mu_o} K_{ro}(S_{w2}) \tag{2-185}$$

2.2.4 热采相对渗透率

热力采油是稠油开采中最常用的三次采油方式。虽然目前温度对相对渗透率曲线的影响还存在争议，但在热力采油过程中，随着油藏温度的上升，引起流体性质及岩石结构性质的改变，从而导致的油、水相对渗透率值的改变是不容忽视的。目前计算热采相对渗透率的方法主要有理论公式和经验统计两种。

理论公式是利用 Corey-Brooks 方程，在假设储层孔隙分布指数不变的条件下推导得到的。由 Corey-Brooks 方程：

$$K_{rw} = \left(\frac{S_w - S_{wi}}{1 - S_{wi} - S_{or}} \right)^{\frac{2+3\lambda}{\lambda}} \tag{2-186}$$

$$K_{ro} = \left(1 - \frac{S_w - S_{wi}}{1 - S_{wi} - S_{or}} \right)^2 \left[1 - \left(\frac{S_w - S_{wi}}{1 - S_{wi} - S_{or}} \right)^{\frac{2+\lambda}{\lambda}} \right] \tag{2-187}$$

考虑 S_{wi}、S_{or} 随温度发生变化，数学上可看成：

$$K_{rw} = K_{rw}(S_w, S_{wi}, S_{or}) \ ; \quad K_{ro} = K_{ro}(S_w, S_{wi}, S_{or})$$

使用微分的链式法则，油相、水相相对渗透率对温度求导：

$$\frac{dK_{rw}}{dT} = \left(\frac{\partial K_{rw}}{S_w} \right) \frac{dS_w}{dT} + \left(\frac{\partial K_{rw}}{S_{wi}} \right) \frac{dS_{wi}}{dT} + \left(\frac{\partial K_{rw}}{S_{or}} \right) \frac{dS_{or}}{dT} \tag{2-188}$$

$$\frac{dK_{ro}}{dT} = \left(\frac{\partial K_{ro}}{S_w} \right) \frac{dS_w}{dT} + \left(\frac{\partial K_{ro}}{S_{wi}} \right) \frac{dS_{wi}}{dT} + \left(\frac{\partial K_{ro}}{S_{or}} \right) \frac{dS_{or}}{dT} \tag{2-189}$$

假设流体不可压缩、孔隙度和总体积与温度无关：

$$S_w = \frac{V_w}{V_\varphi} = \frac{m/\rho_w}{V_t \varphi} \tag{2-190}$$

$$\frac{\partial S_w}{\partial T} = \frac{1}{\partial T} \partial \left(\frac{m/\rho_w}{V_t \varphi} \right) = \frac{m}{\rho_w} \frac{1}{\partial T} \partial \left(\frac{\varphi}{V_t} \right) = \frac{m}{\rho_w V_t^2} \left(V_t \frac{\partial \varphi}{\partial T} - \varphi \frac{\partial V_t}{\partial T} \right) = 0 \tag{2-191}$$

式中，V_t——地层体积。

式(2-191)表明，在假设条件下储层含水饱和度随温度不会发生变化。

$$\frac{\partial K_{rw}}{\partial S_{wi}} = -\frac{2+3\lambda}{\lambda} \frac{(1 - S_{or} - S_w) \cdot (S_w - S_{wi})^{\frac{2+2\lambda}{\lambda}}}{(1 - S_{wi} - S_{or})^{\frac{2+4\lambda}{\lambda}}} \tag{2-192}$$

$$\frac{\partial K_{rw}}{\partial S_{or}} = \frac{2+3\lambda}{\lambda} \frac{(S_w - S_{wi})^{\frac{2+3\lambda}{\lambda}}}{(1 - S_{wi} - S_{or})^{\frac{2}{\lambda}}} \tag{2-193}$$

$$\frac{\partial K_{ro}}{\partial S_{wi}} = -\frac{2+\lambda}{\lambda} \frac{(1 - S_{or} - S_w)^3 \cdot (S_w - S_{wi})^{\frac{2}{\lambda}}}{(1 - S_{wi} - S_{or})^{\frac{2+4\lambda}{\lambda}}} + 2 \left[1 - \left(\frac{S_w - S_{wi}}{1 - S_{or} - S_{wi}} \right)^{\frac{2+\lambda}{\lambda}} \right] \frac{(1 - S_{or} - S_w)^2}{(1 - S_{or} - S_{wi})^3} \tag{2-194}$$

$$\frac{\partial K_{ro}}{\partial S_{or}} = 2 \left[\frac{(1 - S_{or} - S_w) \cdot (S_w - S_{wi})}{(1 - S_{or} - S_{wi})^3} \right] \left[1 - \left(\frac{S_w - S_{wi}}{1 - S_{or} - S_{wi}} \right)^{\frac{2+\lambda}{\lambda}} \right] - \frac{(1 - S_{or} - S_w)(S_w - S_{wi})^{\frac{2+\lambda}{\lambda}}}{(1 - S_{wi} - S_{or})^{\frac{2+4\lambda}{\lambda}}} \tag{2-195}$$

当温度确定后，束缚水饱和度、残余油饱和度都为常数，因此在某一含水饱和度下式(2-192)~式(2-195)都为常数。因此，油、水相对渗透率随温度的变化是束缚水饱和度和残余油饱和度随温度变化的函数，知道这种变化关系便可以求出不同温度下的相对渗透率。实验室通过相对渗透率实验或毛管力测试可以得到这种关系。

经验统计法考虑温度和界面张力的共同作用，在大量实验的基础上采用相对渗透率的指数式模型得到。油、水相对渗透率曲线可由下式表示：

$$K_{ro} = K_{ro}(S_{wi}) \left(\frac{1 - S_{or} - S_w}{1 - S_{or} - S_{wi}} \right)^{n_o} \tag{2-196}$$

$$K_{rw} = K_{rw}(S_{or}) \left(\frac{S_w - S_{wi}}{1 - S_{or} - S_{wi}} \right)^{n_w} \tag{2-197}$$

因此温度和界面张力对相对渗透率的影响表现在指数式方程的端点相对渗透率值和指数上。根据大量实验建立描述这些参数的模型：

$$S_{or}(\sigma, T) = a_1 \sigma^{b_1} + c_1 \left(\frac{d_1}{T} \right)^{e_1} + f_1 \tag{2-198}$$

$$S_{wi}(\sigma, T) = a_2 \sigma^{b_2} + c_2 T^{d_2} + e_2 \tag{2-199}$$

$$K_{rw}(S_{or}) = a_3 S_{wi}^{b_3} S_{wm}^{c_3} + d_3 \tag{2-200}$$

$$n_o(\sigma, T) = a_4 \sigma^{b_4} + c_4 \left(\frac{d_4}{T} \right)^{e_4} + f_4 \tag{2-201}$$

$$n_w(\sigma, T) = a_5 \sigma^{b_5} + c_5 \left(\frac{d_5}{T} \right)^{e_5} + f_5 \tag{2-202}$$

王玉斗等(2002)利用国内测试资料得到温度 $25 \sim 150{℃}$，界面张力 $10^{-3} \sim 10^{-1} \mathrm{mN \cdot m^{-1}}$ 的回归参数，如表 2-5 所示。

表 2-5　高温、低界面张力相对渗透率拟合参数

拟合参数	a	b	c	d	e	f
S_{or}	205.6802	4.3302	0.0914	20.5333	0.7139	0.0095
S_{wi}	1.0713	1.0281	0.0153	0.5577	-0.0706	—
$K_{rw}(S_{or})$	2.0831	-0.1140	2.5319	-0.39100	—	—
n_o	418.9150	3.3740	0.6565	93.2900	1.0906	0.64130
n_w	261.6548	2.6310	2.8819	175.2160	4.8402	0.07164

2.2.5　表面活性剂驱相对渗透率

表面活性剂驱是化学驱提高采收率的重要组成部分，正确认识表面活性剂溶液驱油机理，研究低界面张力下的油-水相对渗透率曲线是一项非常有意义的工作。表面活性剂影响相对渗透率的主要机理为表面活性剂分子定向排列于油水界面，引起油水界面张力降低，使得油、水在岩石表面的吸附减少，从而降低了残余油饱和度和束缚水饱和度，增加了岩心中可流动的液相。

大量驱替实验表明，残余油饱和度和束缚水饱和度与界面张力关系的曲线存在两个临界点，如图 2-5 所示，即高界面张力值 σ_1 (对应小的毛管数 N_1)和低界面张力值 σ_2 (对应大的毛管数 N_2)，图中 $N_1 = 0.0005$，$N_2 = 0.1$。由图可知，当毛管数 $N_c < N_1$ 时，残余油饱和度保持在 0.4 左右，随毛管数继续减小残余油饱和度基本不变；当 $N_c > N_1$ 时，残余油饱和

度随毛管数增加而迅速减小，此时提高采收率的效果明显。但当 $N_c > N_2$ 时，残余油饱和度已基本接近 0，通过增加毛管数来降低残余油饱和度效果不再明显，此时依靠降低界面张力提高采收的意义不大。由此存在着高界面张力体系和低界面张力体系两个不同的体系，在二者之间为过渡阶段。因此通过实验得到高、低界面张力体系的相对渗透率规律就可以推断得出过渡体系的相对渗透率规律。

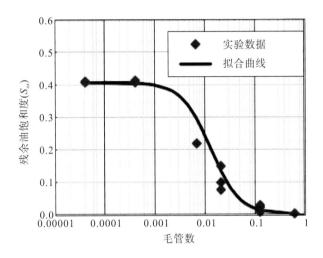

图 2-5　毛管数与残余油饱和度典型曲线

考虑油滴在油藏中运动的受力情况，定义了毛管数(黏滞力/毛管力)和 Bond 数(重力/毛管力)，分别用来描述黏滞力和浮力的影响，并将二者之和定义为捕集数 N_T，作为计算相对渗透率的桥梁。

Bond 数：

$$N_{B} = \frac{Kg(\rho_{w} - \rho_{o})}{\sigma_{ow}} \tag{2-203}$$

毛管数：

$$N_{C} = \frac{\mu_{w}v}{\sigma_{ow}} \tag{2-204}$$

一维垂直流动时捕集数为

$$N_{T} = |N_{B} + N_{C}| \tag{2-205}$$

在二维流动情况下的捕集数为

$$N_{T} = \sqrt{N_{B}^{2} + 2N_{B}N_{C}\sin\theta + N_{C}^{2}} \tag{2-206}$$

式中，θ——流动方向与水平方向的夹角。

可以用捕集数来计算过渡阶段的残余油饱和度和束缚水饱和度。

流体临界饱和度：

$$S_{jr} = S_{jr}^{high} + \frac{S_{jr}^{low} - S_{jr}^{high}}{1 + T_{j}N_{Tj}} \tag{2-207}$$

式中，T_j——输入参数，由实验室拟合确定；

S_{jr}^{high}——j 相在高捕集数时的临界饱和度值，由实验确定；

S_{jr}^{low}——j 相在低捕集数时的临界饱和度值，由实验确定。

通过线性插值得到过渡阶段的端点相对渗透率和指数分别为

$$K_{rj}^* = K_{rj}^{*low} + \frac{S_{jr} - S_{jr}^{low}}{S_{jr}^{high} - S_{jr}^{low}}(K_{rj}^{*high} - K_{rj}^{low}) \tag{2-208}$$

$$n_j = n_j^{low} + \frac{S_{oj} - S_{oj}^{low}}{S_{oj}^{high} - S_{oj}^{low}}(n_j^{high} - n_j^{low}) \tag{2-209}$$

相对渗透率和归一化的饱和度的计算公式分别为

$$K_{jr} = K_{jr}^*(S_j^*)^{n_j} \tag{2-210}$$

$$S_j^* = \frac{S_j - S_{jr}}{1 - S_{jr} - S_{j'r}} \tag{2-211}$$

式中，K_{jr}^*——j 相相渗曲线端点值；

S_j^*——归一化的 j 相饱和度。

在精度要求不太高时，可采用简单插值方法。首先在实验室里测出不同表面活性剂浓度下的相对渗透率曲线，然后线性插值得到特定浓度下的相对渗透率曲线。

已知表面活性剂浓度从 C_1 到 C_n 的 N 条相对渗透率曲线和端点饱和度，那么在表面活性剂浓度为 C_x 的相渗曲线就可以用插值法得出。假设表面活性剂浓度 C_x 为 $C_i \sim C_{i+1}$，则在该浓度下的残余油饱和度和相对渗透率分别为

$$S_{jrx} = S_{jri} + \frac{C_x - C_i}{C_{i+1} - C_i}(S_{jri+1} - S_{jri}) \tag{2-212}$$

$$K_{jrx} = K_{jri} + \frac{C_x - C_i}{C_{i+1} - C_i}(K_{jri+1} - K_{jri}) \tag{2-213}$$

式中，S_{jr}——j 相的端点饱和度；

K_{jr}——j 相相对渗透率值；

下标 x、i、$i+1$——分别表示表面活性剂浓度为 C_x、C_i、C_{i+1} 时的参数值。

2.2.6 气体混相驱相对渗透率

气体混相驱是油田开发中非常有效地提高采收率的方法之一，按性质和特征可分为混相驱、非混相驱和近混相驱三种，见图 2-6。近混相驱是指驱替压力略小于最小混相压力(minimum miscible pressure，MMP)，但又能显著提高原油采收率的状态，是混相驱和非混相驱的过渡状态。粗略地可以认为驱替压力为 0.8～1MPa 的驱替过程为近混相驱替。最小混相压力(MMP)通常由实验室细管实验得到，也可利用相态软件计算较小的界面张力(如界面张力<0.05mN·m^{-1})时对应的驱替压力，另外也有很多经验公式可供使用。

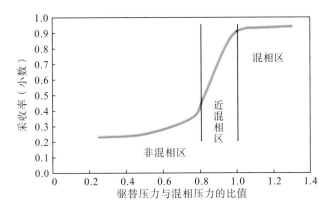

图 2-6　驱替压力与混相压力的比值与采收率关系曲线

当气、油达到混相时，只有混相流体与水两相参与流动。但近混相状态存在着气、油、水三相体系。根据 Stone 概率模型，气相和水相相对渗透率只是本身饱和度的函数，而油相相对渗透率与其他两相饱和度都有关系，因此只有油相相对渗透率会随驱替压力发生变化。

油水两相中水相相对渗透率为

$$K_{\mathrm{rw}} = K_{\mathrm{rw}}^{*} \left(\frac{S_{\mathrm{w}} - S_{\mathrm{wi}}}{1 - S_{\mathrm{wi}} - S_{\mathrm{or}}} \right)^{n_{\mathrm{w}}} \tag{2-214}$$

油水两相中油相相对渗透率为

$$K_{\mathrm{row}} = K_{\mathrm{row}}^{*} \left(\frac{1 - S_{\mathrm{w}} - S_{\mathrm{or}}}{1 - S_{\mathrm{wi}} - S_{\mathrm{or}}} \right)^{n_{\mathrm{ow}}} \tag{2-215}$$

油气非混相中气相相对渗透率为

$$K_{\mathrm{rg}} = K_{\mathrm{rg}}^{*} \left(\frac{S_{\mathrm{g}} - S_{\mathrm{gr}}}{1 - S_{\mathrm{gr}} - S_{\mathrm{or}}} \right)^{n_{\mathrm{g}}} \tag{2-216}$$

油气非混相中油相相对渗透率为

$$K_{\mathrm{rog}} = K_{\mathrm{rog}}^{*} \left(\frac{S_{\mathrm{o}} - S_{\mathrm{or}}}{1 - S_{\mathrm{gr}} - S_{\mathrm{or}}} \right)^{n_{\mathrm{og}}} \tag{2-217}$$

混相时气相相对渗透率为

$$K_{\mathrm{rs}} = K_{\mathrm{rs}}^{*} \left(\frac{S_{\mathrm{s}} - S_{\mathrm{sr}}}{1 - S_{\mathrm{wi}} - S_{\mathrm{sr}} - S_{\mathrm{orm}}} \right)^{n_{\mathrm{s}}} \tag{2-218}$$

采用饱和度加权方法计算混合相(油、气)相对渗透率：

$$K_{\mathrm{rm}} = \frac{S_{\mathrm{o}} - S_{\mathrm{orm}}}{1 - S_{\mathrm{w}} - S_{\mathrm{orm}}} K_{\mathrm{row}} + \frac{S_{\mathrm{s}}}{1 - S_{\mathrm{w}} - S_{\mathrm{orm}}} K_{\mathrm{rs}} \tag{2-219}$$

对于近混相状态考虑驱替压力对混相状态的影响，引入压力影响系数 α：

$$\alpha = \frac{p - p_{\min}}{p_{\mathrm{mmp}} - p_{\min}} \tag{2-220}$$

$$K_{\text{roeff}} = (1-\alpha)K_{\text{ro}} + \alpha \frac{S_{\text{o}} - S_{\text{orm}}}{1 - S_{\text{w}} - S_{\text{orm}}} K_{\text{rm}} \tag{2-221}$$

$$K_{\text{rseff}} = (1-\alpha)K_{\text{rg}} + \alpha \frac{S_{\text{s}}}{1 - S_{\text{w}} - S_{\text{orm}}} K_{\text{rm}} \tag{2-222}$$

式中，K_{rg}、K_{ro} 为油、气、水三相条件下的气相和油相相对渗透率。K_{rg} 可直接采用油气两相时的数据。K_{ro} 可利用 Stone 方程由两相相对渗透率计算得到：

$$K_{\text{ro}} = K_{\text{ro}}^* \left[\left(\frac{K_{\text{row}}}{K_{\text{ro}}^*} + K_{\text{rw}} \right) \left(\frac{K_{\text{rog}}}{K_{\text{ro}}^*} + K_{\text{rg}} \right) - \left(K_{\text{rw}} + K_{\text{rg}} \right) \right] \tag{2-223}$$

式中，K_{rw}——油水两相时水的相对渗透率值；

$\qquad K_{\text{row}}$——油水两相时油的相对渗透率值；

$\qquad K_{\text{rg}}$——油气两相时气的相对渗透率值；

$\qquad K_{\text{rog}}$——油气两相时油的相对渗透率值；

$\qquad S_{\text{wi}}$、S_{or}、S_{gr}——分别表示束缚水饱和度、残余油饱和度和残余气饱和度；

$\qquad S_{\text{orm}}$——混相状态下残余油饱和度；

$\qquad K_{\text{roeff}}$，K_{rseff}——分别表示近混相时油相和气相相对渗透率。

2.2.7　泡沫驱相对渗透率

注气提高原油采收率过程中，气体超覆和窜流导致扫油效率和采收率降低。泡沫驱能极大地提高波及系数，大幅提高采收率。尤其是泡沫与活性剂复合驱的使用既能提高宏观波及系数又能提高微观驱油效率，是理想的提高采收率的技术。但目前对泡沫渗流机理等方面认识的不足，制约了泡沫驱技术的应用。

实验数据表明：泡沫的存在对液相的相对渗透率影响不大，如图 2-7 所示。这主要是因为润湿相在地层中占据岩石表面和边角，泡沫的存在不影响湿相的孔隙体积，仅有小部分随着泡沫液膜流动。但气相相对渗透率变化却十分显著，如图 2-8 所示。从图中可以看

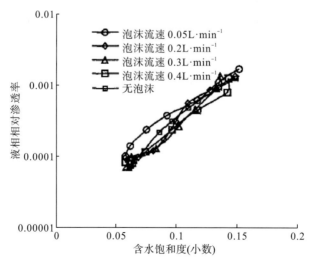

图 2-7　泡沫驱液相相对渗透率实验数据

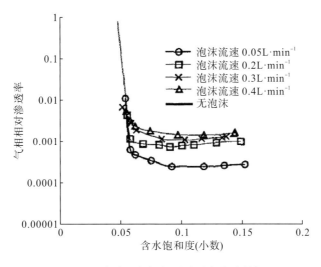

图 2-8　泡沫驱气相相对渗透率实验数据

出，相对渗透率曲线存在临界含水饱和度(图中为 0.05 左右)，当实际含水饱和度小于临界含水饱和度时，气相相对渗透率与无泡沫时基本一致。当含水饱和度大于临界含水饱和度，气相相对渗透率比无泡沫时降低了 3~4 个数量级，且随着含水饱和度的增加，气相相对渗透率的降低速度逐渐变缓，最终气相相对渗透度值保持在一个相对稳定的水平。相对渗透率的水平段对应的数值随着气相流速的增加而增加，这是由于泡沫具有剪切稀释性的特性，随着气相流速增大，泡沫黏度变小，渗透率增加。

　　目前泡沫驱相对渗透率的计算主要是在实验基础上得到的半经验模型。国内外实验研究表明，泡沫相对渗透率由表面活性剂浓度、气相流速(或毛管数)、含油饱和度等多因素确定。为了更好地描述泡沫驱相对渗透率，首先定义如下临界参数：

　　临界含油饱和度 S_o^*：含油饱和度低于临界含油饱和度时，泡沫才能形成。

　　临界表面活性剂浓度：表面活性剂浓度 C_s 大于最小临界浓度 C_s^* 时，才能形成泡沫。同时要保持泡沫液膜强度。体系存在最大活性剂浓度 C_{smax}。

　　临界毛管力：泡沫在较低的毛管力作用下才能形成。存在临界毛管力 p_c^*，在 p_c^* 的微小邻域 $[p_c^*-\varepsilon,\ p_c^*+\varepsilon]$ 的两侧，泡沫的性质会发生突变；毛管力大于 $p_c^*+\varepsilon$ 时，不会形成泡沫；毛管力低于 $p_c^*-\varepsilon$ 时，能形成强度会很高的泡沫。由于毛管力是含水饱和度的函数，对应存在着临界含水饱和度 S_w^* 及其微小邻域 $[S_w^*-\varepsilon,\ S_w^*+\varepsilon]$。

　　根据实验结果，由于泡沫的作用，气相相对渗透率按图 2-8 规律降低。应用如下模型计算泡沫驱相对渗透率：

$$K_{rg}^{fo}(S_w) = K_{rg}^{nfo}(S_w)FM = K_{rg}^{nfo}(S_w)\left(1 + MRF \cdot SC \cdot OT \cdot CN \cdot F_{S_w^*}\right)^{-1} \tag{2-224}$$

式中，MRF——最大阻力因子，表示不含油时，参考流速下最大表面活性剂浓度的泡沫阻力因子，由实验确定；

　　SC ——$SC = \left(\dfrac{\omega_s}{\omega_s^{max}}\right)^{e_s}$，泡沫剂浓度对泡沫相对渗透率的影响；

OT ——$OT = \left(\dfrac{S_{o\max} - S_o}{S_{o\max}} \right)^{e_o}$，含油饱和度对泡沫相对渗透率的影响；

CN ——$CN = \left(\dfrac{N_c^{ref}}{N_c} \right)^{e_v}$，流速对泡沫相对渗透率的影响；

$F_{S_w^*}$ ——临界含水饱和度附近随着含水饱和度变化气相渗透性的变化趋势。

$$F_{S_w^*} = \begin{cases} 0 & , \quad S_w < S_w^* - \varepsilon \\ e_{pc} + \dfrac{\arctan\left[e_{po} \cdot \left(S_w - S_w^* \right) \right]}{\pi} & , \quad S_w > S_w^* - \varepsilon \end{cases} \tag{2-225}$$

ω_s、$\omega_s^{\max}$ ——实际活性剂浓度和保持泡沫强度的最大活性剂浓度；

S_o、$S_{o\max}$ ——实际含油饱和度和可以产生稳定泡沫的最大含油饱和度；

N_c、N_c^{ret} ——实际毛管数和参考毛管数；

e_{po} ——相渗下降指数，由实验数据确定；

e_{pc} ——$0.5 \sim 1$，用以保证 $F_{S_w^*}$ 为正数；

S_w^* ——临界含水饱和度；

ε ——非常小的数，决定泡沫驱相对渗透率曲线倾斜度，由实验确定。

2.3　相对渗透率计算方法综合分析

2.3.1　各种相对渗透率计算方法比较

　　相对渗透率曲线是储层中多相流体存在时流体渗流的综合反映。理论和实验均表明，相对渗透曲线的大小和形状受储层物性、流体性质和其他外因的影响。随着相对渗透率研究的逐步深入，尽管对相对渗透率的影响因素和机理有了较深的认识，但要建立方便、准确的相对渗透率理论计算模型还很困难：

　　(1)影响相对渗透率的因素众多，并且各因素不是独立作用的。因此，要建立各影响因素与相对渗透率之间的定量关系十分困难。

　　(2)相对渗透率实验耗时多，相关文献中提供的实验数据经常有采用标准不一致的情况，能获取的有代表性同时又包括完整物性的数据不多见，制约了理论分析。

　　(3)即使能够建立起全面考虑所有因素的理论计算模型，由于其所需参数复杂，其应用也是有限的。

　　因此目前计算相对渗透率的方法大多根据实际情况考虑关键性参数，忽略其他参数的影响。这种计算模型为相对渗透率计算和应用带来方便的同时，计算的准确性和适用范围也遭到质疑。不同计算模型计算结果不一致的情况较为普遍。图 2-9 为同一储层参数根据 Pirson 模型、Jones 模型和 Wyllie 模型计算得到的油-水相对渗透率曲线(以油相端点相对渗透率值归一化处理)。图 2-10 与图 2-11 显示了利用不同计算方法计算相对渗透率曲线的差异。

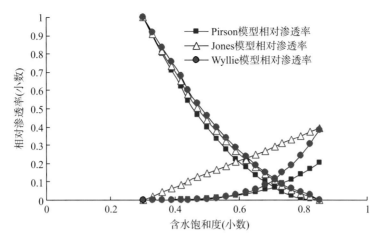

图 2-9 不同经验模型计算的相对渗透率曲线比较

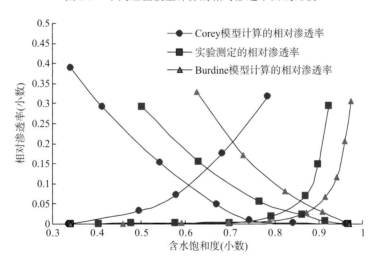

图 2-10 利用毛管力计算的相对渗透率曲线比较

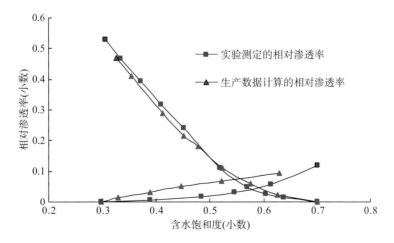

图 2-11 生产数据计算的相对渗透率与实验数据比较

　　因此要准确计算相对渗透率,必须详细分析不同相对渗透率计算方法的特点和适用范围,充分利用各种方法的优点,避免不足,综合利用岩心分析、实验测试、生产数据等各种资料。

　　计算相对渗透率最直接和最可靠的方法是实验测定,因此实验数据可作为基础参数用于规范其他方法的计算结果。其优点是准确、可靠,但测试时间长、耗费高。由于实验测试岩心数量有限,不能很好反映储层相对渗透率的非均质性和随时间改变的特点。在某些特殊情况(如混相、注蒸汽、凝析气等)下,相对渗透率曲线很难或者根本无法由实验室测定。实验技术本身也还存在一些固有问题尚未完全解决,如稳态法的末端效应、非稳态法的黏性指进现象等。另外,非稳态实验数据处理方法都是在 Buckley-Leverett 方程(忽略毛管力、饱和度前沿稳定驱替)假设条件下得到的,为了满足假设条件实验室需要提高驱替速度。高驱替速度下测得的相对渗透率是否代表地下渗流(通常速度较小)时的相对渗透率有待进一步研究。采用隐式方法可以避免这些假设条件,但其预先的假设模型(通常为指数式)不一定满足要求,同时也大幅增加了运算量,反问题有时还会存在多解的情况。

　　利用毛管力曲线计算相对渗透率是一种基于实验数据的间接方法。用实验室相对较容易获得的毛管力曲线得到相对渗透率曲线,在很大程度上减少了实验测试的工作量。对于实验室很难测量相对渗透率数据的特殊情况,可以利用毛管力技术求取相对渗透率。这些情况包括:①岩样比较小,不宜做流动实验;②渗透率非常低、注水非常困难的岩样(包括注水黏土膨胀等);③凝析气藏随着压力下降含油饱和度增加,初始含油饱和度非常低甚至等于零,用流动实验求相对渗透率几乎不可能;④混相状态下,两相间存在明显的相间传质等。同时,其不足之处也已引起了人们注意:利用毛管力曲线计算相对渗透率的模型大多是基于毛细管束模型,并不能完全描述复杂的油藏孔隙结构,其计算结果也就会出现不同程度的偏差,因此在推广这种方法时,必须要有实验资料或生产资料作为依据。如果计算的与实验所得结果有很大出入,应当及时修改计算模型;同时毛管力方法也不能反映储层相对渗透率非均质性和相对渗透率曲线随开采时间改变的特点。有研究还认为,利用压汞法等静态方法得到的相渗数据不一定反映实际开发状态下的相渗关系。

　　经验统计方法是在大量实验数据基础上得到的计算相对渗透率曲线最简洁、最方便的方法。经验模型通常只需要 3~5 个关键输入参数就能得到完整的相渗曲线。经验模型另外一个显著优点在于通过与油藏某些关键参数统计回归可以得到相对渗透率曲线与油藏某些常规物性的关联,从而利用油藏物性分布间接得到相对渗透率的分布状况。利用神经网络技术在不明确影响因素作用机理情况下建立起计算相对渗透率的网络模型,可以考虑多方面因素。但其资料准备、训练、改进模型等一系列工作十分耗时,其应用目前还只停留在理论分析上。相比之下,经验模型的缺点在于,统计规律都是在有限的实验数据下分析得到的,其适用范围很小,实际应用时须对实验数据进行规范;另外,因为所需参数少,对参数的敏感性往往较强,因此对输入参数的准确性有更高的要求。

　　油、气、水的生产资料是油气田开发过程中进行油藏工程计算和分析的第一手资料,在油藏投入开发后都会有详细的生产统计资料,因此利用矿场资料计算相对渗透率较容易。生产资料是油藏开采动态的综合反映，是最接近实际地下渗流状态的参数，计算的相对渗透率也是最能代表地层中真实渗流情况的相渗关系。利用生产资料计算的相对渗透率是泄油区内的综合平均物性参数，在油藏工程开发指标计算中最为可靠。由于生产资料是动态更新的，计算得到的相对渗透率也具有时间性，能快速反映出相对渗透率随开采过程的变化。但是利用矿场资料计算相对渗透率的方法大多是在经验规律(水驱特征曲线、含水率上升规律等)和相渗指数模型之上得到的，忽略的影响因素较多，理论上有待改进。由于测试技术等原因，现场生产资料往往带着一定的误差和不确定性，给相对渗透率的计算也带来很大的不确定性，需与实验数据相互对照。利用矿场资料计算相对渗透率具有很大的时间限制：如求油-水相对渗透率必须要在油井见水后，水驱曲线则要在比较有规律的数据出现后方可使用。现场资料通常波动较大，用其进行回归计算相对渗透率也就有很大的人为因素和不确定性。另外，用生产资料计算相对渗透率曲线往往不能一次得到完整的相对渗透率曲线，要得到完整的相对渗透率曲线必须等到油气田开发结束或含水率很高的时候，应用时大多通过已有计算结果进行外推预测，增加了预测的不可靠程度。各种方法计算相对渗透率的特点见表 2-6。

表 2-6　各种相对渗透率计算方法比较

计算方法			优点	不足	应用
实验方法	稳态法		①结果准确、可靠	①成本高，工作量大； ②混相、凝析气等特殊条件下很难(或无法)测试； ③存在末端效应，实验技术仍需改进； ④很难反映储层非均质性和时变性	常作为标准方法与其他方法对比，规范其他方法计算结果或直接用于油田开发计算
	非稳态法	显式	①结果准确、可靠； ②相对于稳态法能显著缩短测试时间	①数据处理较稳态法复杂； ②混相、凝析气等特殊条件下很难(或无法)测试； ③存在黏性指进效应，实验技术仍需改进； ④很难反映储层非均质性和时变性； ⑤低渗透，疏松岩样实验结果异常	作为目前最常用的相对渗透率实验测试方法，用于与其他方法比较，规范结果或直接应用于油田开发
		隐式	①具有显式处理方法的所有优点； ②没有显示处理时的假设条件，能处理显式处理时出现异常的实验数据(低渗透等)	①相对于显式处理方法计算量大大增加，最优化算法收敛性较难保证； ②预先假设了相对渗透率的指数式模型； ③反问题求解有时会存在多解的情况； ④很难反映储层非均质性和时变性； ⑤混相、凝析气等特殊条件下很难(或无法)测试	用于处理一些利用显式处理实验数据时出现异常或不能得到完整的相渗曲线时的实验数据
毛管力计算方法			①利用相对较容易测试的毛管力曲线降低工作量； ②不方便进行相渗实验(小岩样、注水困难、凝析气、混相等)时可作为代替方法	①理论基础是基于毛管束模型建立起来的，与实际复杂结构有一定偏差； ②与实验测试一样无法反映相对渗透率非均质性和时变性； ③静态压汞资料计算结果能否代表动态相渗参数有待商榷	作为相渗实验替代方法，在不易进行相渗实验时利用模型进行计算

续表

计算方法		优点	不足	应用
经验统计法	经典经验公式	①公式简单，所需输入参数较少，方便应用；②根据油藏类型，润湿状况，流体系统等分类详细，可类比性强	①根据有限实验资料进行回归统计，应用范围具有很大局限性；②对输入参数比较敏感，对参数准确性要求较高；③相对于其他方法，计算结果更为粗糙，不宜用作精细计算；④油藏情况差别很大，有限的公式数量不能满足需求	主要用于实验测试相渗或生产数据计算相渗的平滑、外推和内插。在勘探开发初期可通过类比选用进行简单的指标计算和评价
	油藏常规物性回归（实际油藏回归）	①根据实际油藏资料，回归针对性较强，准确度较高；②利用物性关联，可以表征相对渗透率非均质性	①结论往往只是适用于本油藏，在其他区块一般应用是不成功的；②需在开发中后期，利用大量实验资料和生产资料	在强非均质储层中，利用物性回归结果按物性精确表征相对渗透率空间分布
	油藏常规物性回归（神经网络法）	①所选物性范围广，具有较强的可移植性；②网络模型考虑因素多，计算比其他经验模型准确；③模型为动态模型，随时可利用有效实验数据更新，强化训练	①所需输入参数多，应用上较复杂；②建立神经网络模型需要选择输入参数、有效资料、训练和改进模型，工作量很大；③作为一项新技术，模型的稳定性还需要进一步的验证	理论较复杂、输入参数较多，目前还停留在理论分析上，实际应用实例不太多
矿场资料计算方法	产能公式法	①利用矿场实际生产资料，计算结果为油藏动态条件下的真实反映；②资料来源广泛、丰富，容易获取；③计算结果代表泄油区平均结果，方便油藏工程计算；④能反映相对渗透率渗随时间变化的特点	①建立在稳态渗流基础上，与实际渗流有偏差；②必须在油井见水后或地层脱气后才能计算油水和油-气相对渗透率；③开发中往往不能得到完整的相渗曲线；④矿场资料可靠性不高，导致计算可靠性下降	用于分析储层中相对渗透率变化（开采时间、措施实施、开发调整）情况和油藏工程计算
	水驱曲线法	①水驱曲线是开发计算必须的，可直接利用；②能反映相渗随时间的变化	①水驱曲线是统计规律，理论依据不明确；②预先假设指数模型；③回归参数随意性较大；④水驱曲线规律出现后方可使用	
	含水率拟合	①相对于水驱曲线，计算更稳定，减少了随意性；②能反映相渗时间的变化	①预先假设指数式模型；②最优化算法较复杂；③反问题存在多解情况	

2.3.2 相对渗透综合计算方法

根据各种相对渗透率计算方法优缺点的比较，提出综合利用相对渗透率计算方法计算相对渗透率曲线。充分发挥各自的优势，尽量使相对渗透率曲线计算结果更符合油藏实际情况。各种计算方法之间的关系可以用图 2-12 表示。

实验测定数据是核心和基础，可以用于规范其他方法计算得到的结果。毛管力曲线计算方法可以作为在不容易进行相对渗透率实验测定时的替代方法。经验统计法和矿场资料计算法则分别扩展了相对渗透率曲线的空间分布和时间变化特点。对于油藏开发的不同阶段，根据资料的获得情况，可采用的计算方法如图 2-13 所示。

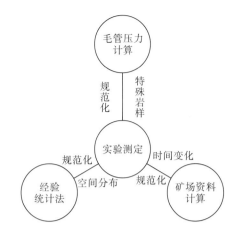

图 2-12　相对渗透率计算方法关系图

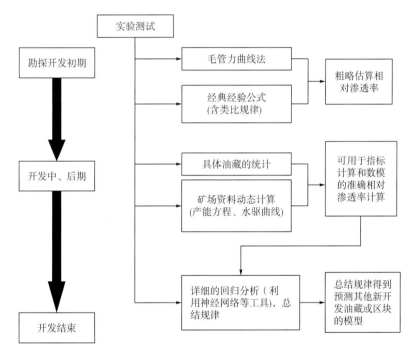

图 2-13　不同开发阶段相对渗透率计算方法选择

　　在油藏勘探开发初期掌握的油藏资料较少，相渗实验数据也较少，此时可以利用已有的经典经验公式在为数不多的实验数据标定下，进行开发指标的预测。随着开发深入，油田需要做大量的相对渗透率实验，在相对渗透率实验数据的基础上有目的地进行数据分析。建立计算模型不仅可以减少实验工作量，还能提高相对渗透率的计算准确性，同时能利用生产数据动态计算相对渗透率。此阶段计算得到的相对渗透率值可用于更详细地开发方案设计、调整和数值模拟研究。对于特殊相对渗透率曲线，应该选用相应的特殊相对渗透率处理方法。在开发末期或开发结束以后，应该充分利用已掌握的信息，总结建立适用于本区块或本油藏的相对渗透率理论模型，为预测其他区块和油藏相渗提供支持。

2.3.3 相对渗透率计算程序研制

为了方便地计算相对渗透率,将相对渗透率计算方法进行总结分析并编制了相应的计算程序。程序具有友好的运行界面,其层次结构如图 2-14 所示。程序具有完整的数据输入、输出、相渗计算、曲线绘制等功能,能解决相对渗透率计算分析问题。程序利用 VB6.0 平台,最优化计算方法借用了 Excel 规划求解 Solver 插件,图 2-15~图 2-18 展示了程序的部分界面及运行结果。

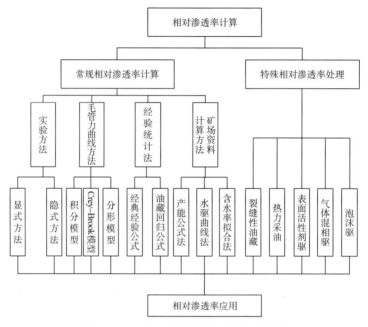

图 2-14 相对渗透率计算程序层次结构图

图 2-15 程序主界面窗体

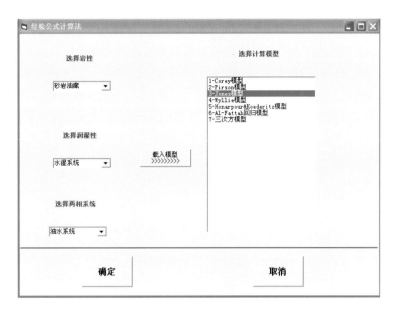

图 2-16　经验公式模型选择窗体

图 2-17 中显示的是相对渗透率与空气渗透率的关系。从计算结果可以看出，随着空气渗透率的降低，相对渗透率曲线束缚水饱和度明显增大，两相共渗区变窄，油相相对渗透率下降很快，水相相对渗透率上升较慢，且达到残余油饱和度时低渗透储层的端点渗透率值不高。这些结论与低渗透实验数据得到的结果一致。

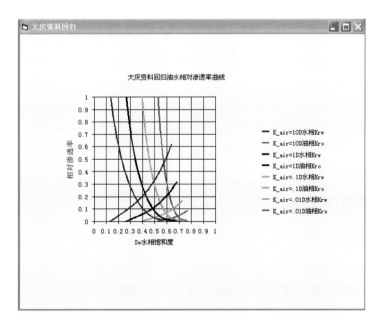

图 2-17　大庆回归模型相对渗透率与空气渗透率的关系

图 2-18 中显示了表面活性剂驱相对渗透率曲线与捕集数的关系。从图中可以看出，随着捕集数 N_t 的增大(相同驱替速率下，界面张力减小)，储层的束缚水饱和度和残余油

饱和度都有降低的趋势，两相共渗区逐渐扩大，可动油体积增多。当界面张力无限大时理论上相对渗透率曲线应为"X形"模型的形态，束缚水饱和度和残余油饱和度趋近于0，油水共渗区为整个0～1区域。

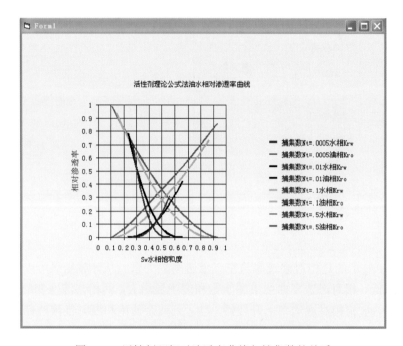

图2-18   活性剂驱相对渗透率曲线与捕集数的关系

2.4   相对渗透率的影响因素分析

大量研究表明，岩心的相对渗透率不是饱和度的唯一函数，它受储层润湿性的影响，同时还与流体饱和顺序、岩石孔隙结构、流体性质、实验温度、压差以及流动状态等有关，即相对渗透率是一个多因素影响的复杂函数。实验所测得的相对渗透率曲线正是这些因素综合作用的结果。

2.4.1   储层性质的影响

1.岩石润湿性的影响

岩石表面润湿性有亲水、亲油之分。亲水岩石中由于界面张力产生的毛管力能自发吸水排油，在亲油岩石中能自发吸油排水，这就造成润湿性不同岩石内油水分布不同，亲水岩石中水分布在小孔隙、岩石表面或边角，亲油储层中水呈水滴状或在孔道中间。从而造成了相对渗透率曲线的不同：从强亲油到强亲水，油相相对渗透率逐渐增大，水相相对渗透率逐渐减小，共渗点向右移动。图2-19和表2-7分别表示了不同润湿接触角下的油-水相对渗透率曲线和不同润湿接触角下的油相端点渗透率值。

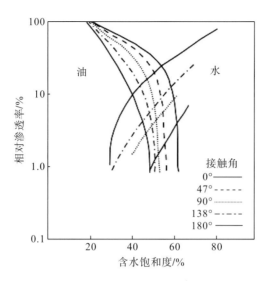

图 2-19　不同润湿接触角对应的油-水相对渗透率曲线

表 2-7　润湿接触角与油相相对渗透率关系

接触角	0°	47°	90°	138°	180°
油相端点相对渗透率	0.98	0.83	0.80	0.67	0.63

2.岩石孔隙结构的影响

　　流体饱和度分布和流动通道直接与岩石孔隙大小、几何形态及其组合特征有关，因此孔隙结构直接影响相渗曲线。通常高渗透、高孔隙砂岩的两相共渗区范围大，束缚水饱和度低；低渗透、小孔隙砂岩则刚好相反。图 2-20 和图 2-21 分别反映了不同介质类型和孔渗参数的相对渗透率曲线形态。

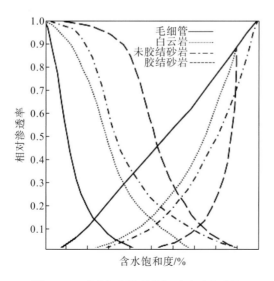

图 2-20　不同介质类型的相对渗透率曲线

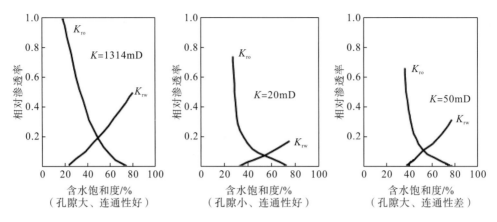

图 2-21　孔隙大小及连通性对相对渗透率的影响

3. 岩石非均质性(层理)的影响

在各向异性砂岩实验中发现,平行层理流动的相对渗透率值高于垂直层理流动的相应值。同时颗粒的大小、形状、分布、方向性,以及孔隙分布、几何形态、岩石比面和后生作用等都会影响相对渗透率曲线。垂直层理与平行层理的典型实测相渗曲线如图 2-22 所示。

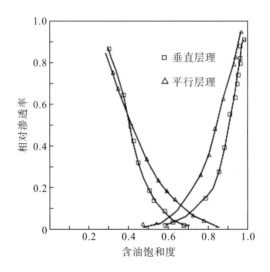

图 2-22　Berea 砂岩相对渗透率测试结果

4. 初始润湿饱和度的影响

Caudle 等(1951)最先研究了初始饱和度对油-水相对渗透率曲线的影响,发现这种影响不仅仅是对初始点,而且也影响到相对渗透率曲线的形状,如图 2-23 所示。初始含水饱和度的出现,使得油-水相对渗透率曲线向含油饱和度降低的方向移动,这种移动引起的残余油饱和度降低幅度约为初始水饱和度增加值的一半。

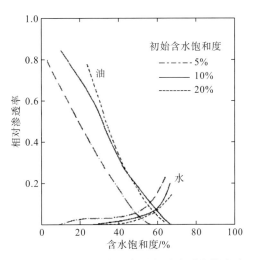

图 2-23　初始含水饱和度对相对渗透率的影响

5.不可动第三相的影响

研究中经常把不可流动的水饱和度看成岩石的一部分。Owens 和 Archer(1971)在不同的天然岩样和清洗过的岩样上做实验，发现大多数情况下不可流动的束缚水饱和度不影响气-油相对渗透率的比值。Stewant 在灰岩里也发现了类似的结果。但另外一些研究发现，不可流动束缚水饱和度对相对渗透率比值影响不明显，但对相对渗透率曲线有一定影响。图 2-24 比较了束缚水饱和度为 15%～25%与束缚水饱和度为 0 时的油-气相对渗透率曲线。

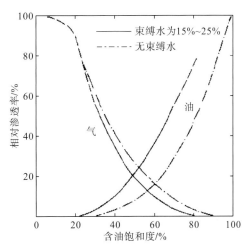

图 2-24　束缚水饱和度对油-气相对渗透率的影响

2.4.2　流体性质的影响

1.黏度比的影响

20 世纪 50 年代以前，一般认为相对渗透率与两相的黏度比(M)无关。后来的研究表明：当黏度相差不大时，黏度比的影响可以忽略，但当非润湿相黏度很高且大大高于润湿相时，非润湿相相对渗透率随黏度比(非润湿相/润湿相)增加而增加，润湿相相对渗透率与黏度比关系不大。另外，黏度比的影响随孔隙半径增大而减小，当渗透率大于 1D 时，其影响可忽略不计。图 2-25 表示黏度比为 0.4～82 时的油-水相对渗透率曲线。

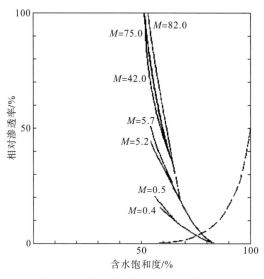

图 2-25　黏度比对相对渗透率的影响

2.界面张力的影响

相对渗透率曲线是表征流体与多孔介质以及流体与流体之间相互作用的综合参数。早期研究认为，界面张力 σ 为 27～72mN·m^{-1} 时对相对渗透率曲线有影响，但不明显。后来的大量实验表明，低界面张力可以减少水湿岩样残余油饱和度。界面张力减少引起在同一饱和度条件下油相渗透率增加，这正是活性剂驱提高采收率的理论基础，图 2-26 显示了低界面张力体系的相对渗透率曲线。

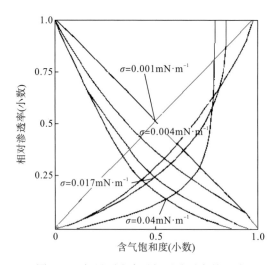

图 2-26　低界面张力对相对渗透率的影响

2.4.3　外因条件的影响

1.饱和历史的影响

从热力学观点看，两相流动过程是不可逆的，即从一个方向达到平衡状态与从另一方向达到平衡状态是不一致的，称为滞后现象。在油-水相对渗透率曲线上体现出来是饱和顺序的影响，这种滞后现象主要是由毛管力滞后引起的。通常把用润湿相驱替非润湿相过程测得的相对渗透率称作吸入相对渗透率，而把非润混相驱替润湿相过程测得的相对渗透率称作驱替相对渗透率。实验表明，这两种过程所求得的相对渗透率曲线形态差别很大(如图 2-27 所示)，代表了两种不同饱和历史对相对渗透率曲线的影响。为了使实验的结果能代表油藏的实际情况，必须要根据油藏流体实际过程来确定是使用吸入还是驱替相对渗透率。大量实验表明，饱和顺序对非润湿相相对渗透率的影响远大于对润湿相相对渗透率的影响，润湿相的驱替和吸入相渗曲线比较接近。

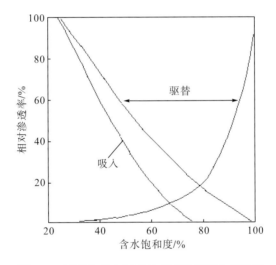

图 2-27　驱替和吸入过程的相对渗透率曲线特征

2.温度的影响

关于温度对相对渗透率的影响目前还存在争议。普遍的观点认为，温度对油、气、水相对渗透率都会产生影响，特别是在热力采油时，岩石表面吸附层变薄，流动通道增大，流动阻力降低，使得油相相对渗透率提高，见图 2-28。通常认为：①温度升高，束缚水饱和度增高，等渗点右移；②温度升高，相同含水饱和度下，油相相对渗透率提高，水相相对渗透率略有降低；③高温使岩石变得更加水湿。

3.上覆岩层压力的影响

有研究表明，上覆岩层压力小于 20.7MPa(3000psi)时对相对渗透率影响很小。当地层上覆压力为 34.5MPa(5000psi)时就可以看到油-水相对渗透率比常温、常压下的要低。其变化幅度与岩石渗透率类似，究其原因，主要是压力引起孔隙结构的变化。实际中，多大

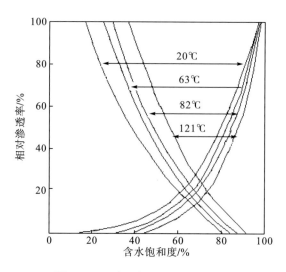

图 2-28　温度对相对渗透率的影响

上覆压力才会对相对渗透率产生影响与岩石性质有关,因此对于高压地层应尽量模拟实际压力来测定相对渗透率曲线。

4.驱动因素的影响

驱动因素包括驱替压力和流动速度等。一般概括为"π准数"(π值),表示微观毛管力梯度和驱动压力梯度的比值。只要驱替压力不使流速达到使流体产生惯性力的程度,驱替相相对渗透率曲线就与压力梯度无关。但当 π 值从 2×10^2 变为 10^8 后,随 π 值的减小,两相的相对渗透率都增大,两相共渗范围变宽。

最后需要指出的是,油藏相对渗透率的实际形态往往不是单一因素起作用的,是各种因素的综合结果。各影响因素之间同时又是相互影响的,例如温度可能会引起岩石孔隙结构、流体黏度比、表面张力等多方面变化。总之,影响相对渗透率的因素是多方面的,在分析和使用相对渗透率曲线时必须注意实验测试条件和计算适应范围是否与地层实际情况一致。

2.5　相对渗透率计算模型应用实例

2.5.1　相对渗透率曲线用途

相对渗透率曲线在油藏工程计算中具有十分重要的意义,应用十分广泛。下面对其中常见的应用进行简要分析,为实例分析提供理论基础。

1.计算分流量曲线

在一维条件下,忽略毛管力和重力的作用,其公式如下:

$$f_w=\frac{Q_w}{Q_o+Q_w}=\frac{1}{1+\frac{K_{ro}\mu_w}{K_{rw}\mu_o}} \tag{2-226}$$

根据油田经验公式，油相与水相相对渗透率比值可表示为

$$\frac{K_{ro}}{K_{rw}} = a \cdot e^{-bS_w} \tag{2-227}$$

$$f_w = \frac{1}{1 + \frac{K_{ro}}{K_{rw}} \cdot \frac{\mu_w}{\mu_o}} = \frac{1}{1 + a \cdot e^{-bS_w} \cdot \frac{\mu_w}{\mu_o}} \tag{2-228}$$

把地层水体积分流量换算为地面水质量分流量：

$$f_w(S_w) = \frac{Q_w}{Q_o \cdot \frac{\gamma_o}{B_o} + Q_w} = \frac{1}{1 + \frac{\mu_w}{\mu_o} \cdot \frac{\gamma_o}{B_o} \cdot \frac{K_{ro}}{K_{rw}}} = \frac{1}{1 + \frac{\mu_w}{\mu_o} \cdot \frac{\gamma_o}{B_o} \cdot a \cdot e^{-bS_w}} \tag{2-229}$$

式中，f_w——含水率；

γ_o、B_o——分别表示原油相对密度和体积系数。

根据式(2-229)绘制的 f_w-S_w 关系曲线，称为水相的分流量曲线。由分流量曲线可以得到驱替前缘含水饱和度和驱替后平均含水饱和度。在分流量曲线上，过点$(S_{wi}, 0)$作分流量曲线的切线，切点的横坐标即为前缘含水饱和度 S_{wf}，切点的纵坐标为前缘含水率 f_{wf}，切线与直线 $f_w=1.0$ 相交点的横坐标即为驱替后平均含水饱和度 S_{wfav}。二者的计算公式为

$$S_{wf} = \frac{f_w(S_{wf})}{\dfrac{df_w(S_{wf})}{dS_w}} + S_{wi} \tag{2-230}$$

$$S_{wfav} = \frac{1}{\dfrac{df_w(S_{wf})}{dS_w}} + S_{wi} = S_{wf} + \frac{1 - f_w(S_{wf})}{\dfrac{df_w(S_{wf})}{dS_w}} \tag{2-231}$$

2.计算驱油效率

驱油效率又称为驱替效率，是注入流体波及范围内驱替出的原油体积与波及范围内含油总体积之比，计算公式为

$$E_d = \frac{S_{oi} - S_o}{S_{oi}} = \frac{S_w - S_{wi}}{1 - S_{wi}} \tag{2-232}$$

利用分流曲线求出不同含水率 f_w 下的饱和度 S_w，可得到不同含水率下的驱油效率 E_d：

$$E_d = \left\{ \frac{1}{b(1 - S_{wi})} \left[\ln\left(a \cdot \frac{\mu_w}{\mu_o} \right) - \ln\left(\frac{1}{f_w} - 1 \right) \right] - \frac{S_{wi}}{1 - S_{wi}} \right\} \tag{2-233}$$

式中，a、b——回归系数。

考虑一个较小含水率(0.10)或经济极限含水率(0.98)可以分别计算得到无水驱油效率和最终驱油效率。

3.计算无因次采油(液)指数

根据多孔介质中平面径向稳定流产量公式，得到无水期产油量公式为

$$Q_o = \frac{2\pi Kh\left(\dfrac{K_{ro}}{\mu_o}\right)_{S_{or}}}{\ln\left(\dfrac{r_e}{r_w}\right)}\left(p_i - p_w\right) \tag{2-234}$$

任意含水饱和度时平面径向稳定流生产井产液量公式为

$$Q_L = Q_o + Q_w = 2\pi\left(\frac{K_{rw}}{\mu_w} + \frac{K_{ro}}{\mu_o}\right)_{S_{or}}\left(p_i - p_w\right)\Bigg/\ln\left(\frac{r_e}{r_w}\right) \tag{2-235}$$

假定生产压差和驱动半径不变，无因次产液指数 (J_{LD}) 和产油指 (J_{oD}) 数分别为

$$J_{LD} = \frac{Q_L}{Q_o} = \frac{\left(\dfrac{K_{rw}}{\mu_w} + \dfrac{K_{ro}}{\mu_o}\right)_{S_{or}}}{\left(\dfrac{K_{ro}}{\mu_o}\right)_{S_{or}}} \tag{2-236}$$

$$J_{oD} = J_{LD}\left(1 - f_w\right) \tag{2-237}$$

求得的无因次采油指数、无因次采液指数可用来预测产量指标。

当 $f_w = 0$ 时，无因次采油指数为 1，比采油指数为 J_{os}；在一定的生产压差 Δp、射开厚度 h 下，产油量的计算公式如下：

$$Q_o = J_{os}\cdot\Delta p\cdot h \tag{2-238}$$

当 $f_w \neq 0$ 时，由以下公式求得某一生产压差 Δp、不同含水量下的产油量 Q_o 和产液量 Q_l：

$$\left.\begin{array}{l} Q_o = J_{oD}\cdot J_{os}\cdot\Delta p\cdot h \\ Q_l = J_{lD}\cdot J_{ls}\cdot\Delta p\cdot h \end{array}\right\} \tag{2-239}$$

4.确定采出程度 R 与含水 f_w 的关系

采出程度表示为驱油效率 E_d 与体积波及系数 E_v 的乘积：$R = E_d\cdot E_v$。

E_d 可根据相对渗透率资料求得，表示为含水率的函数，E_v 可由油田的实际资料统计求得，或根据井网密度由以下公式求得

$$E_v = e^{-\dfrac{\left[0.056\left(\dfrac{Kh}{\mu}\right)^2 - 0.6\left(\dfrac{Kh}{\mu}\right) + 2.13\right]}{f}} \tag{2-240}$$

采出程度与含水的关系如下：

$$R = \left\{\frac{1}{b\left(1 - S_{wi}\right)}\left[\ln\left(a\frac{\mu_w}{\mu_o}\right) - \ln\left(\frac{1}{f_w} - 1\right)\right] - \frac{S_{wi}}{1 - S_{wi}}\right\}$$

$$\times e^{-\dfrac{\left[0.056\left(\dfrac{Kh}{\mu_o}\right)^2 - 0.6\left(\dfrac{Kh}{\mu_o}\right) + 2.13\right]}{f}} \tag{2-241}$$

式中，f——井网密度，口·km^{-2}；

μ_o——地层原油黏度，mPa·s；

h——地层有效厚度，m。

含水变化率 $\mathrm{d}f_w/\mathrm{d}R$ 与 f_w 的关系如下：

$$\left.\begin{array}{l}\dfrac{\mathrm{d}f_w}{\mathrm{d}R}=\dfrac{b\left(1-S_{wi}\right)f_w\left(1-f_w\right)}{\mathrm{e}^{-\dfrac{\left[0.056\left(\dfrac{Kh}{\mu}\right)^2-0.6\left(\dfrac{Kh}{\mu}\right)+2.13\right]}{f}}}\\[2em]\dfrac{\mathrm{d}f_w}{\mathrm{d}R}=\dfrac{b\left(1-S_{wi}\right)f_w\left(1-f_w\right)}{E_v}\end{array}\right\}\qquad(2\text{-}242)$$

5.计算理论存水率和水驱指数

存水率(C)是指阶段注入水(Q_{iw})减去采出地面的无效水(Q_w)，或驱油作用的注入水与总注入量的比值。它常用来评价注水效果的好坏，其公式如下：

$$C=\frac{Q_{iw}-Q_w}{Q_{iw}}\qquad(2\text{-}243)$$

经过一系列推导，可得 C 与 f_w 的关系如下：

$$C=1-\frac{f_w}{\mathrm{IPR}\left[f_w+\dfrac{B_o}{\gamma_o}\left(1-f_w\right)\right]}\qquad(2\text{-}244)$$

式中，IPR——阶段注采比。

利用式(2-244)可计算在一定的注采比、不同采出程度 R 下的理论存水率。

水驱指数 D 是指阶段注水量与阶段产水量之差与阶段采出油量的地下体积之比。它是评价注水开发效果好坏的指标之一，其公式表示如下：

$$D=\frac{Q_{iw}-Q_w}{Q_o\cdot\dfrac{B_o}{\gamma_o}}\qquad(2\text{-}245)$$

经过一系列推导，可得 D 与 f_w 的关系如下：

$$D=\mathrm{IPR}+\frac{\mathrm{IPR}-1}{\dfrac{B_o}{\gamma_o}\left(1-f_w\right)}\cdot f_w\qquad(2\text{-}246)$$

利用式(2-246)可计算在一定的注采比、不同采出程度 R 下的理论水驱指数。

6.用于数值模拟研究

在各种数值模拟软件中，为了解决油层油、气、水的渗流问题，模型都要求读入相对渗透率曲线资料。在历史拟合过程中，通过调节相对渗透率曲线来拟合实际产油量、产水量和含水率等参数。

在油田实际生产中，相对渗透率曲线的主要应用还包括以下几个方面：确定自由水平面的位置、确定流度比、判断岩石润湿性等。结合排驱毛管力曲线还可以确定油藏中油、气、水饱和度的分布。

2.5.2 应用实例

1.利用经验模型拟合实验数据

实验测试得到的相对渗透率数据只是一些离散性的数据点，在数模和油藏工程计算中，要取得中间含水饱和度下的相对渗透率值，这通常是通过简单的线性插值得到的，图 2-29 所示为某碳酸盐岩储层气水两相实测数据。实验数据点较为密集时，这样处理完全没有问题，但是如果实验数据点离散性太大，采用线性插值不仅结果误差较大，还可能因为相渗曲线光滑性不好导致数模计算收敛性不好的问题。根据油藏特点选用合适的经验公式模型，利用最优化方法，调整参数能取得光滑、连续的相对渗透率曲线。

为了消除端点处相对渗透率值大小对回归的影响，首先利用端点渗透率值对实验测定的相对渗透率值进行标准归一化：

$$K_{\mathrm{rw}}^{*} = \frac{K_{\mathrm{rw}}(S_{\mathrm{w}})}{K_{\mathrm{rw}}(S_{\mathrm{nwc}})} \tag{2-247}$$

$$K_{\mathrm{mw}}^{*} = \frac{K_{\mathrm{mw}}(S_{\mathrm{w}})}{K_{\mathrm{mw}}(S_{\mathrm{w}i})} \tag{2-248}$$

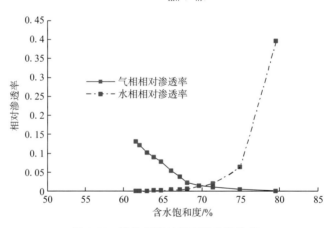

图 2-29　线性插值处理离散实验数据

然后利用归一化后的实验数据与计算模型的计算结果进行比较，利用非线性最优化的原理调整计算模型的参数(指数、系数)。最后比较各个模型的误差，得出最适用的相渗回归计算模型。

最优化模型的目标函数为

$$\min: F = \sum_{i=1}^{n} (K_{\mathrm{rw}i}^{M} - K_{\mathrm{rw}i}^{C})^{2} + \sum_{i=1}^{n} (K_{\mathrm{mw}i}^{M} - K_{\mathrm{mw}i}^{C})^{2} \tag{2-249}$$

约束条件为

$$\begin{cases} 0 \leqslant K_{\mathrm{rw}i}^{C} \leqslant 1 & (i=1,2,3\cdots,n) \\ 0 \leqslant K_{\mathrm{mw}i}^{C} \leqslant 1 & (i=1,2,3\cdots,n) \end{cases}$$

式中，下标 i——实验室测定的相对渗透率数据点；

上标 M、C——分别表示测定的相对渗透率值和计算的相对渗透率值。

实验数据为水湿气水两相碳酸盐岩储层，经过分析比较了 4 个常用的适用于计算水湿气水的相对渗透率模型，并利用最优化方法调整系数。

Corey 模型：

$$K_{rw} = \left[\frac{S_w}{1 - S_{wi}} \right]^{4.99} \tag{2-250}$$

$$K_{rg} = \left[1 - \frac{S_w}{1 - S_{wi}} \right]^{2.84} \cdot \left[1 - \left(\frac{S_w}{1 - S_{wi}} \right)^{1.69} \right] \tag{2-251}$$

Pirson 模型：

$$K_{rg} = \left(1 - S_{we} \right) \left[1 - S_{we}^{1.15} S_w^{1.03} \right]^{4.45} \tag{2-252}$$

$$K_{rw} = S_{we}^{4.97} S_w^{4.73} \tag{2-253}$$

指数模型：

$$K_{rw} = S_{we}^5 \tag{2-254}$$

$$K_{ro} = \left(1 - S_{we} \right)^{3.21} \tag{2-255}$$

LET 模型：

$$K_{rgw} = \frac{(1 - S_{wn})^{3.767}}{(1 - S_{wn})^{3.767} + 1.575 \cdot S_{wn}^{0.829}} \tag{2-256}$$

$$K_{rw} = \frac{S_{wn}^{2.76}}{S_{wn}^{2.76} + 4.946 \cdot (1 - S_{wn})^{0.561}} \tag{2-257}$$

经过比较发现，LET 模型回归公式与实验数据总偏差最小（表 2-8），适用于本实验数据的拟合。从图 2-30 可以看出，LET 公式与实验数据有很好的一致性。

表 2-8　不同经验模型拟合实验误差比较

模型	Corey 模型	Pirson 模型	指数模型	LET 模型
总误差	0.0118	0.0077	0.0144	0.0050

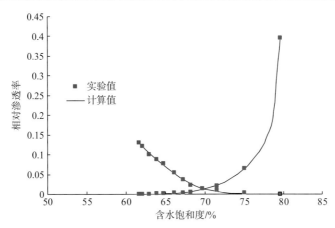

图 2-30　LET 模型拟合的实验数据

2.不同渗透率油藏指标计算

利用实际油藏资料回归可以得到不同物性参数对应的相对渗透率曲线，从而可以预测不同物性下油藏的开发指标。利用大庆资料回归的空气渗透率与相对渗透率关系，采用表 2-9 中的油藏基本物性参数分别计算了不同空气渗透率下的相对渗透率曲线，见图 2-31 所示。

表 2-9　储层物性和流体性质参数表

原油黏度/(mPa·s)	水黏度/(mPa·s)	原油体积系数	原油相对密度	储层厚度/m
1.3	0.82	1.5	0.89	30

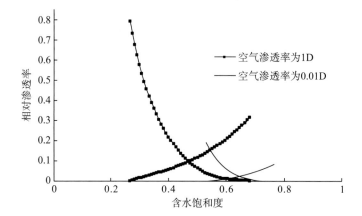

图 2-31　不同空气渗透率计算的相对渗透率曲线

空气渗透率为 1D 和 0.01D 时相对渗透率(K_{ro}/K_{rw})与含水饱和度(S_w)在半对数坐标上呈明显线性关系，见图 2-32。

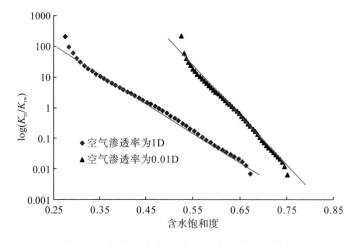

图 2-32　不同空气渗透率下油水比值关系曲线

空气渗透率为 1D：

$$K_{\text{ro}}/K_{\text{rw}} = e^{(10.354-22.111S_{\text{w}})}$$

空气渗透率为 0.01D：

$$K_{\text{ro}}/K_{\text{rw}} = e^{(24.698-38.399S_{\text{w}})}$$

利用含水率上升曲线，分别求取无水驱替效率和最终驱替效率。图 2-33 为相对渗透率曲线计算的理论驱油效率与含水率关系的曲线，在含水率低于 0.1（无水期）时，二者的驱油效率差别不到；当含水率超过 0.1 后，相同驱替效率下低渗透储层的含水率普遍比高渗透储层高 0.1 左右；到达含水率极限（98%）时，低渗透储层比高渗透储层驱油效率低。

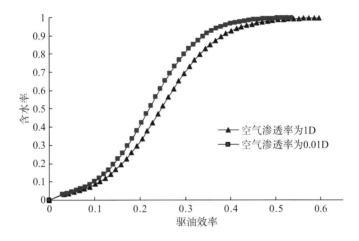

图 2-33　不同空气渗透率计算含水率曲线比较

图 2-34 分析了不同空气相对渗透率的无水驱油效率和最终驱油效率。从图中可以看出，随空气渗透率升高无水驱油效率和最终驱油效率均有所增加，空气渗透率对最终驱油效率的影响比对无水驱油效率的影响更明显。渗透率从 0.001D 增加到 5D 时，所计算的油层条件下的最终驱油效率增加 10%左右。

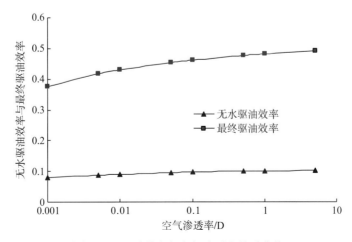

图 2-34　驱油效率与空气渗透率关系曲线

3.相对渗透率随开采时间变化的计算

大量实验和开发实践证明,油藏相对渗透率会随着开发进行(长期注水、增产措施、三次采油等)而发生变化。因此相对渗透率不应该是一个静态的概念,而应随时间发生变化,利用油田生产数据可以方便、快速地预测这种变化。图 2-35 为某油田实际生产的含水率曲线,图中纵坐标表示含水率,横坐标表示采出程度。分别在开发初期(较低含水率)和开发末期(高含水率)取心,实验发现随着水驱的进行储层束缚水饱和度有增大趋势,残余油饱和度有减小趋势。

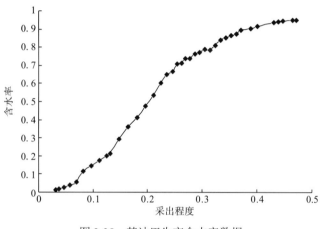

图 2-35 某油田生产含水率数据

利用岩心资料和 PVT 资料可得到开发初期流体和储层主要物性参数,如表 2-10 所示。

表 2-10 油田物性和流体参数表

原油黏度/(mPa·s)	地层水黏度/(mPa·s)	原油相对密度	地层水体积系数
2.94	0.65	0.74	1.0
原油体积系数	束缚水饱和度	残余油饱和度	
1.3	0.22	0.17	

利用开发初期(含水率 60%以下)的含水率数据,采用最优化拟合含水率计算的相对渗透率曲线如图 2-36 所示,利用初期相对渗透率计算的含水率曲线与实际含水率曲线的比较如图 2-37 所示。从图 2-37 中可以看出,含水率在 0.6 以下时,计算含水率与实际含水率具有很好的拟合度;当含水率超过 0.6 后,实际曲线与计算曲线开始出现较大差别,油田取心发现,此时储层束缚水饱和度和残余油饱和度分别变为 0.25 和 0.15。利用含水率在 0.6 以上的数据,采用最优化拟合含水率计算的相对渗透率曲线如图 2-38 所示,利用相对渗透率计算的含水率与实际含水率曲线的比较如图 2-39 所示。

根据早期含水率和晚期含水率曲线可知,水相端点值下降,水相指数减小,两相共渗点右移,表明长期的注水冲刷使得储层有更加亲水的趋势。这一现象与相关文献的报道是一致的,究其原因,主要是长期的注水使岩石颗粒表面附着的油膜逐渐变薄或脱落。

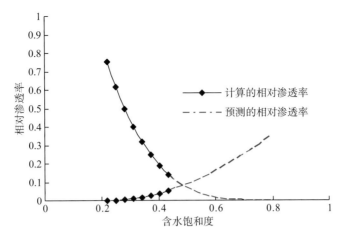

图 2-36   开发初期相对渗透率曲线

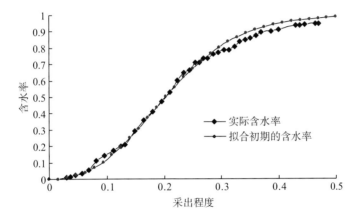

图 2-37   初期相对渗透率计算的含水率与实际含水率比较

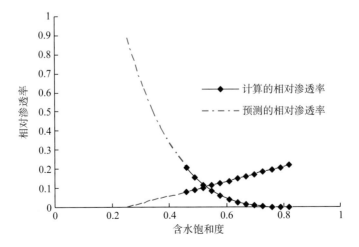

图 2-38   开发中后期的相对渗透率曲线

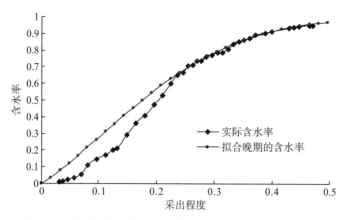

图 2-39　中后期相对渗透率计算的含水率与实际含水率比较

4.相对渗透率形态对生产的影响

大多数处于开发中后期的油田都面临着产水量过大的问题。过多的产水导致油田的处理成本增加，使得油田废弃时还残留大量原油。引起过高产水的主要原因是流体沿着高渗透带形成"渗流通道"导致油井过早的"水突破"，高渗透层的产水量占油井中产水量的绝大部分。注入聚合物是目前推迟突破时间、减少产水量的有效方法。一方面，聚合物溶液增大了流体流度比；另一方面，由于滞留吸附等原因，聚合物溶液将改变储层孔隙结构，影响绝对渗透率和相对渗透率。本书利用单井径向模型分析比较了不同相对渗透率形态和大小对油井水突破时间和油水产量的影响，如果能有目的地改变相对渗透率，对提高油田采出程度具有十分重要意义。

建立油藏单井模型，假设泄油区内原始条件下饱和原油，外边界饱和地层水，模型基础参数见表 2-11。

表 2-11　模型基本参数表

径向/垂向渗透率/mD	孔隙度	泄油半径/m	油井半径/m	油层厚度/m
250/25	0.3	300	0.1	5
束缚水饱和度	残余油饱和度	油相黏度/(mPa·s)	水相黏度/(mPa·s)	压差/MPa
0.11	0.15	3.0	1.01	10

模型的边界和初始条件可以表示为

$$\begin{cases} S_w(r,0)=S_{wi} \ , & r_w<r<R \\ S_w(r=R,t)=1-S_{or} \ , & t>0 \end{cases} \tag{2-258}$$

利用所建立的模型，通过改变不同参数大小分析相对渗透率形态和大小对油水生产的影响。首先利用 Corey-Brooks 模型，分析孔隙分布系数、油相端点值、水相端点值的影响，然后考虑更为一般的情况，利用指数式模型分析相对渗透率形态对油井生产的影响。

图 2-40 是不同孔隙分布系数 λ 对油井生产的影响曲线。从图中可以看出，较大的孔隙分布系数将导致油井更早见水，见水油井产量迅速下降，稳定后产油量差距不大，但高的 λ 值使油井见水后的水产量增加更迅速。因此较小的孔隙分布系数对油井开发是有利的。孔

隙分布系数代表了储层孔隙结构和大小的分布情况，较小的 λ 表示储层孔隙结构分布均匀，图中结论与开发实践是一致的，即均匀的储层孔隙结构往往能取得更好的开发效果。

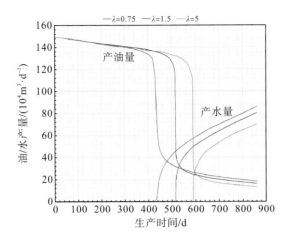

图 2-40　分布系数 λ 对油井生产的影响

通过改变端点渗透率值，分析不同水相对开发动态的影响。从图 2-41 中可以看出，一方面，大的水相端点值导致油井见水时间提前；另一方面，高的水相端点值也使见水前油井的产油量有所提高，但见水后产水量的增加速度明显比较低水相端点值快。因此，过高的水相端点值不利于油井的开采。

图 2-42 展示了不同油相端点值的影响。从图中可以看出，见水前高油相渗透率端点值能明显提高油井产量，但随之而来的是提前见水和产量迅速下降；见水后油产量差距不大，因此需在产油量和产水量之间寻找合适的油相端点值平衡点。

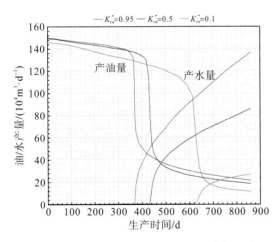

图 2-41　水相端点值 K_{rw} 对油井生产的影响

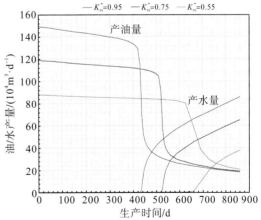

图 2-42　油相端点值 K_{ro}^{*} 对油井生产的影响

图 2-43 和图 2-44 显示了相对渗透率曲线形态对油井开采动态的影响。分析时采用一般性的指数式模型。$n=1$ 表示相对渗透率曲线与饱和度呈线性关系，$n>1$ 时曲线形态为上凹函数，$n<1$ 时曲线形态为上凸函数。由于相对渗透率曲线为上凸的情况很少见，因

此本书只分析了 $n \geqslant 1$ 的情况。从两图中可以看出，相对渗透率曲线形态对油井生产的影响十分明显。只要水相指数 $n_w=1$(线性)，油井很快见水，且见水后产水量增加十分迅速，这种情况近似于水沿着裂缝串流，开发中应尽量避免发生。当 $n_w>1$ 时，油井见水时间明显推迟，且水相指数 n_w 越大见水时间越晚，产水量增加也越缓慢。油相指数 n_o 越接近 1，油井见水时间越晚，见水前后油井产油量与 n_o 关系不大。因此从这点上说，较大的 n_w 值和接近线性变化的油相相对渗透率组合最有利于油井生产，大的 n_o 和线性的水相相对渗透率是最不利的组合方式。

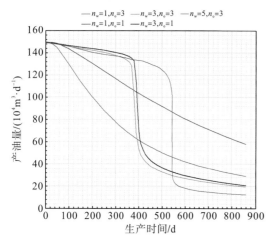

图 2-43　相对渗透率曲线形态对产油量的影响

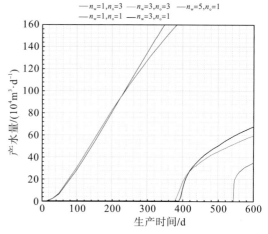

图 2-44　相对渗透率曲线形态对产水量的影响

第3章 气-水相对渗透率实验

3.1 实 验 准 备

按照《中华人民共和国石油天然气行业标准》，采用不稳定相渗测试方法，分别针对无裂缝岩心和人工造缝岩样开展水驱气相渗实验和气驱水相渗实验。

3.1.1 取样及代表性评价

根据大北气田平面和纵向储层展布特征，结合库存岩心情况和取样情况，进行取样(岩心)及代表性分析，为带裂缝砂岩储层气-水相渗实验测试进行实验准备。

本次实验所用样品均取自大北低孔低、渗带裂缝储层。所有岩样孔隙度范围为 $2.94\% \sim 6.69\%$，空气渗透率范围为 $0.00107 \times 10^{-3} \sim 0.0508 \times 10^{-3} \mu m^2$。测试样品基础物性参数见表3-1。

表3-1　研究区实验岩样物性参数

井号	样品编号	层位	井段/m	岩心长度/cm	岩心直径/cm	孔隙度/%	渗透率/($10^{-3}\mu m^2$)
DB102	102-1	K1bs	5320.25	5.033	2.536	6.69	0.0218
DB102	102-4	K1bs	5320.60	5.157	2.536	4.51	0.0116
DB102	102-15	K1bs	5321.75	5.000	2.536	4.92	0.00768
DB104	104-4	K1bs	6047.56	5.435	2.536	2.94	0.00107
DB202	202-1	K1bs	5713.75	4.785	2.536	3.44	0.0359
DB202	202-22	K1bs	5716.41	4.827	2.536	3.98	0.0508
DB202	202-32	K1bs	5717.76	5.200	2.536	4.15	0.0270
DB202	202-33	K1bs	5717.84	4.839	2.536	3.85	0.0234
DB202	202-34	K1bs	5717.94	5.098	2.536	3.54	0.0198
DB202	202-38	K1bs	5718.50	5.273	2.536	3.43	0.0263
DB202	202-39	K1bs	5718.60	5.125	2.536	3.36	0.0229
DB202	202-40	K1bs	5718.67	5.100	2.536	3.43	0.0374

3.1.2 人工造缝方法与含裂缝岩样制备

采用一种可获得符合裂缝性气藏地下特征岩块的人工造缝技术，通过模拟该类型气藏岩石的成缝机理，利用拉伸和单、三轴压缩实验，监测体应变或渗透率变化，控制岩心上生成裂缝的方向、大致缝宽和数量。人工造缝起裂从点源开始，逐步连接成线源缝，在天然裂缝发育等条件下，裂缝起裂时可能是多条缝，在裂缝延伸过程中逐步形成一条主缝。

它的延伸平面总是垂直于最小主地应力方向，即沿着最大主地应力方向。本次对无裂缝低渗透岩样实施人工造缝，在储层的有效裂缝中充填支撑剂，保持实验过程中裂缝处于张开状态。要求造缝后岩样渗透率、试井解释裂缝渗透率与水力压裂设计形成的裂缝渗透率相当，从而保证人工造缝具有代表性。人造裂缝岩样物性参数见表 3-2，人造裂缝岩样见图 3-1。

表 3-2　研究区岩样（人造裂缝岩样）物性参数

井号	样品编号	井段/m	岩心长度/cm	岩心直径/cm	孔隙度/%	渗透率/($10^{-3}\mu m^2$)
DB102	102-15	5321.75	5.000	2.536	5.65	16.52
DB104	104-4	6047.56	5.435	2.536	3.52	10.92
DB202	202-33	5717.84	4.839	2.536	4.56	7.08

图 3-1　人造裂缝岩样图示

3.1.3　岩样常规物性测试与分析

清洗岩样、干燥岩样，然后对岩样进行常规物性测试。清洗前后和清洗过程见图 3-2。

（清洗前）　　　　　　　　　　（清洗后）

抽真空　　　　　　　　　　　　　　　　　饱和100%地层水

图 3-2　人造裂缝岩样清洗前后对比图

3.1.4　流体样品的配制

实验流体是氮气气体和地层水。测试气-水相对渗透率时，注入氮气的黏度为 0.0178mPa·s，饱和水的黏度为 1.21mPa·s，饱和水的矿化度为 196035mg·L^{-1}，测定温度为 25℃。

3.1.5　相对渗透率实验测试内容

1.水驱气相渗实验测试

针对大北 12 块无裂缝岩心（对其中 3 块岩样实施人工造缝），先清洗岩样、干燥岩样、抽真空饱和 100%地层水，然后气驱水直至束缚水状态。同时，在束缚水状态下，用地层水驱替岩样中的 N$_2$ 至残余气状态，测试启动压力并记录实验过程中的数据。

2.气驱水相渗实验测试

针对大北 12 块无裂缝岩心（对其中 3 块岩样实施人工造缝），在残余气状态下，用 N$_2$ 驱替岩样中的水至束缚水状态，记录实验过程中的数据。

3.渗流特征分析

将测试得到的气-水相渗与相关文献中的典型气-水相渗对比分析，研究渗流特征。

3.2　实验原理及实验流程

3.2.1　实验原理

测试原理和测试方法参考《气水相对渗透率测定》（SY/T 5843—1997）。本实验采用的是非稳态法，非稳态法测定气-水相对渗透率是以一维两相渗流理论和气体状态方程为依据，利用非稳态恒压法进行岩样气驱水实验，记录气驱水过程中岩样出口端各个时刻的产气量、产水量和两端压差等数据，用"JBN"方法计算岩样的气-水相对渗透率和对应的含水饱和度，并绘制气-水相对渗透率曲线。

3.2.2　实验设备

实验设备主要用的是美国岩心公司出品的全直径岩样油-水相对渗透率仪，由于实验条件的特殊性，对仪器流程进行了改动才达到了实验的要求。非稳态法测定气-水相对渗透率的流程示意图见图3-3。

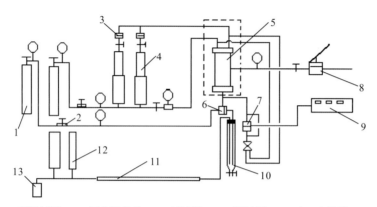

1.高压气源；　2.压力调节器；　3.过滤器；　4.增压器；　5.岩心夹持器；　6.回压阀；
7.压力传感器；　8.手压泵；　9.数值记录仪；　10.水计量管；　11、12.气计量管；　13.平衡瓶

图 3-3　水驱气实验流程图

3.2.3　实验方法

在注水驱气或注气驱水过程中，测得不同时刻的岩心两端的压差、出口端的各相流体流量，然后用数学公式计算求得相对渗透率。在此过程中，含水饱和度和含气饱和度在岩样内的分布是随时间和空间而变化的，即含水饱和度和含气饱和度是时间和空间的函数，所以把此过程称为非稳态过程。实验步骤如下：

（1）按行业技术标准准备好岩心、实验用水样、气样，并测定岩心孔渗参数后，用抽空方法饱和水测得岩心孔隙体积。

（2）对气-水相渗实验，直接用水驱气或气驱水进行实验。

（3）采用恒压法完成驱替实验。在驱替过程中，记录时间、压力、产水量、产气量。实验结束时累积注入量要达到3~5倍孔隙体积。

（4）对实验数据进行处理，得出平均的相对渗透率曲线。

非稳定法实验过程应满足以下条件：①控制注入端注入压力和出口端回压，保证压差达到一定范围，以使流动压力梯度比相间的毛管力大得多，大到足以使毛管效应可以忽略的程度；②在线性多孔介质的所有截面上流速都是恒定的，即两相流体均可视为不可压缩。如果驱替相是气体，实验就更需要在足够高的压力下进行，压差经常需要在0.4MPa以上。

3.2.4　气-水相对渗透率计算步骤

(1)按下式将岩样在出口大气压力下测量的累积流体产量值修正到岩样平均压力下的值。

$$V_i = \Delta V_{wi} + V_{i-1} + [2p_a / (\Delta p + 2p_a)]\Delta V_{gi} \qquad (3\text{-}1)$$

式中，V_i——累积流体产量，mL；

　　　V_{i-1}——上一点的累积流体产量，mL；

　　　ΔV_{wi}——某一时间间隔的水增量，mL；

　　　ΔV_{gi}——出口大气压力下测得的某一时间间隔的气增量，mL；

　　　Δp——驱替压差，MPa；

　　　p_a——测定时的大气压力，MPa。

(2)绘制累积产气量 ΣV_g、累积产水量 ΣV_w 和累积注入时间 Σt 的关系曲线。

(3)在曲线上均匀取点，得到在一定时间间隔 Δt 内对应的产气量 ΔV_{gi} 和产水量 ΔV_{wi}，按下面的式子进行计算。

$$S_{g.av} = \frac{V_w}{V_p} , \quad K_{rg} = \frac{q_{gi}}{q_g} \qquad (3\text{-}2)$$

$$\frac{K_{rg}}{K_{rw}} = \frac{f_g}{f_w} \frac{\mu_g}{\mu_w} , \quad C = \frac{p_3}{p_4 + \Delta p} \qquad (3\text{-}3)$$

$$q_{gi} = \frac{\Delta V_{gi}}{\Delta t} , \quad q_g = \frac{KA}{\mu_g l}.\Delta p \qquad (3\text{-}4)$$

$$f_g = \frac{\Delta V_{gi}}{\Delta V_i} , \quad f_g = \frac{\Delta V_{wi}}{\Delta V_i} \qquad (3\text{-}5)$$

式中，$S_{g.av}$——平均含气饱和度，%；

　　　V_w——累积出口水量，mL；

　　　q_{gi}——两相流动时的气体流量，mL·s^{-1}；

　　　q_g——单相流动时的气体流量，mL·s^{-1}；

　　　f_g——含气率，小数；

　　　f_w——含水率，小数；

　　　μ_g——注入气体黏度，mPa·s；

　　　μ_w——饱和岩样的模拟地层水的黏度，mPa·s；

　　　C——降压体积因子，小数；

　　　p_3——岩样进口压力(绝对)，MPa；

　　　p_4——岩样出口压力(绝对)，MPa。

(4)绘制气-水相对渗透率与含水饱和度的关系曲线。

3.3　水驱气相渗实验

3.3.1　无裂缝岩样水驱气相渗实验测试

　　砂岩气藏被打开时为气相单相流，随着开发时间的增加，逐渐变为气、水两相流，为了测试气层出水后对产量的影响，从研究区(大北101井、102井)不同层段选出物性不同的12块岩样(孔隙度<7%、平均渗透率=0.0238mD)做水驱气相渗实验。12块岩样的水驱气相对渗透率测试结果分别见表3-3～表3-14和图3-4～图3-15。根据12块岩样实验数据统计得到：束缚水饱和度相对较高，主要集中在31.57%～38.81%，平均为34.11%；束缚水状态时气相渗透率低，主要集中在0.007～0.028mD，平均为0.014mD；残余气饱和度相对较低，主要集中在15.30%～20.00%，平均为17.71%；残余气状态时水相渗透率相对较低，主要集中在0.0011～0.0047mD，平均为0.0035mD，如表3-15所示。

表3-3　DB102-1水驱气相对渗透率测试结果

基础数据			
油田/井号	DB102	层位	—
取样深度/m	—	岩样编号	1
岩样长度/cm	5.033	岩样直径/cm	2.536
孔隙度/%	6.69	绝对渗透率/mD	0.0218
测定温度/℃	25	水的黏度/(mPa·s)	1.21
水矿化度/(mg·L^{-1})	196035	气体黏度/(mPa·s)	0.0178
束缚水时气相渗透率/mD	0.00964	束缚水饱和度/%	32.49

水驱气相对渗透率数据			
含气饱和度/%	含水饱和度/%	水相相对渗透率	气相相对渗透率
67.51	32.49	0	0.4422
59.89	40.11	0.006	0.269
50.70	49.30	0.009	0.124
43.98	56.02	0.0131	0.0508
32.22	67.78	0.0331	0.0093
28.1	71.90	0.0460	0.0052
25.75	74.25	0.0524	0.0030
23.39	76.61	0.0716	0.0015
21.63	78.37	0.0821	0.0012
20.45	79.55	0.0966	0.0009
19.27	80.73	0.1078	0.0005
18.69	81.31	0.1121	0.0003
18.1	81.90	0.1217	0.0001
17.51	82.49	0.1270	0

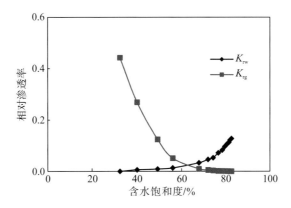

图 3-4　DB102-1 水驱气相对渗透率曲线图

表 3-4　DB102-4 水驱气相对渗透率测试结果

基础数据			
油田/井号	DB102	层位	—
取样深度/m	—	岩样编号	4
岩样长度/cm	5.157	岩样直径/cm	2.536
孔隙度/%	4.51	绝对渗透率/mD	0.0116
测定温度/℃	25	水的黏度/(mPa·s)	1.21
水矿化度/(mg·L^{-1})	196035	气体黏度/(mPa·s)	0.0178
束缚水时气相渗透率/mD	0.00741	束缚水饱和度/%	36.22

水驱气相对渗透率数据			
含气饱和度/%	含水饱和度/%	水相相对渗透率	气相相对渗透率
63.78	36.22	0	0.6388
57.40	42.60	0.006	0.46
47.70	52.30	0.013	0.21
38.23	61.77	0.0220	0.0635
32.26	67.74	0.0340	0.0175
28.00	72.00	0.0516	0.0060
24.60	75.40	0.0631	0.0038
22.89	77.11	0.0711	0.0028
20.34	79.66	0.0971	0.0013
18.64	81.36	0.1106	0.0006
17.78	82.22	0.1208	0.0003
16.93	83.07	0.1268	0.0001
16.08	83.92	0.1416	0

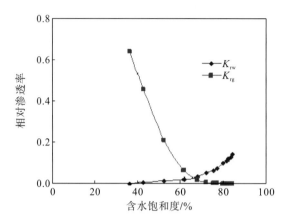

图 3-5　DB102-4 水驱气相对渗透率曲线图

表 3-5　DB102-15 水驱气相对渗透率测试结果

基础数据			
油田/井号	DB102	层位	—
取样深度/m	—	岩样编号	15
岩样长度/cm	5.000	岩样直径/cm	2.536
孔隙度/%	4.92	绝对渗透率/mD	0.00768
测定温度/℃	25	水的黏度/(mPa·s)	1.21
水矿化度/(mg·L^{-1})	196035	气体黏度/(mPa·s)	0.0178
束缚水时气相渗透率/mD	0.00332	束缚水饱和度/%	38.81

水驱气相对渗透率数据表			
含气饱和度%	含水饱和度%	水相相对渗透率	气相相对渗透率
61.19	38.81	0	0.4323
56.40	43.60	0.0013	0.239
48.30	51.70	0.009	0.126
35.43	64.57	0.0203	0.0450
30.59	69.41	0.0352	0.0116
27.18	72.82	0.0405	0.0076
24.15	75.85	0.0580	0.0031
21.74	78.26	0.0640	0.0026
19.32	80.68	0.0791	0.0011
17.71	82.29	0.0974	0.0003
16.91	83.09	0.1119	0.0002
16.10	83.90	0.1334	0.0001
15.30	84.70	0.1427	0

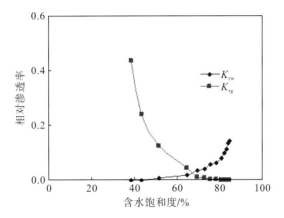

图 3-6　DB102-15 水驱气相对渗透率曲线图

表 3-6　DB104-4 水驱气相对渗透率测试结果

基础数据			
油田/井号	DB104	层位	—
取样深度/m	—	岩样编号	4
岩样长度/cm	5.435	岩样直径/cm	2.536
孔隙度/%	2.94	绝对渗透率/mD	0.00107
测定温度/℃	25	水的黏度/(mPa·s)	1.21
水矿化度/(mg·L^{-1})	196035	气体黏度/(mPa·s)	0.0178
束缚水时气相渗透率/mD	0.000389	束缚水饱和度/%	42.78

水驱气相对渗透率数据表			
含气饱和度%	含水饱和度%	水相相对渗透率	气相相对渗透率
57.22	42.78	0	0.3636
50.10	49.90	0.005	0.204
43.50	56.50	0.008	0.101
39.89	60.11	0.0164	0.0546
34.94	65.06	0.0197	0.0189
32.47	67.53	0.0254	0.0122
28.75	71.25	0.0300	0.0086
26.28	73.72	0.0413	0.0061
22.57	77.43	0.0511	0.0046
18.85	81.15	0.0674	0.0030
16.38	83.62	0.0832	0.0016
15.14	84.86	0.0966	0.0007
13.90	86.10	0.1053	0.0002
12.67	87.33	0.1124	0

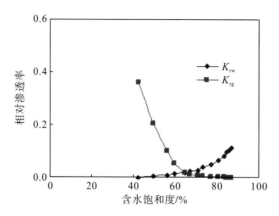

图 3-7　DB104-4 水驱气相对渗透率曲线图

表 3-7　DB202-1 水驱气相对渗透率测试结果

基础数据			
油田/井号	DB202	层位	—
取样深度/m	—	岩样编号	1
岩样长度/cm	4.785	岩样直径/cm	2.536
孔隙度/%	3.44	绝对渗透率/mD	0.0359
测定温度/℃	25	水的黏度/(mPa·s)	1.21
水矿化度/(mg·L^{-1})	196035	气体黏度/(mPa·s)	0.0178
束缚水时气相渗透率/mD	0.0286	束缚水饱和度/%	30.11

水驱气相对渗透率数据表			
含气饱和度%	含水饱和度%	水相相对渗透率	气相相对渗透率
69.89	30.11	0	0.7967
63.10	36.90	0.001	0.496
55.40	44.60	0.005	0.151
51.84	48.16	0.0065	0.0809
45.82	54.18	0.0121	0.0196
38.60	61.40	0.0222	0.0070
33.79	66.21	0.0371	0.0058
31.38	68.62	0.0552	0.0043
27.77	72.23	0.0735	0.0020
25.37	74.63	0.0918	0.0015
22.96	77.04	0.1093	0.0004
21.76	78.24	0.1181	0.0002
20.55	79.45	0.1240	0.0001
19.35	80.65	0.1296	0

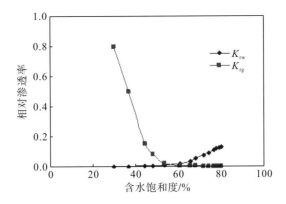

图 3-8 DB202-1 水驱气相对渗透率曲线图

表 3-8 DB202-22 水驱气相对渗透率测试结果

基础数据			
油田/井号	DB202	层位	—
取样深度/m	—	岩样编号	22
岩样长度/cm	4.827	岩样直径/cm	2.536
孔隙度/%	3.98	绝对渗透率/mD	0.0508
测定温度/℃	25	水的黏度/(mPa·s)	1.21
水矿化度/(mg·L^{-1})	196035	气体黏度/(mPa·s)	0.0178
束缚水时气相渗透率/mD	0.0229	束缚水饱和度/%	32.19

水驱气相对渗透率数据表			
含气饱和度%	含水饱和度%	水相相对渗透率	气相相对渗透率
67.81	32.19	0	0.4508
59.99	40.01	0.003	0.291
51.10	48.90	0.007	0.114
42.04	57.96	0.0101	0.0386
36.88	63.12	0.0197	0.0075
31.73	68.27	0.0368	0.0040
26.57	73.43	0.0565	0.0025
24.51	75.49	0.0595	0.0016
22.45	77.55	0.0753	0.0011
21.42	78.58	0.0828	0.0006
20.39	79.61	0.0917	0.0003
19.36	80.64	0.0967	0.0001
18.33	81.67	0.1016	0

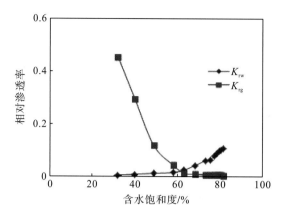

图 3-9 DB202-22 水驱气相对渗透率曲线图

表 3-9 DB202-32 水驱气相对渗透率测试结果

基础数据			
油田/井号	DB202	层位	—
取样深度/m	—	岩样编号	32
岩样长度/cm	5.200	岩样直径/cm	2.536
孔隙度/%	4.15	绝对渗透率/mD	0.0270
测定温度/℃	25	水的黏度/(mPa·s)	1.21
水矿化度/(mg·L^{-1})	196035	气体黏度/(mPa·s)	0.0178
束缚水时气相渗透率/mD	0.0118	束缚水饱和度/%	31.57

水驱气相对渗透率数据表			
含气饱和度%	含水饱和度%	水相相对渗透率	气相相对渗透率
68.43	31.57	0	0.437
59.70	40.30	0.003	0.271
52.10	47.90	0.005	0.131
46.39	53.61	0.0075	0.0440
40.88	59.12	0.0099	0.0086
36.29	63.71	0.0147	0.0058
31.70	68.30	0.0199	0.0029
29.86	70.14	0.0236	0.0025
27.11	72.89	0.0394	0.0016
25.27	74.73	0.0498	0.0010
23.43	76.57	0.0742	0.0004
21.60	78.40	0.0984	0.0002
20.68	79.32	0.1149	0.0001
19.76	80.24	0.1258	0

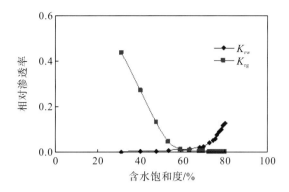

图 3-10　DB202-32 水驱气相对渗透率曲线图

表 3-10　DB202-33 水驱气相对渗透率测试结果

基础数据			
油田/井号	DB202	层位	—
取样深度/m	—	岩样编号	33
岩样长度/cm	4.839	岩样直径/cm	2.536
孔隙度/%	3.85	绝对渗透率/mD	0.0234
测定温度/℃	25	水的黏度/(mPa·s)	1.21
水矿化度/(mg·L^{-1})	196035	气体黏度/(mPa·s)	0.0178
束缚水时气相渗透率/mD	0.0102	束缚水饱和度/%	33.24

水驱气相对渗透率数据表			
含气饱和度%	含水饱和度%	水相相对渗透率	气相相对渗透率
66.76	33.24	0	0.4359
60.20	39.80	0.003	0.266
53.40	46.60	0.004	0.111
45.51	54.49	0.0055	0.0434
40.19	59.81	0.0092	0.0156
37.00	63.00	0.0135	0.0117
34.88	65.12	0.0209	0.0083
32.75	67.25	0.0307	0.0051
29.57	70.43	0.0402	0.0028
27.44	72.56	0.0628	0.0011
24.25	75.75	0.1016	0.0004
22.13	77.87	0.1192	0.0002
21.06	78.94	0.1406	0.0001
20.00	80.00	0.1545	0

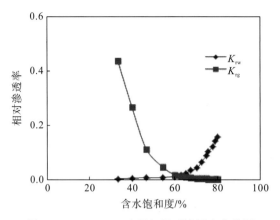

图 3-11　DB202-33 水驱气相对渗透率曲线图

表 3-11　DB202-34 水驱气相对渗透率测试结果

基础数据			
油田/井号	DB202	层位	—
取样深度/m		岩样编号	34
岩样长度/cm	5.098	岩样直径/cm	2.536
孔隙度/%	3.54	绝对渗透率/mD	0.0198
测定温度/℃	25	水的黏度/(mPa·s)	1.21
水矿化度/(mg·L^{-1})	196035	气体黏度/(mPa·s)	0.0178
束缚水时气相渗透率/mD	0.00828	束缚水饱和度/%	34.82

水驱气相对渗透率数据表			
含气饱和度%	含水饱和度%	水相相对渗透率	气相相对渗透率
65.18	34.82	0	0.4182
59.70	40.30	0.003	0.292
50.40	49.60	0.005	0.134
42.23	57.77	0.0071	0.0384
37.74	62.26	0.0098	0.0156
34.44	65.56	0.0114	0.0074
31.15	68.85	0.0159	0.0055
27.86	72.14	0.0290	0.0039
25.66	74.34	0.0437	0.0022
23.47	76.53	0.0616	0.0015
21.27	78.73	0.0915	0.0006
19.08	80.92	0.1175	0.0002
17.98	82.02	0.1304	0.0001
16.88	83.12	0.1397	0

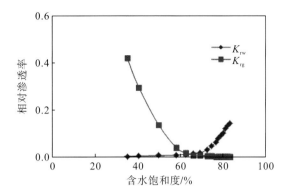

图 3-12　DB202-34 水驱气相对渗透率曲线图

表 3-12　DB202-38 水驱气相对渗透率测试结果

基础数据			
油田/井号	DB202	层位	—
取样深度/m	—	岩样编号	38
岩样长度/cm	5.273	岩样直径/cm	2.536
孔隙度/%	3.43	绝对渗透率/mD	0.0263
测定温度/℃	25	水的黏度/(mPa·s)	1.21
水矿化度/(mg·L^{-1})	196035	气体黏度/(mPa·s)	0.0178
束缚水时气相渗透率/mD	0.0172	束缚水饱和度/%	31.73

水驱气相对渗透率数据表			
含气饱和度%	含水饱和度%	水相相对渗透率	气相相对渗透率
68.27	31.73	0	0.6540
59.70	40.30	0.002	0.345
52.90	47.10	0.006	0.147
45.34	54.66	0.0094	0.0638
40.86	59.14	0.0128	0.0322
37.57	62.43	0.0209	0.0223
33.18	66.82	0.0277	0.0113
29.89	70.11	0.0419	0.0071
27.70	72.30	0.0535	0.0058
25.51	74.49	0.0656	0.0024
24.41	75.59	0.0758	0.0014
22.22	77.78	0.0981	0.0006
21.12	78.88	0.1128	0.0003
20.02	79.98	0.1255	0.0001
18.93	81.07	0.1314	0

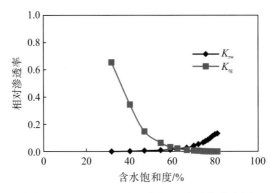

图 3-13   DB202-38 水驱气相对渗透率曲线图

表 3-13   DB202-39 水驱气相对渗透率测试结果

基础数据			
油田/井号	DB202	层位	—
取样深度/m	—	岩样编号	39
岩样长度/cm	5.125	岩样直径/cm	2.493
孔隙度/%	3.36	绝对渗透率/mD	0.0229
测定温度/℃	25	水的黏度/(mPa·s)	1.21
水矿化度/(mg·L^{-1})	196035	气体黏度/(mPa·s)	0.0178
束缚水时气相渗透率/mD	0.0188	束缚水饱和度/%	33.06

水驱气相对渗透率数据表			
含气饱和度%	含水饱和度%	水相相对渗透率	气相相对渗透率
66.94	33.06	0	0.821
60.40	39.60	0.004	0.421
54.50	45.50	0.009	0.211
47.08	52.92	0.0174	0.0577
41.94	58.06	0.0367	0.0158
38.37	61.63	0.0502	0.0080
35.99	64.01	0.0680	0.0067
32.42	67.58	0.0833	0.0044
30.04	69.96	0.1015	0.0026
27.65	72.35	0.1235	0.0019
25.27	74.73	0.1424	0.0014
24.08	75.92	0.1504	0.0005
22.89	77.11	0.1611	0.0003
20.51	79.49	0.1756	0.0001
19.32	80.68	0.1802	0

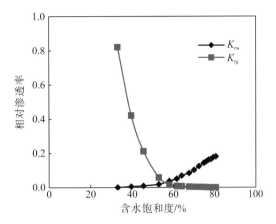

图 3-14 DB202-39 水驱气相对渗透率曲线图

表 3-14 DB202-40 水驱气相对渗透率测试结果

基础数据			
油田/井号	DB202	层位	
取样深度/m	—	岩样编号	40
岩样长度/cm	5.100	岩样直径/cm	2.485
孔隙度/%	3.43	绝对渗透率/mD	0.0374
测定温度/℃	25	水的黏度/(mPa·s)	1.21
水矿化度/(mg·L^{-1})	196035	气体黏度/(mPa·s)	0.0178
束缚水时气相渗透率/mD	0.0294	束缚水饱和度/%	32.25

水驱气相对渗透率数据表			
含气饱和度%	含水饱和度%	水相相对渗透率	气相相对渗透率
67.75	32.25	0	0.7861
60.61	39.39	0.0035	0.356
53.20	46.80	0.008	0.157
45.75	54.25	0.0166	0.0499
39.51	60.49	0.0271	0.0113
34.81	65.19	0.0334	0.0076
31.28	68.72	0.0674	0.0047
28.93	71.07	0.0825	0.0036
26.57	73.43	0.1096	0.0023
25.40	74.60	0.1185	0.0012
23.04	76.96	0.1660	0.0005
21.37	78.63	0.1865	0.0002
19.69	80.31	0.2187	0.0001
18.34	81.66	0.2332	0

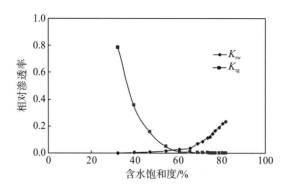

图 3-15　DB202-40 水驱气相对渗透率曲线图

表 3-15　研究区岩样水驱气相渗实验参数

井号	样品编号	孔隙度/%	空气渗透率/mD	束缚水饱和度/%	束缚水状态时气相渗透率/mD	残余气饱和度/%	残余气状态时水相渗透率/mD
DB102	102-1	6.69	0.0218	32.49	0.0096	17.51	0.0028
DB102	102-4	4.51	0.0116	36.22	0.0074	16.08	0.0016
DB102	102-15	4.92	0.00768	38.81	0.0033	15.30	0.0011
DB104	104-4	2.94	0.00107	42.78	0.0004	12.67	0.0001
DB202	202-1	3.44	0.0359	30.11	0.0286	19.35	0.0047
DB202	202-22	3.98	0.0508	32.19	0.0229	18.33	0.0052
DB202	202-32	4.15	0.0270	31.57	0.0118	19.76	0.0034
DB202	202-33	3.85	0.0234	33.24	0.0102	20.00	0.0036
DB202	202-34	3.54	0.0198	34.82	0.00828	16.88	0.0028
DB202	202-38	3.43	0.0263	31.73	0.0172	18.93	0.0035
DB202	202-39	3.36	0.0229	33.06	0.0188	19.32	0.0041
DB202	202-40	3.43	0.0374	32.25	0.0294	18.34	0.0087

3.3.2　无裂缝岩样水驱气相渗实验处理

通过相渗曲线特征图(图 3-16)发现：在达到气水两相共渗点前，随着含水饱和度的增加，气相相对渗透率急剧减小，而水相相对渗透率缓慢增大；含水饱和度在 55%～65%时，气水两相共同流动，相对渗透率大都小于 0.05；当含水饱和度大于 65%以后，大多数岩样的气相相对渗透率均小于 0.025。当含水饱和度大于 65%后，随含水饱和度的增加，气相几乎不流动，产生严重水锁现象。残余气状态时水的相对渗透率一般小于 0.2。

图 3-17 为束缚水状态时气相渗透率和残余气状态时水相渗透率与空气渗透率的相关性曲线，由图可知：束缚水状态时气相渗透率和残余气状态时水相渗透率与空气渗透率的乘幂相关关系较明显，R^2 分别为 0.9514、0.9651。这说明研究区砂岩储层气相、水相的渗透率与其绝对渗透率密不可分；当绝对渗透率小于 0.01mD 时，气、水渗流能力极差。

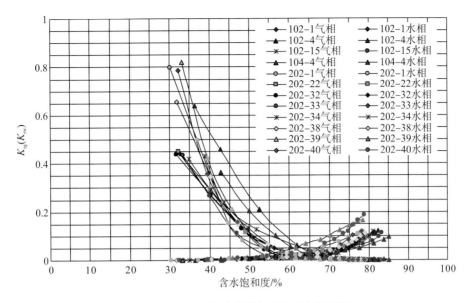

图 3-16　研究区低渗岩样相对渗透率曲线图

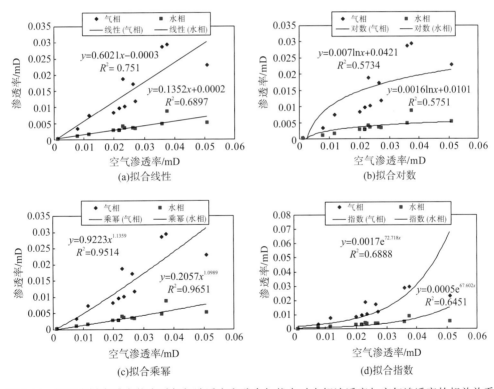

图 3-17　低渗岩样束缚水状态时气相渗透率和残余气状态时水相渗透率与空气渗透率的相关关系

图 3-18 为束缚水饱和度和残余气饱和度与空气测试渗透率的相关性曲线,由图可知:束缚水饱和度与空气渗透率具有一定的乘幂相关关系,R^2 为 0.8725;残余气饱和度与空气渗透率有一定的乘幂相关关系,R^2 为 0.8217。当绝对渗透率大于 0.02mD 时,绝对渗透率变化对束缚水饱和度和残余气饱和度的影响不大。

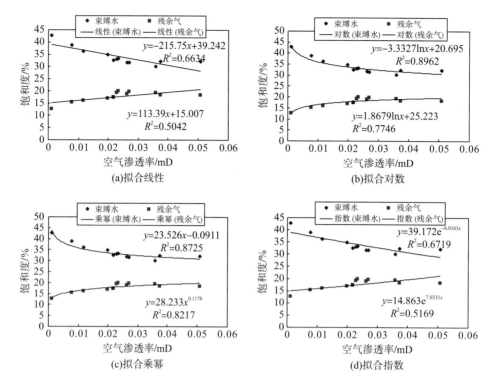

图 3-18   研究区岩样束缚水饱和度和残余气饱和度与空气渗透率的相关关系

对一个具体的异常高压气藏而言，由于取心分析的岩样具有不同的渗透率和孔隙度，所以测得的相对渗透率曲线是不相同的。因此，如果随意选择某一岩样的相对渗透率曲线作为整个气藏的代表而用于气藏工程和气藏数值模拟等方面的计算，显然是不合理的。陈元千(1990)提出：正确的方法应当是按照气藏的特征，依据不同的渗透率和孔隙度，选择若干条有代表性的相对渗透率曲线，在此基础上进行归一化处理，从而得到能够代表气藏的平均相对渗透率曲线。

气-水标准化相对渗透率的定义：

$$K_{rw}^* = \left(S_w^*\right)^a \tag{3-6}$$

$$K_{rg}^* = \left(1 - S_w^*\right)^b \tag{3-7}$$

式中，

$$K_{rw}^* = K_{rw}\big/K_{rw}\left(S_{gr}\right) \tag{3-8}$$

$$K_{rg}^* = K_{rg}\big/K_{rg}\left(S_{wi}\right) \tag{3-9}$$

$$S_w^* = \left(S_w - S_{wi}\right)\big/\left(1 - S_{wi} - S_{gr}\right) \tag{3-10}$$

对式(3-6)、式(3-7)两边取对数，得

$$\lg K_{rw}^* = a\lg S_w^* \tag{3-11}$$

$$\lg K_{rg}^* = b\lg\left(1 - S_w^*\right) \tag{3-12}$$

同时，改写式(3-8)、式(3-9)和式(3-10)，得

$$K_{rw} = K_{rw}^* \cdot K_{rw}\left(S_{gr}\right) \tag{3-13}$$

$$K_{rg} = K_{rg}^* \cdot K_{rg}\left(S_{wi}\right) \tag{3-14}$$

$$S_w = S_w^*\left(1 - S_{wi} - S_{gr}\right) + S_{wi} \tag{3-15}$$

式中，K_{rw}^*——标准化水的相对渗透率，小数；

K_{rg}^*——标准化气的相对渗透率，小数；

S_w^*——标准化含水饱和度，小数；

K_{rw}——水的相对渗透率，小数；

K_{rg}——气的相对渗透率，小数；

S_w——含水饱和度，小数；

S_{wi}——束缚水饱和度，小数；

S_{gr}——残余气饱和度，小数；

$K_{rw}(S_{gr})$——残余气饱和度下水的相对渗透率，小数；

$K_{rg}(S_{wi})$——束缚水饱和度下气的相对渗透率，小数；

a、b——取决于孔隙结构和润湿性的常数。

按照以上方法，对大北 12 块无裂缝岩样进行归一化处理，其相关性见表 3-16，归一化处理后气-水相对渗透率参数及曲线分别见表 3-17 和图 3-19。

表 3-16 大北 12 块无裂缝岩样归一化相关性表

岩样	a	a 的相关性	b	b 的相关性
102-1	4.3038	0.9882	1.2797	0.9825
102-4	3.103	0.9821	2.5847	0.9678
102-15	3.2692	0.9864	2.5521	0.9554
104-4	2.476	0.962	3.1151	0.9739
202-1	2.6704	0.9764	2.4942	0.9743
202-22	3.3526	0.997	2.373	0.9996
202-32	6.5239	0.99	2.2197	0.9939
202-33	4.4747	0.9751	2.8902	0.9894
202-34	6.204	0.9908	2.0985	0.9401
202-38	3.3941	0.9771	2.5762	0.9957
202-39	2.7241	0.996	2.5356	0.9732
202-40	3.0545	0.941	2.3447	0.9751
几何平均	3.613138	0.980056	2.374286	0.976601

表 3-17 大北 12 块无裂缝岩样相渗参数表

S_w	K_{rw}	K_{rg}
0.339455	0	0.533868
0.387938	3.41E-05	0.415713
0.436421	0.000418	0.314299
0.484905	0.001808	0.228905
0.533388	0.005113	0.158747

续表

S_w	K_{rw}	K_{rg}
0.581871	0.01145	0.102969
0.630354	0.022126	0.06062
0.678838	0.038618	0.030618
0.727321	0.062564	0.011692
0.775804	0.095751	0.002255
0.824288	0.140111	0

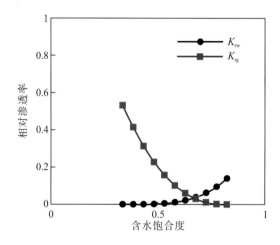

图 3-19　研究区低渗岩样归一化处理的相对渗透率曲线图

3.3.3　人造裂缝岩样水驱气相渗实验

为了测试裂缝气层出水后对产量的影响，本书从研究区（大北 101 井、102 井）不同层段选出物性不同的 3 块岩样，施加人工裂缝（平均孔隙度＜6%、平均渗透率=11.51mD），做水驱气相渗实验。3 块岩样相对渗透率曲线见表 3-18～表 3-20 和图 3-20～图 3-22。根据 3 块岩样实验数据统计得到：束缚水饱和度相对较高，平均为 39.24%；束缚水状态时气相渗透率高，平均为 9.30mD；残余气饱和度相对较低，平均为 17.71%；残余气状态时水相渗透率较高，平均为 5.48mD，如表 3-21 所示。

表 3-18　DB102-15（人造裂缝）水驱气相对渗透率测试结果

基础数据			
油田/井号	DB102	层位	—
取样深度/m	—	岩样编号	15
岩样长度/cm	5.000	岩样直径/cm	2.536
孔隙度/%	5.65	绝对渗透率/mD	16.52
测定温度/℃	25	水的黏度/(mPa·s)	1.21
水矿化度/(mg·L^{-1})	196035	气体黏度/(mPa·s)	0.0178
束缚水时气相渗透率/mD	14.48	束缚水饱和度/%	39.50

水驱气相对渗透率数据表			
含气饱和度/%	含水饱和度/%	水相相对渗透率	气相相对渗透率
60.50	39.50	0	0.8765
41.97	58.03	0.0963	0.1556
32.45	67.55	0.1966	0.0465
27.54	72.46	0.2567	0.0112
24.03	75.97	0.3071	0.0045
21.93	78.07	0.3653	0.0026
20.53	79.47	0.4178	0.0016
19.13	80.87	0.4396	0.0004
18.42	81.58	0.4789	0.0003
17.72	82.28	0.4999	0.0001
17.02	82.98	0.5329	0

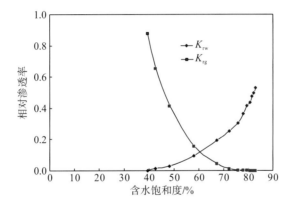

图 3-20　DB102-15（人造裂缝）水驱气相对渗透率曲线图

表 3-19　DB104-4（人造裂缝）水驱气相对渗透率测试结果

基础数据			
油田/井号	DB104	层位	—
取样深度/m	—	岩样编号	4
岩样长度/cm	5.435	岩样直径/cm	2.536
孔隙度/%	3.52	绝对渗透率/mD	10.92
测定温度/℃	25	水的黏度/(mPa·s)	1.21
水矿化度/(mg·L^{-1})	196035	气体黏度/(mPa·s)	0.0178
束缚水时气相渗透率/mD	7.87	束缚水饱和度/%	43.52
水驱气相对渗透率数据表			
含气饱和度/%	含水饱和度/%	水相相对渗透率	气相相对渗透率
56.48	43.52	0	0.7207
39.93	60.07	0.054177	0.0904

水驱气相对渗透率数据表			
含气饱和度/%	含水饱和度/%	水相相对渗透率	气相相对渗透率
35.80	64.20	0.0782	0.0275
31.66	68.34	0.0988	0.0082
28.56	71.44	0.1179	0.0056
25.46	74.54	0.1468	0.0036
22.35	77.65	0.1902	0.0024
20.29	79.71	0.2506	0.0013
18.22	81.78	0.3026	0.0006
17.18	82.82	0.3591	0.0003
16.15	83.85	0.4089	0.0001
15.11	84.89	0.4426	0

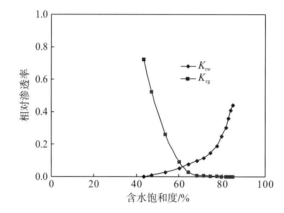

图 3-21　DB104-4（人造裂缝）水驱气相对渗透率曲线图

表 3-20　DB202-33（人造裂缝）水驱气相对渗透率测试结果

基础数据			
油田/井号	DB202	层位	—
取样深度/m	—	岩样编号	33
岩样长度/cm	4.839	岩样直径/cm	2.536
孔隙度/%	4.56	绝对渗透率/mD	7.08
测定温度/℃	25	水的黏度/(mPa·s)	1.21
水矿化度/(mg·L^{-1})	196035	气体黏度/(mPa·s)	0.0178
束缚水时气相渗透率/mD	5.55	束缚水饱和度/%	34.71
水驱气相对渗透率数据表			
含气饱和度/%	含水饱和度/%	水相相对渗透率	气相相对渗透率
65.29	34.71	0	0.7839
49.15	50.85	0.0757	0.1055
45.56	54.44	0.1097	0.0357

续表

水驱气相对渗透率数据表			
含气饱和度/%	含水饱和度/%	水相相对渗透率	气相相对渗透率
41.07	58.93	0.1703	0.0084
38.38	61.62	0.2146	0.0042
34.80	65.20	0.2697	0.0029
32.11	67.89	0.2951	0.0023
29.42	70.58	0.3139	0.0018
26.72	73.28	0.3409	0.0011
24.93	75.07	0.3644	0.0009
23.14	76.86	0.3769	0.0005
21.34	78.66	0.3854	0.0001
20.45	79.55	0.3958	0

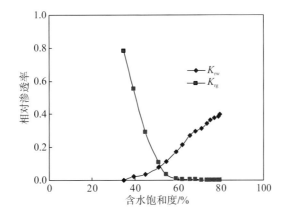

图 3-22　DB202-33(人造裂缝)水驱气相对渗透率曲线图

表 3-21　人造裂缝岩样相渗实验参数

井号	样品编号	孔隙度/%	空气渗透率/mD	束缚水饱和度/%	束缚水状态时气相渗透率/mD	残余气饱和度/%	残余气状态时水相渗透率/mD
DB102	102-15	5.65	16.52	39.50	14.48	17.02	8.80
DB104	104-4	3.52	10.92	43.52	7.87	15.11	4.83
DB202	202-33	4.56	7.08	34.71	5.55	20.45	2.80

3.3.4　人造裂缝岩样水驱气相渗实验数据处理

通过相渗曲线特征图(图 3-23)发现：在达到气水两相共渗点前，随着含水饱和度的增加，气相相对渗透率急剧减小，而水相相对渗透率缓慢增大；含水饱和度在 51%~62%时，气水两相共同流动，相对渗透率为 0.08~0.11；超出共渗点后，随着含水饱和度的增加，气相相对渗透率变得很低,而当含水饱和度大于 70%时含水饱和度的增加将导致气相相对渗透率降低到 0.01 以下，气相几乎不流动。

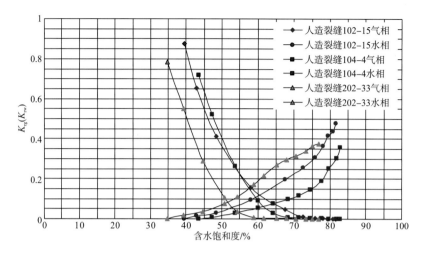

图 3-23   3 块岩样人造裂缝水驱气相对渗透率曲线

图 3-24 为水驱气人造裂缝岩样在束缚水状态时气相渗透率和残余气状态时水相渗透率与空气渗透率的相关性图曲线，由图可知：束缚水状态时气相渗透率和残余气状态时水相渗透率与空气渗透率的线性相关关系较明显，R^2 分别为 0.9940、0.9736。图 3-25 为束缚

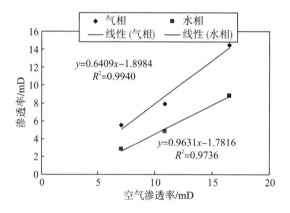

图 3-24   水驱气人造裂缝岩在样束缚水状态时气相渗透率和
残余气状态时水相渗透率与空气渗透率的相关关系

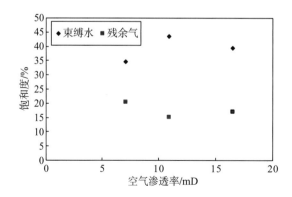

图 3-25   水驱气人造裂缝岩样的束缚水饱和度和残余气饱和度与空气渗透率的相关关系

水饱和度和残余气饱和度与空气渗透率的相关性曲线,由图可知:束缚水饱和度和残余气饱和度与空气渗透率没有明显关系。

按照以上方法,对大北 3 块人造裂缝岩样进行归一化处理(表 3-22,图 3-26)。

表 3-22　大北 3 块人造裂缝岩样归一化相渗参数表

S_w	K_{rw}	K_{rg}
0.390763	0	0.796932
0.434297	0.007415	0.59073
0.47783	0.025577	0.422693
0.521363	0.052772	0.289218
0.564897	0.088224	0.186628
0.60843	0.131432	0.111164
0.651964	0.182031	0.058961
0.695497	0.239736	0.026033
0.739031	0.304317	0.008224
0.782564	0.37558	0.001147
0.826098	0.453357	0

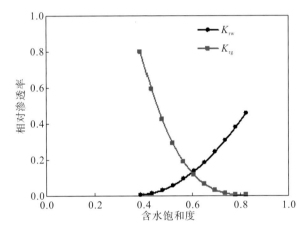

图 3-26　3 块岩样人造裂缝归一化水驱气相对渗透率曲线

3.4　无裂缝岩样残余气状态启动压力测试

针对大北区块(大北 12 块无裂缝岩心,对其中 3 块岩样实施人工造缝),先清洗岩样、干燥岩样,抽真空饱和 100%地层水,然后气驱水直至束缚水状态。在束缚水状态下,用地层水驱替岩样中的 N_2 至残余气状态,测试启动压力并记录实验过程中的数据。

3.4.1　测试原理和测试方法

首先对岩心饱和地层水,用气驱建立束缚水饱和度,然后进行启动压力测定,每一压力点恒定 30min。本次启动压力的测试方法采用的是气泡法:当岩心中充满流体时,在驱替压差从低压向高压驱替进行时，某一压力会克服其岩心中最大孔喉的阻力及流体间的界面张力等，此时驱替流体就要开始进入孔道，并开始占据孔道的体积，由于压力的传递，流体开始移动，使插在水里的岩心出口端的细管开始产生气泡，该压力即为最小启动压力。

实验主要用的是美国岩心公司出品的油-水相对渗透率仪的全尺寸岩心夹持器系统和气液相对渗透率仪的压力控制系统，实验流程如图 3-27 所示。

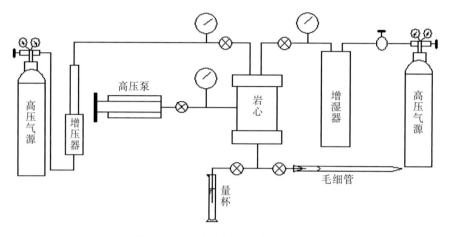

图 3-27　启动压力测试系统流程图

实验温度为室温；使用气体为氮气；使用方法为气泡法。

3.4.2　实验测试结果

大北 12 块无裂缝岩心和 3 块人工造缝岩样在残余气状态下测试的启动压力见表 3-23 和表 3-24。

表 3-23　岩心在残余气时的启动压力梯度测试结果

井号	样品编号	井段/m	岩心长度/cm	岩心直径/cm	孔隙度/%	渗透率/$(10^{-3}\mu m^2)$	残余气饱和度/%	启动压力梯度/(MPa·cm^{-1})
DB102	102-1	1-25/49	5.033	2.536	6.69	0.0218	17.51	0.081
DB102	102-4	1-40/49	5.157	2.536	4.51	0.0116	16.08	0.090
DB102	102-15	—	5.000	2.536	4.92	0.00768	15.30	0.104
DB104	104-4	—	5.435	2.536	2.94	0.00107	12.67	0.133
DB202	202-1	5713.75	4.785	2.536	3.44	0.0359	19.35	0.065
DB202	202-22	5716.31	4.827	2.536	3.98	0.0508	18.33	0.051
DB202	202-32	5717.71	5.200	2.536	4.15	0.0270	19.76	0.068
DB202	202-33	5717.84	4.839	2.536	3.85	0.0234	20.00	0.077
DB202	202-34	5718.02	5.098	2.536	3.54	0.0198	16.88	0.081
DB202	202-38	5718.51	5.273	2.536	3.43	0.0263	18.93	0.068
DB202	202-39	5718.60	5.125	2.536	3.36	0.0229	19.32	0.074
DB202	202-40	5718.80	5.100	2.536	3.43	0.0374	18.34	0.057

表 3-24　人造裂缝岩心在残余气时的启动压力梯度测试结果

井号	样品编号	井段/m	岩心长度/cm	岩心直径/cm	孔隙度/%	渗透率/($10^{-3}\mu m^2$)	残余气饱和度/%	启动压力梯度/(MPa·cm⁻¹)
DB102	102-15	—	5.000	2.536	5.65	16.52	17.02	0.006
DB104	104-4	—	5.435	2.536	3.52	10.92	15.11	0.008
DB202	202-33	5717.84	4.839	2.536	4.56	7.08	20.45	0.011

3.4.3　启动压力梯度与空气渗透率的关系

　　15 块岩样实验研究表明，储层渗透率对启动压力梯度有明显的影响。随着岩石空气渗透率的降低，启动压力梯度增大(图 3-28)；对于 12 块无裂缝岩样，岩石空气渗透率越小，启动压力梯度越大，且在渗透率小于 $0.01\times10^{-3}\mu m^2$ 时，启动压力梯度变化幅度最大。对于人造裂缝岩样，渗透率大于 $10\times10^{-3}\mu m^2$ 的储层可不考虑启动压力。

　　由图 3-28 的 12 块岩样启动压力梯度与空气渗透率关系曲线进行线性回归，得到空气渗透率与启动压力梯度的关系为

$$\lambda_1 = -0.0212\ln K - 0.0063，R^2=0.9549$$

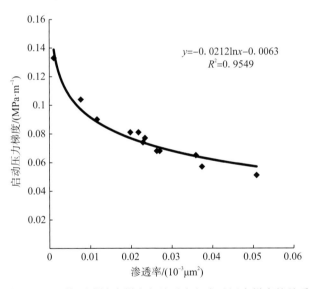

图 3-28　12 块无裂缝岩样空气渗透率与启动压力梯度的关系

　　由图 3-29 的 3 块人造裂缝岩样启动压力梯度与空气渗透率关系曲线进行线性回归，得到空气渗透率与启动压力梯度的关系为

$$\lambda_1 = -0.0059\ln K + 0.0224，R^2=0.9897$$

　　大北岩样属于中低孔低渗透或特低渗透的储层岩样，其岩石类型复杂，孔隙结构特殊，孔隙空间类型多，还有微裂缝，其孔隙很小，喉道很细，孔隙连通性差，孔喉比也较大，毛管力显著，容易引起显著的贾敏效应和严重的卡断现象。当驱动压力不足以抵消毛管力效应时，水流将被卡断，连续的水流变成分散的水滴，使得渗流阻力增大，渗透率降低，启动压力梯度增大。

储层中多含有黏土矿物，遇水膨胀变形。同时黏土矿物还可以吸水后沿层理分裂为碎片或在流体剪切力的作用下，把黏附在砾岩岩石颗粒上的黏土絮解成更细小的颗粒，增大流体流动阻力，堵塞一部分流体流通孔道，降低渗透率，从而使启动压力梯度增大。

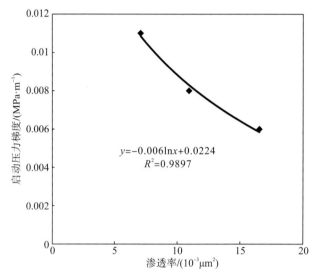

$$y=-0.006\ln x+0.0224$$
$$R^2=0.9897$$

图 3-29   3 块人造裂缝岩样空气渗透率与启动压力梯度的关系

由于低渗透或特低渗透储层的孔隙很小，流体与固体之间的界面张力影响显著，在流动过程中出现不可忽视的阻力，从而使启动压力梯度增大。

3.4.4   启动压力梯度与残余气饱和度的关系

实验研究表明，残余气饱和度对启动压力梯度也有明显的影响。图 3-30 和图 3-31 分别表示了 12 块无裂缝岩样和 3 块人造裂缝岩样的启动压力梯度与残余气饱和度的关系，由图可知，它们之间没有明显的规律性。

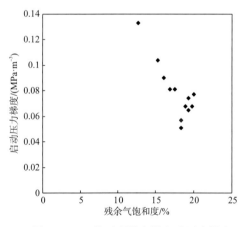

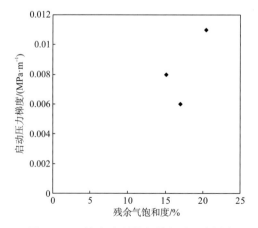

图 3-30   12 块无裂缝岩样启动压力梯度   图 3-31   3 块人造裂缝岩样启动压力梯度
　　　　　与残余气饱和度的关系　　　　　　　　　　　与残余气饱和度的关系

3.5　气驱水相渗实验

3.5.1　无裂缝岩样气驱水相渗实验测试

储层未形成气藏之前是高饱和水的, 首先从研究区(大北 101 井、102 井)不同层位选出 12 块不同物性级别的岩样做气驱水相渗实验, 模拟气藏的形成过程, 分析气-水渗流特征, 12 块岩样的气驱水相对渗透率测试结果分别见表 3-25~表 3-36 和图 3-32~图 3-43。根据 12 块岩样实验数据统计得到: 测试岩样束缚水饱和度高(平均为 55.21%), 物性都较差; 由于物性不同, 不同岩样束缚水状态时的气相渗透率和残余气状态时的气相渗透率差异明显, 如表 3-37 所示。

表 3-25　DB102-1 气驱水相对渗透率测试结果

基础数据			
油田/井号	DB102	层位	—
取样深度/m	—	岩样编号	1
岩样长度/cm	5.033	岩样直径/cm	2.536
孔隙度/%	6.69	绝对渗透率/mD	0.0218
测定温度/℃	25	饱和水黏度/(mPa·s)	1.21
饱和水矿化度/(mg·L^{-1})	196035	残余气饱和度/%	17.51
注入气名称	氮气	注入气黏度/(mPa·s)	0.0178
残余气时水相渗透率/mD	0.00277		

气驱水相对渗透率数据表			
含气饱和度/%	含水饱和度/%	气相相对渗透率	水相相对渗透率
17.51	82.49	0	0.1271
17.95	82.05	0.0013	0.1105
18.95	81.05	0.0027	0.0987
20.07	79.93	0.0033	0.0785
21.51	78.49	0.0057	0.0509
23.42	76.58	0.0076	0.0373
25.98	74.02	0.0099	0.0168
28.39	71.61	0.0140	0.0084
30.16	69.84	0.0208	0.0065
31.63	68.37	0.0246	0.0047
33.10	66.90	0.0318	0.0021
34.57	65.43	0.0345	0.0018
36.04	63.96	0.0417	0.0012
37.51	62.49	0.0486	0.0007
38.10	61.90	0.0495	0

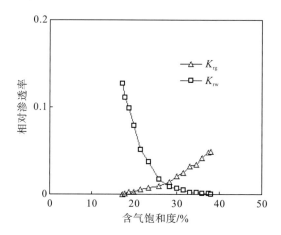

图 3-32　DB102-1 气驱水相对渗透率曲线图

表 3-26　DB102-4 气驱水相对渗透率测试结果

基础数据			
油田/井号	DB102	层位	—
取样深度/m	—	岩样编号	4
岩样长度/cm	5.157	岩样直径/cm	2.536
孔隙度/%	4.51	绝对渗透率/mD	0.116
测定温度/℃	25	饱和水黏度/(mPa·s)	1.21
饱和水矿化度/(mg·L^{-1})	196035	残余气饱和度/%	16.08
注入气名称	氮气	注入气黏度/(mPa·s)	0.0178
残余气时水相渗透率/mD	0.00164		

气驱水相对渗透率数据表			
含气饱和度/%	含水饱和度/%	气相相对渗透率	水相相对渗透率
16.08	83.92	0	0.1416
18.00	82.00	0.0019	0.1116
19.53	80.47	0.0021	0.0907
21.62	78.38	0.0038	0.0634
24.17	75.83	0.0054	0.0421
27.58	72.42	0.0087	0.0213
30.56	69.44	0.0124	0.0114
32.69	67.31	0.0205	0.0086
34.82	65.18	0.0248	0.0062
36.52	63.48	0.0304	0.0036
38.65	61.35	0.0325	0.0016
40.78	59.22	0.0379	0.0007
42.49	57.51	0.0421	0.0003
43.34	56.66	0.0433	0

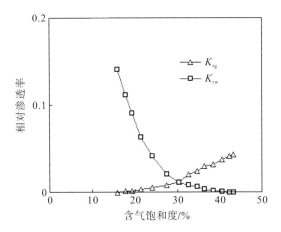

图 3-33　DB102-5 气驱水相对渗透率曲线图

表 3-27　DB102-15 气驱水相对渗透率测试结果

基础数据			
油田/井号	DB102	层位	—
取样深度/m	—	岩样编号	15
岩样长度/cm	5.000	岩样直径/cm	2.536
孔隙度/%	4.92	绝对渗透率/mD	0.00768
测定温度/℃	25	饱和水黏度/(mPa·s)	1.21
饱和水矿化度/(mg·L^{-1})	196035	残余气饱和度/%	15.30
注入气名称	氮气	注入气黏度/(mPa·s)	0.0178
残余气时水相渗透率/mD	0.00110		

气驱水相对渗透率数据表			
含气饱和度/%	含水饱和度/%	气相相对渗透率	水相相对渗透率
15.30	84.7	0	0.1432
15.86	84.14	0.0026	0.1298
17.11	82.89	0.0041	0.1052
18.56	81.44	0.0068	0.0853
20.53	79.47	0.0083	0.0617
22.95	77.05	0.0101	0.0429
26.17	73.83	0.0124	0.0232
28.99	71.01	0.0147	0.0110
31.00	69.00	0.0219	0.0074
33.01	66.99	0.0259	0.0037
34.62	65.38	0.0315	0.0019
36.64	63.36	0.0363	0.0008
38.65	61.35	0.0438	0.0004
40.26	59.74	0.0451	0

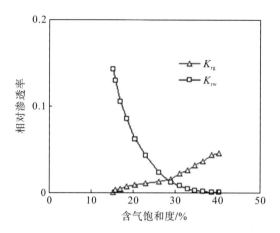

图 3-34　DB102-15 气驱水相对渗透率曲线图

表 3-28　DB104-4 气驱水相对渗透率测试结果

基础数据			
油田/井号	DB104	层位	—
取样深度/m	—	岩样编号	4
岩样长度/cm	5.435	岩样直径/cm	2.536
孔隙度/%	2.94	绝对渗透率/mD	0.00107
测定温度/℃	25	饱和水黏度/(mPa·s)	1.21
饱和水矿化度/(mg·L^{-1})	196035	残余气饱和度/%	12.67
注入气名称	氮气	注入气黏度/(mPa·s)	0.0178
残余气时水相渗透率/mD	0.000120		

气驱水相对渗透率数据表			
含气饱和度/%	含水饱和度/%	气相相对渗透率	水相相对渗透率
12.67	87.33	0	0.1121
13.54	86.46	0.0020	0.0957
15.45	84.55	0.0045	0.0769
17.68	82.32	0.0081	0.0586
20.71	79.29	0.0104	0.0409
24.43	75.57	0.0112	0.0257
29.38	70.62	0.0127	0.0131
33.71	66.29	0.0169	0.0039
36.80	63.20	0.0211	0.0025
39.90	60.10	0.0264	0.0015
42.37	57.63	0.0329	0.0006
44.47	55.53	0.0401	0

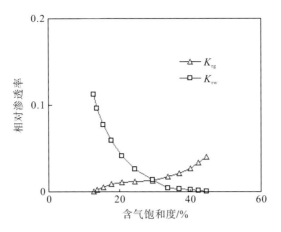

图 3-35　DB104-4 气驱水相对渗透率曲线图

表 3-29　DB202-1 气驱水相对渗透率测试结果

基础数据			
油田/井号	DB202	层位	—
取样深度/m	—	岩样编号	1
岩样长度/cm	4.785	岩样直径/cm	2.536
孔隙度/%	3.44	绝对渗透率/mD	0.0359
测定温度/℃	25	饱和水黏度/(mPa·s)	1.21
饱和水矿化度/(mg·L^{-1})	196035	残余气饱和度/%	19.35
注入气名称	氮气	注入气黏度/(mPa·s)	0.0178
残余气时水相渗透率/mD	0.00465		

气驱水相对渗透率数据表			
含气饱和度/%	含水饱和度/%	气相相对渗透率	水相相对渗透率
19.35	80.65	0	0.1295
25.37	74.63	0.0012	0.1197
33.37	66.63	0.0057	0.0985
36.98	63.02	0.0108	0.0857
40.41	59.59	0.0164	0.0711
43.42	56.58	0.0223	0.0504
46.12	53.88	0.0365	0.0333
48.83	51.17	0.0477	0.0214
50.94	49.06	0.0614	0.0108
52.44	47.56	0.0750	0.008
53.65	46.35	0.0869	0.0041
54.85	45.15	0.0957	0.0029
56.05	43.95	0.1059	0.0024
57.26	42.74	0.1130	0.0009
57.86	42.14	0.1173	0

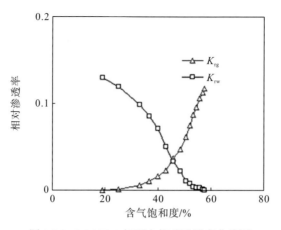

图 3-36　DB202-1 气驱水相对渗透率曲线图

表 3-30　DB202-22 气驱水相对渗透率测试结果

基础数据			
油田/井号	DB202	层位	—
取样深度/m	—	岩样编号	22
岩样长度/cm	4.827	岩样直径/cm	2.536
孔隙度/%	3.98	绝对渗透率/mD	0.0508
测定温度/℃	25	饱和水黏度/(mPa·s)	1.21
饱和水矿化度/(mg·L⁻¹)	196035	残余气饱和度/%	18.33
注入气名称	氮气	注入气黏度/(mPa·s)	0.0178
残余气时水相渗透率/mD	0.00516		

气驱水相对渗透率数据表			
含气饱和度/%	含水饱和度/%	气相相对渗透率	水相相对渗透率
18.33	81.67	0	0.1016
20.88	79.12	0.0007	0.0605
22.45	77.55	0.0043	0.0362
24.26	75.74	0.0073	0.0248
25.80	74.20	0.0120	0.0174
27.61	72.39	0.0160	0.0117
29.67	70.33	0.0203	0.0091
32.25	67.75	0.0279	0.0078
34.82	65.18	0.0362	0.0057
36.37	63.63	0.0431	0.0021
37.40	62.60	0.0472	0.0014
38.43	61.57	0.0543	0.0010
39.46	60.54	0.0572	0.0004
39.98	60.02	0.0612	0

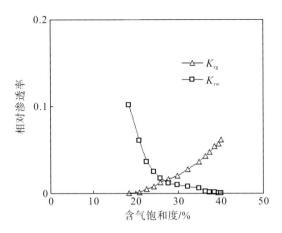

图 3-37 DB202-22 气驱水相对渗透率曲线图

表 3-31 DB202-32 气驱水相对渗透率测试结果

基础数据			
油田/井号	DB202	层位	—
取样深度/m	—	岩样编号	32
岩样长度/cm	5.200	岩样直径/cm	2.536
孔隙度/%	4.15	绝对渗透率/mD	0.0270
测定温度/℃	25	饱和水黏度/(mPa·s)	1.21
饱和水矿化度/(mg·L^{-1})	196035	残余气饱和度/%	19.76
注入气名称	氮气	注入气黏度/(mPa·s)	0.0178
残余气时水相渗透率/mD	0.00340		

气驱水相对渗透率数据表			
含气饱和度/%	含水饱和度/%	气相相对渗透率	水相相对渗透率
19.76	80.24	0	0.1259
28.19	71.81	0.0007	0.0717
31.53	68.47	0.0020	0.0458
34.14	65.86	0.0039	0.0230
36.52	63.48	0.0059	0.0099
38.58	61.42	0.0156	0.0057
39.50	60.50	0.0208	0.0047
40.42	59.58	0.0277	0.0032
42.26	57.74	0.0404	0.0014
43.18	56.82	0.0472	0.0008
44.09	55.91	0.0513	0.0004
45.47	54.53	0.0573	0

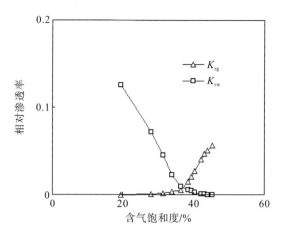

图 3-38　DB202-32 气驱水相对渗透率曲线图

表 3-32　DB202-33 气驱水相对渗透率测试结果

基础数据			
油田/井号	DB202	层位	—
取样深度/m	—	岩样编号	33
岩样长度/cm	4.839	岩样直径/cm	2.536
孔隙度/%	3.85	绝对渗透率/mD	0.0234
测定温度/℃	25	饱和水黏度/(mPa·s)	1.21
饱和水矿化度/(mg·L⁻¹)	196035	残余气饱和度/%	20.00
注入气名称	氮气	注入气黏度/(mPa·s)	0.0178
残余气时水相渗透率/mD	0.00362		

气驱水相对渗透率数据表			
含气饱和度/%	含水饱和度/%	气相相对渗透率	水相相对渗透率
20.00	80	0	0.1547
26.38	73.62	0.0006	0.1184
33.82	66.18	0.003	0.0680
35.78	64.22	0.0052	0.0497
37.59	62.41	0.008	0.0308
39.18	60.82	0.0118	0.0174
40.56	59.44	0.0166	0.0099
41.79	58.21	0.0235	0.0053
43.91	56.09	0.0322	0.0042
44.97	55.03	0.0440	0.0023
46.04	53.96	0.0509	0.0015
47.10	52.90	0.0595	0.0006
48.69	51.31	0.0654	0

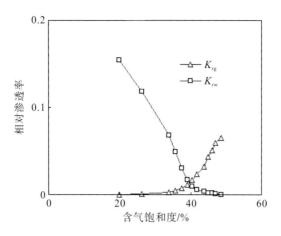

图 3-39　DB202-33 气驱水相对渗透率曲线图

表 3-33　DB202-34 气驱水相对渗透率测试结果

基础数据			
油田/井号	DB202	层位	—
取样深度/m	—	岩样编号	34
岩样长度/cm	5.098	岩样直径/cm	2.536
孔隙度/%	3.54	绝对渗透率/mD	0.0198
测定温度/℃	25	饱和水黏度/(mPa·s)	1.21
饱和水矿化度/(mg·L^{-1})	196035	残余气饱和度/%	16.88
注入气名称	氮气	注入气黏度/(mPa·s)	0.0178
残余气时水相渗透率/mD	0.00277		

气驱水相对渗透率数据表			
含气饱和度/%	含水饱和度/%	气相相对渗透率	水相相对渗透率
16.88	83.12	0	0.1399
22.22	78.78	0.0008	0.1079
26.70	73.30	0.0033	0.0789
28.84	71.16	0.0062	0.0632
31.20	68.80	0.0078	0.0443
33.51	66.49	0.0170	0.0327
35.54	64.46	0.0277	0.0202
37.41	62.59	0.0368	0.0115
39.05	60.95	0.0478	0.0090
40.48	59.52	0.0550	0.0059
41.58	58.42	0.0645	0.0031
42.68	57.32	0.0770	0.0023
43.77	56.23	0.0828	0.0019
44.87	55.13	0.0916	0.0007
45.42	54.58	0.0970	0

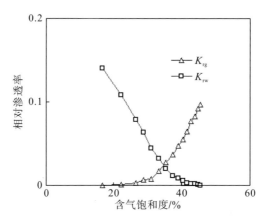

图 3-40　DB202-34 气驱水相对渗透率曲线图

表 3-34　DB202-38 气驱水相对渗透率测试结果

基础数据			
油田/井号	DB202	层位	—
取样深度/m	—	岩样编号	38
岩样长度/cm	5.273	岩样直径/cm	2.536
孔隙度/%	3.43	绝对渗透率/mD	0.0263
测定温度/℃	25	饱和水黏度/(mPa·s)	1.21
饱和水矿化度/(mg·L^{-1})	196035	残余气饱和度/%	18.93
注入气名称	氮气	注入气黏度/(mPa·s)	0.0178
残余气时水相渗透率/mD	0.00346		

气驱水相对渗透率数据表			
含气饱和度/%	含水饱和度/%	气相相对渗透率	水相相对渗透率
18.93	81.07	0	0.1316
27.89	72.11	0.0084	0.1042
31.65	68.35	0.0133	0.0848
33.40	66.60	0.0174	0.0675
35.38	64.62	0.0223	0.0520
37.46	62.54	0.0303	0.0357
39.49	60.51	0.0404	0.0237
41.13	58.87	0.0482	0.0164
42.50	57.50	0.0532	0.0106
43.60	56.40	0.0579	0.0050
44.70	55.30	0.0639	0.0034
45.79	54.21	0.0708	0.0028
46.89	53.11	0.0786	0.0010
47.44	52.56	0.0850	0

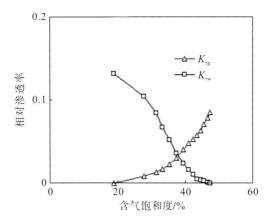

图 3-41　DB202-38 气驱水相对渗透率曲线图

表 3-35　DB202-39 气驱水相对渗透率测试结果

基础数据			
油田/井号	DB202	层位	—
取样深度/m	—	岩样编号	39
岩样长度/cm	5.125	岩样直径/cm	2.493
孔隙度/%	3.36	绝对渗透率/mD	0.0229
测定温度/℃	25	饱和水黏度/(mPa·s)	1.21
饱和水矿化度/(mg·L^{-1})	196035	残余气饱和度/%	19.32
注入气名称	氮气	注入气黏度/(mPa·s)	0.0178
残余气时水相渗透率/mD	0.00413		

气驱水相对渗透率数据表			
含气饱和度/%	含水饱和度/%	气相相对渗透率	水相相对渗透率
19.32	80.68	0	0.1803
20.09	79.91	0.0013	0.1555
21.88	78.12	0.0021	0.1226
24.08	75.92	0.0059	0.0941
27.06	72.94	0.0105	0.0626
30.03	69.97	0.0163	0.0408
32.42	67.58	0.0254	0.0287
34.50	65.50	0.0393	0.0179
36.28	63.72	0.0593	0.0104
37.77	62.23	0.0717	0.0031
38.96	61.04	0.0839	0.0022
40.15	59.85	0.0988	0.0008
40.75	59.25	0.1030	0

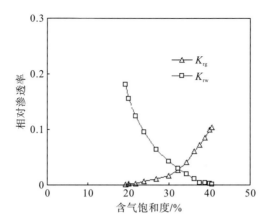

图 3-42 DB202-39 气驱水相对渗透率曲线图

表 3-36 DB202-40 气驱水相对渗透率测试结果

基础数据			
油田/井号	DB202	层位	—
取样深度/m	—	岩样编号	40
岩样长度/cm	5.100	岩样直径/cm	2.485
孔隙度/%	3.43	绝对渗透率/mD	0.0374
测定温度/℃	25	饱和水黏度/(mPa·s)	1.21
饱和水矿化度/(mg·L^{-1})	196035	残余气饱和度/%	18.34
注入气名称	氮气	注入气黏度/(mPa·s)	0.0178
残余气时水相渗透率/mD	0.00872		

气驱水相对渗透率数据表			
含气饱和度/%	含水饱和度/%	气相相对渗透率	水相相对渗透率
18.34	81.66	0	0.2332
21.87	78.13	0.0021	0.2109
26.58	73.42	0.0086	0.1750
28.93	71.07	0.0136	0.1444
31.58	68.42	0.0203	0.1148
34.28	65.72	0.0337	0.0799
36.93	63.07	0.0525	0.0460
39.22	60.78	0.0750	0.0252
40.99	59.01	0.0857	0.0151
42.46	57.54	0.0937	0.0100
43.63	56.37	0.1033	0.0049
44.81	55.19	0.1119	0.0034
45.99	54.01	0.1162	0.0026
47.16	52.84	0.1213	0.0009
47.75	52.25	0.1222	0

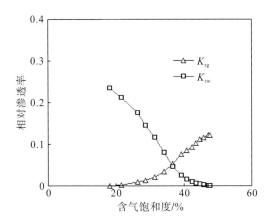

图 3-43　DB202-40 气驱水相对渗透率曲线图

表 3-37　研究区低渗岩样相渗实验参数

井号	样品编号	孔隙度/%	空气渗透率/mD	束缚水饱和度/%	束缚水时气相渗透率/mD	残余气饱和度/%	残余气时水相渗透率/mD
DB102	102-1	6.69	0.0218	61.90	0.00108	17.51	0.00277
DB102	102-4	4.51	0.0116	56.66	0.00050	16.08	0.00164
DB102	102-15	4.92	0.00768	59.74	0.00035	15.30	0.00110
DB104	104-4	2.94	0.00107	55.53	0.00004	12.67	0.00012
DB202	202-1	3.44	0.0359	42.14	0.00421	19.35	0.00465
DB202	202-22	3.98	0.0508	60.02	0.00311	18.33	0.00516
DB202	202-32	4.15	0.0270	54.53	0.00155	19.76	0.00340
DB202	202-33	3.85	0.0234	51.31	0.00153	20.00	0.00362
DB202	202-34	3.54	0.0198	54.58	0.00192	16.88	0.00277
DB202	202-38	3.43	0.0263	54.58	0.00255	18.93	0.00346
DB202	202-39	3.36	0.0229	59.25	0.00236	19.32	0.00413
DB202	202-40	3.43	0.0374	52.25	0.00457	18.34	0.00872

3.5.2　无裂缝岩样气驱水相渗实验数据处理

由相对渗透率随含气饱和度变化的曲线［图 3-44(a)］可知：在达到气水两相共渗点前，随着含气饱和度的增加，水相相对渗透率迅速减小，气相相对渗透率缓慢增大；含气饱和度为 27%～46%时，气水两相共同流动，气-水相对渗透率均不到 0.05；超出共渗点后，随着含气饱和度的增加，水相相对渗透率缓慢减小，气相相对渗透率急剧增大；残余气状态时水的相对渗透率较小(0.10～0.23)。

由相对渗透率随含水饱和度变化的曲线［图 3-44(b)］可知：随着含水饱和度的增加，水相渗透率迅速减小，气相渗透率缓慢增大；当含水饱和度在 73%～54%时，气-水相对渗透率均不到 0.05，即空气渗透率小于 0.02mD 的储层中气的相渗透率小于 0.001mD。可见，原始含水饱和度大于 70%的气藏没有开发潜力。

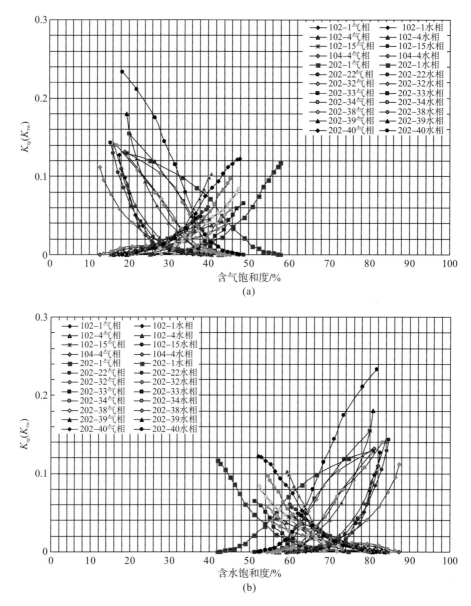

图 3-44　研究区低渗岩样相对渗透率曲线

　　由束缚水状态时的气相渗透率和残余气状态时的水相渗透率与空气渗透率的相关性图(图 3-45)可知:束缚水状态时的气相渗透率和残余气状态时的水相渗透率与空气渗透率乘幂的相关关系较明显,R^2 分别为 0.9630、0.9427。这说明研究区砂岩储层气相、水相的渗透率与其绝对渗透率密不可分,且当绝对渗透率小于 0.01mD 时,气、水渗流能力极小。

　　由束缚水饱和度和残余气饱和度与空气渗透率的相关性图(图 3-46)可知:残余气饱和度与空气渗透率具有一定的乘幂相关关系,R^2 为 0.8217;束缚水饱和度与空气渗透率相关关系不明显。这说明研究区储层气相的饱和度受其物性影响更大;但又由图可以看出,当绝对渗透率大于 0.02mD 时,绝对渗透率变化对束缚水饱和度和残余气饱和度的影响更小。

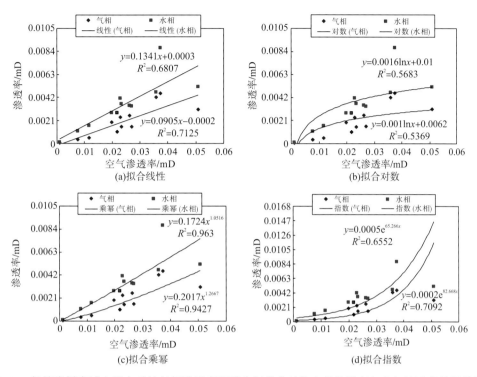

图 3-45　低渗岩样束缚水状态时的气相渗透率和残余气状态时的水相渗透率与空气渗透率的相关关系

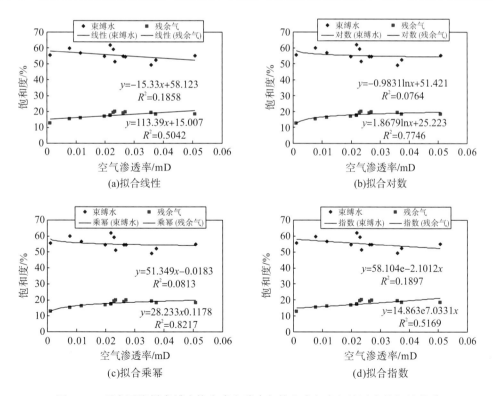

图 3-46　研究区岩样束缚水饱和度和残余气饱和度与空气渗透率的相关关系

3.5.3 人造裂缝岩样气驱水相渗实验

为了模拟气藏形成过程中裂缝的气-水渗流特征,本书从研究区(大北 101 井、102 井)不同层段选出物性不同的 3 块岩样加工人工裂缝(平均孔隙度 4.58%、平均渗透率 11.51mD)做气驱水相渗实验。3 块岩样气驱水相对渗透率测试结果见表 3-38～表 3-40 和图 3-47～图 3-49。根据 3 块岩样实验数据统计得到:束缚水饱和度相对较高,平均为 66.93%;束缚水状态时的气相相对渗透率高,平均为 3.52mD;残余气饱和度相对较低,平均 17.71%;残余气状态时的水相相对渗透率较高,平均为 5.48mD,如表 3-41 所示。

表 3-38 DB102-1(人造裂缝)气驱水相对渗透率测试结果

基础数据			
油田/井号	DB102	层位	—
取样深度/m	—	岩样编号	15
岩样长度/cm	5.000	岩样直径/cm	2.536
孔隙度/%	5.65	绝对渗透率/mD	16.52
测定温度/℃	25	饱和水黏度/(mPa·s)	1.21
饱和水矿化度/(mg·L^{-1})	196035	残余气饱和度/%	17.02
注入气名称	氮气	注入气黏度/(mPa·s)	0.0178
残余气时水相渗透率/mD	8.80		

气驱水相对渗透率数据表			
含气饱和度/%	含水饱和度/%	气相相对渗透率	水相相对渗透率
17.02	82.98	0	0.5327
19.83	80.17	0.0183	0.1705
23.40	76.60	0.0397	0.0510
24.80	75.20	0.0537	0.0282
25.96	74.04	0.0845	0.0148
27.01	72.99	0.1363	0.0119
28.24	71.76	0.1939	0.0073
29.64	70.36	0.2479	0.0057
30.52	69.48	0.3070	0.0009
30.87	69.13	0.3384	0.0009
31.12	68.88	0.3542	0.0002
31.19	68.81	0.3644	0

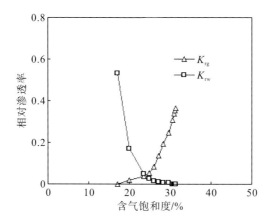

图 3-47　DB102-1（人造裂缝）气驱水相对渗透率曲线图

表 3-39　DB104-4（人造裂缝）气驱水相对渗透率测试结果

基础数据			
油田/井号	DB104	层位	—
取样深度/m	—	岩样编号	4
岩样长度/cm	5.435	岩样直径/cm	2.536
孔隙度/%	3.52	绝对渗透率/mD	10.92
测定温度/℃	25	饱和水黏度/(mPa·s)	1.21
饱和水矿化度/(mg·L^{-1})	196035	残余水饱和度/%	15.11
注入气名称	氮气	注入气黏度/(mPa·s)	0.0178
残余气时水相渗透率/mD	4.83		

气驱水相对渗透率数据表			
含气饱和度/%	含水饱和度/%	气相对渗透率	水相相对渗透率
15.11	84.89	0	0.4423
18.21	81.79	0.0345	0.2921
22.19	77.81	0.1035	0.1241
23.90	76.10	0.1274	0.0719
25.50	74.50	0.1725	0.0365
26.90	73.10	0.2123	0.0180
28.04	71.96	0.2593	0.0059
29.07	70.93	0.2904	0.0041
30.00	70.00	0.3158	0.0018
30.62	69.38	0.3306	0

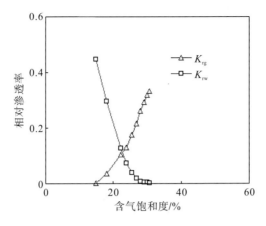

图 3-48   DB104-4（人造裂缝）气驱水相对渗透率曲线图

表 3-40   DB202-33（人造裂缝）气驱水相对渗透率测试结果

基础数据			
油田/井号	DB202	层位	—
取样深度/m	—	岩样编号	33
岩样长度/cm	4.839	岩样直径/cm	2.536
孔隙度/%	4.56	绝对渗透率/mD	7.08
测定温度/℃	25	饱和水黏度/(mPa·s)	1.21
饱和水矿化度/(mg·L^{-1})	196035	残余气饱和度/%	20.45
注入气名称	氮气	注入气黏度/(mPa·s)	0.0178
残余气时水相渗透率/mD	2.80		

气驱水相对渗透率数据表			
含气饱和度/%	含水饱和度/%	气相相对渗透率	水相相对渗透率
20.45	79.55	0	0.3955
25.04	74.96	0.0042	0.0642
28.52	71.48	0.0108	0.0205
30.32	69.68	0.0147	0.0140
31.84	68.16	0.0224	0.0060
32.74	67.26	0.0367	0.0041
33.90	66.10	0.0540	0.0033
35.25	64.75	0.0771	0.0018
36.15	63.85	0.0883	0.0011
37.04	62.96	0.1010	0.0007
37.94	62.06	0.1219	0.0005
38.39	61.61	0.1301	0

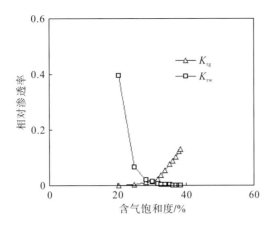

图 3-49　DB202-33(人造裂缝)气驱水相对渗透率曲线图

表 3-41　人造裂缝岩样相渗实验参数

井号	样品编号	孔隙度/%	空气渗透率/mD	束缚水饱和度/%	束缚水时气相渗透率/mD	残余气饱和度/%	残余气时水相渗透率/mD
DB102	102-15	5.65	16.52	68.81	6.02	17.02	8.80
DB104	104-4	3.52	10.92	70.38	3.61	15.11	4.83
DB202	202-33	4.56	7.08	61.61	0.92	20.45	2.80

3.5.4　人造裂缝岩样气驱水相渗实验数据处理

由相对渗透率与含气(水)饱和度的曲线(图 3-50)可知:在达到气水两相共渗点前,随着含气饱和度的增加,气相相对渗透率逐渐上升,而水相相对渗透率急剧减小;当含气饱和度在 23%~30% 时,气水两相共同流动,相对渗透率为 0.02~0.10;超出共渗点后,随着含气饱和度的增加,气相相对渗透率急剧上升,水相相对渗透率缓慢减小,而当含气饱

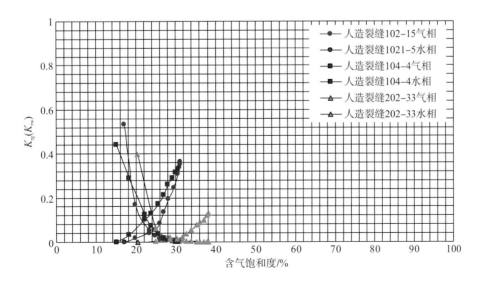

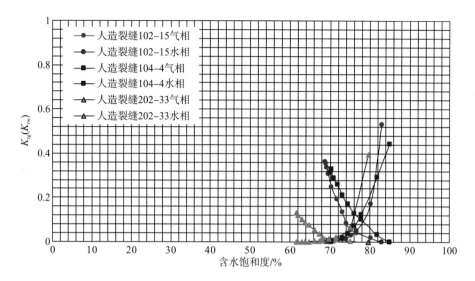

图 3-50　3 块岩样人造裂缝气驱水相对渗透率曲线

和度大于 30% 时，水相相对渗透率极低，水相几乎不参与流动。同理，当含水饱和度在 70%～77% 时，气-水相对渗透率为 0.02～0.10；可见，对于原始含水饱和度大于 75% 的低渗透气藏，裂缝的发育程度决定了其是否有开发价值。

根据气驱水人造裂缝岩样在束缚水状态时的气相渗透率和残余气状态时的水相渗透率与空气渗透率的相关性图(图 3-51)可知：束缚水状态时的气相渗透率和残余气状态时的水相渗透率与空气渗透率的线性相关关系较明显，R^2 分别为 0.9940、0.9808。由束缚水饱和度和残余气饱和度与空气渗透率的相关性图(图 3-52)可知：束缚水饱和度和残余气饱和度与空气渗透率没有明显关系。

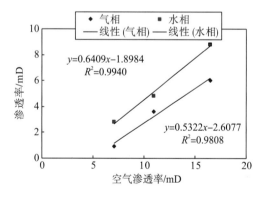

图 3-51　气驱水人造裂缝岩样束缚水状态时的气相渗透率和残余气状态时的水相渗透率与空气渗透率的相关关系

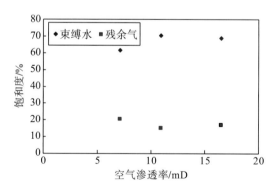

图 3-52　气驱水人造裂缝岩样束缚水饱和度和残余气饱和度与空气渗透率的相关关系

3.6　气驱水与水驱气相渗实验对比

由气驱水与水驱气相渗测试实验可知，大北区块岩样为弱亲水，岩石孔隙结构、气水饱和历史对气-水相对渗透率均产生较大的影响。

3.6.1　孔隙结构影响

岩样的非均质性较强，空气渗透率很低，其范围为 $0.00107 \times 10^{-3} \sim 0.0508 \times 10^{-3} \mu m^2$；孔隙度很小，其范围为 2.94%～6.69%，孔隙结构差。所测得的气-水相渗曲线特征表现为：束缚水饱和度高，大于 50%，两相渗流范围小，气驱水效率低，束缚水饱和度下气相相对渗透率值 $K_{rg}(S_{wr})$ 低。因为岩样致密，小孔隙渗流通道多，气、水都不能流动的小孔道很多。

3.6.2　气、水饱和顺序的影响

饱和顺序是指在测定相对渗透率的实验过程中是采用驱替过程还是吸入过程。由于这些岩样为弱亲水岩石，所以先饱和水，气驱水的过程为驱替过程，水驱气的过程为吸入过程。由于毛管力滞后作用的影响，使得驱替过程所获得的相对渗透率曲线与吸入过程所获得的不同。不管是湿相还是非湿相，其相对渗透率都受饱和顺序的影响。15 块岩样气驱水与水驱气相对渗透率的测试结果见图 3-53～图 3-67。根据 15 块岩样的相对渗透率曲线得到：气驱水过程的两相渗流范围小，水驱气过程的两相渗流范围大；水驱气过程的水相相对渗透率曲线缓慢上升，气驱水过程的水相相对渗透率曲线急剧上升；水驱气过程的气相相对渗透率曲线位于气驱水过程的气相相对渗透率曲线上方，气驱水过程的气、水相对渗透率等渗点含水饱和度高于水驱气过程的气、水相对渗透率等渗点含水饱和度；气驱水的驱替效率小于水驱气的驱替效率。因此，在应用气-水相对渗透率曲线资料进行开发计算时，应根据实际气藏形成和开采的物理过程，来确定应该选择驱替过程所测的气-水相对渗透率曲线还是吸入过程所测的气-水相对渗透率曲线。

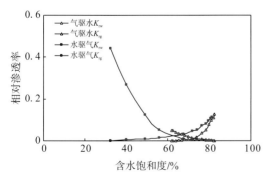

图 3-53　102-1 岩样气驱水与水驱气
相对渗透率曲线图

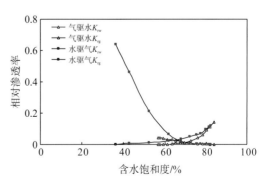

图 3-54　102-4 岩样气驱水与水驱气
相对渗透率曲线图

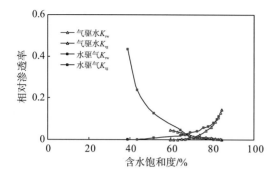

图 3-55　102-15 岩样气驱水与水驱气
相对渗透率曲线图

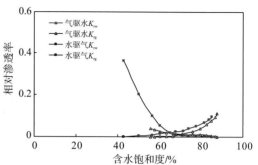

图 3-56　104-4 岩样气驱水与水驱气
相对渗透率曲线图

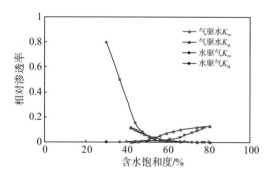

图 3-57　202-1 岩样气驱水与水驱气
相对渗透率曲线图

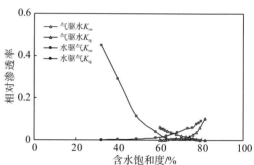

图 3-58　202-22 岩样气驱水与水驱气
相对渗透率曲线图

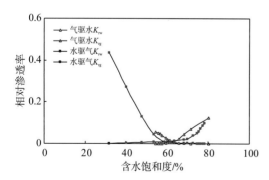

图 3-59　202-32 岩样气驱水与水驱气
相对渗透率曲线图

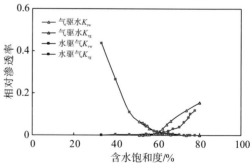

图 3-60　202-33 岩样气驱水与水驱气
相对渗透率曲线图

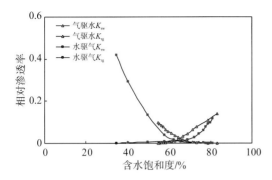

图 3-61　202-34 岩样气驱水与水驱气
相对渗透率曲线图

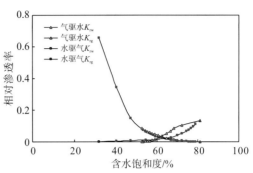

图 3-62　202-38 岩样气驱水与水驱气
相对渗透率曲线图

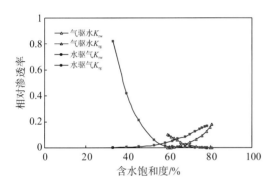

图 3-63　202-39 岩样气驱水与水驱气
相对渗透率曲线图

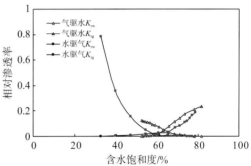

图 3-64　202-40 岩样气驱水与水驱气
相对渗透率曲线图

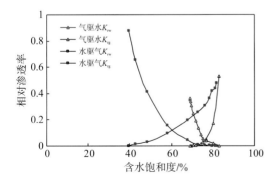

图 3-65　102-15 岩样人造裂缝气驱水与水驱气
相对渗透率曲线图

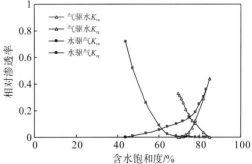

图 3-66　104-4 岩样人造裂缝气驱水与水驱气
相对渗透率曲线图

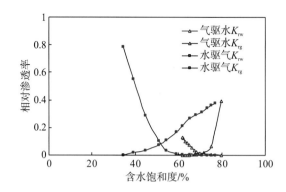

图 3-67　202-33 岩样人造裂缝气驱水与水驱气相对渗透率曲线图

3.7　类似气田相对渗透率曲线特征

3.7.1　迪那 2 气田相对渗透率曲线特征

油气藏中通常是油、气、水多相共存和渗流，在流动时常会出现相间的相互作用、干扰和影响，故常用多相流体的相对渗透率描述这种现象。相渗透率定义为饱和着多相流体的孔隙介质对其中某一种流体相的传导能力，相对渗透率定义为相渗透率与绝对渗透率之比。

1.气-水相对渗透率特征

迪那 2 井区测试岩样共 20 块，其中迪那 201 井 10 块、迪那 202 井 10 块，测试日期从 2002 年 4 月 19 日到 2002 年 6 月 26 日，共测得 20 组相对渗透率实验曲线，见图 3-68。表 3-42 为实验的各项特征参数。

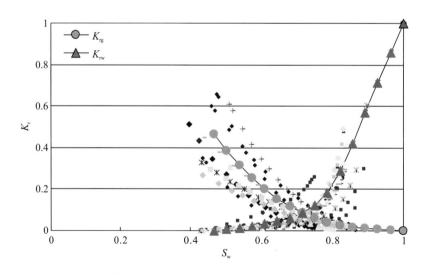

图 3-68　各样品的气-水相对渗透率曲线

表 3-42　气-水相对渗透率实验参数表

样品编号		取样深度/m	空气渗透率/$(10^{-3}\mu m^2)$	孔隙度/%	束缚水饱和度/%	$K_{rg}(S_{wc})$	$K_{rw}(S_{gr})$
迪那 201	101	4792.32	23.9	15.7	0.475	0.659	1
	115	4795.63	0.108	10.3	0.504	0.408	1
	120	4796.19	0.252	11	0.511	0.415	1
	121	4796.26	0.344	11.5	0.503	0.515	1
	124	4796.76	12.9	13.2	0.442	0.646	1
	137	4798.7	0.072	9.7	0.462	0.407	1
	418	4905.29	0.066	6.8	0.471	0.638	1
	421	4905.62	0.643	11.1	0.526	0.679	1
	424	4906.02	0.136	7.0	0.396	0.511	1
	532	4985.04	4.0	12.8	0.459	0.603	1
迪那 202	126	4957	0.669	9.3	0.435	0.269	1
	129	4957.31	0.677	9.4	0.472	0.298	1
	131	4957.5	0.795	9.1	0.462	0.341	1
	133	4957.71	1.27	9.6	0.43	0.466	1
	137	4958.06	0.707	8.9	0.457	0.292	1
	140	4958.45	0.776	9.0	0.44	0.449	1
	144	4958.77	1.67	9.7	0.509	0.609	1
	155	4959.67	0.59	8.0	0.432	0.331	1
	157	4959.88	0.071	5.0	0.433	0.353	1
	160	4960.14	0.081	5.5	0.51	0.308	1

对表 3-42 分析可知, 迪那 2 井区的气-水相对渗透率有以下特点:

(1)测定的岩样空气渗透率大部分在 $1\times10^{-3}\mu m^2$ 以下, 大于 $1\times10^{-3}\mu m^2$ 的岩样有 5 块, 岩样总体的渗透率都很低, 显示了迪那 2 井区的低渗特征。

(2)孔隙度变化范围为 5%~15.7%, 平均为 9.63%, 孔隙度不大。

(3)岩样分析的束缚水饱和度为 39.6%~52.6%, 平均为 46.65%。

2.平均相对渗透率曲线

孔隙度、渗透率的大小一般会对多相流体的渗流产生影响, 孔隙度大致相同的渗透率却不一定相近, 这一点从表 3-42 中就可得出, 这主要是孔隙结构不同造成的, 可见孔隙结构必然对相渗产生较大影响。

对相渗曲线进行处理的目的主要是分析多孔介质中多相渗流时, 各种流体的相对渗流能力和渗流过程, 为油藏生产动态预测和数值模拟提供资料。

应用 Eclipse 软件的 SCAL 模块对 20 条相渗曲线进行了平均化处理, 得到平均气-水相对渗透率曲线, 见图 3-69, 相关数据见表 3-43。可以看出, 迪那 2 井区利用气驱水做的岩样, 得到的束缚水饱和度为 39.6%~56.6%, 平均为 46.7%。由此可见, 对于低渗透砂岩, 饱和水以后, 再用气驱, 由于润湿性及毛管力的影响, 实验测出的束缚水饱和度要比气藏原始条件下的大很多。

　　也就是说，迪那 2 井区相渗曲线均为用气驱水实验做出的，束缚水饱和度偏高，端点值与原始条件相比，已经发生了变化，因此，获得的平均气-水相渗曲线不能直接应用，应经过修正以后，调整到与气藏实际情况比较符合以后再应用。

　　对实验得到的平均气-水相渗曲线规格化，然后根据储量报告中测井研究得到的束缚水饱和度(0.33)进行处理，得到代表迪那 2 井区的平均气-水相渗曲线，见图 3-70，相关数据见表 3-44。

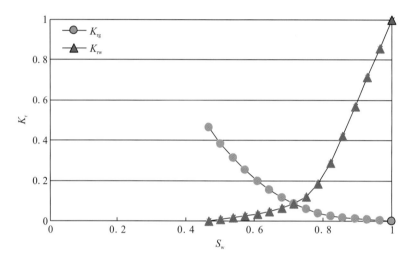

图 3-69　实验得到的平均气-水相对渗透率曲线

表 3-43　实验得到的平均气-水相对渗透率数据表

S_w	K_{ro}	K_{rw}
0.467	0.466	0.000
0.502	0.386	0.008
0.538	0.314	0.015
0.573	0.253	0.024
0.609	0.200	0.034
0.644	0.155	0.047
0.680	0.117	0.063
0.716	0.086	0.086
0.751	0.061	0.123
0.787	0.040	0.185
0.822	0.026	0.288
0.858	0.017	0.422
0.893	0.011	0.569
0.929	0.007	0.715
0.964	0.004	0.858
1.000	0.000	1.000

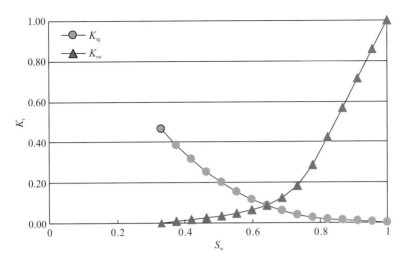

图 3-70   代表气藏的平均气-水相对渗透率曲线

表 3-44   代表气藏的平均气-水相对渗透率数据表

S_w	K_{ro}	K_{rw}
0.3300	0.4661	0.0000
0.3747	0.3857	0.0078
0.4193	0.3142	0.0153
0.4640	0.2526	0.0239
0.5087	0.1997	0.0341
0.5533	0.1547	0.0466
0.5980	0.1172	0.0627
0.6427	0.0862	0.0861
0.6873	0.0607	0.1225
0.7320	0.0404	0.1848
0.7767	0.0261	0.2882
0.8213	0.0166	0.4216
0.8660	0.0110	0.5689
0.9107	0.0071	0.7152
0.9553	0.0036	0.8576
1.0000	0.0000	1.0000

3.7.2   东海低孔低渗丽水气藏储层气-水相渗曲线特征

1.气驱水相渗实验

碎屑岩储层未形成气藏之前是高饱和水的，因此本书首先从研究区不同层位选出 5 块不同物性级别的岩样做气驱水相渗实验，模拟气藏的形成过程，分析气-水渗流特征。数据统计发现(表 3-45)：物性好的岩样束缚水饱和度相对较低(平均为 26.55%)，物性差的岩样束缚水饱和度相对较高(平均为 34.73%)；由于物性不同，不同岩样在束缚水状态时的气相渗透率和残余气状态时的气相渗透率均有较大差异。

表 3-45　　研究区低渗岩样相渗实验参数

深度 /m	层位	孔隙度/%	空气渗透率 /mD	束缚水饱和度 /%	束缚水时气相 渗透率/mD	残余气 饱和度/%	残余气时水相 渗透率/mD
2240.35	M1¹	17.0	7.74	24.6	5.51	11.1	3.28
2291.7	M1²⁻¹	15.83	2.74	28.5	1.58	14.7	0.92
3640.75	Y	6.82	0.0401	32.4	0.001	21.2	0.0007
2586.73	M3	5.90	0.0051	36.5	0.0023	28.1	0.0013
2576.09	M3	4.01	0.00313	35.3	0.022	26.6	0.012

　　由相渗曲线特征图(图 3-71)可知:在达到气水两相共渗点前,随着含水饱和度的增加,水相相对渗透率迅速减小,气相相对渗透率缓慢增大;含水饱和度在 50%~60%时,气水两相共同流动,气-水相对渗透率均不到 0.05;超出共渗点后,随着含水饱和度的增加,水相相对渗透率缓慢减小,气相相对渗透率急剧增大;残余气状态时水的相对渗透率较大(0.4~0.7)。

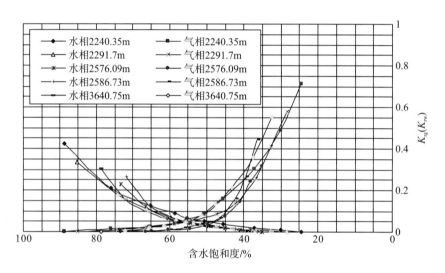

图 3-71　研究区低渗岩样含水相对渗透率曲线

　　由束缚水状态时的气相渗透率和残余气状态时的水相渗透率与空气物性的相关性图(图 3-72)发现:束缚水状态时的气相渗透率和残余气时水相渗透率与空气渗透率呈强烈的

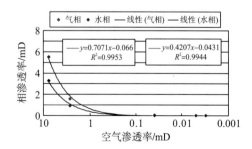
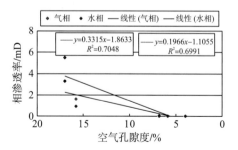

图 3-72　低渗岩样束缚水时气相渗透率和残余气时水相渗透率与空气物性测试的相关关系

线性相关关系，R^2 分别为 0.9953、0.9944；束缚水状态时的气相渗透率和残余气状态时的水相渗透率与空气孔隙度呈较强的线性相关关系，R^2 分别为 0.7048、0.6991。这说明，研究区砂岩储层气相、水相的渗透率与其绝对渗透率密不可分，且当绝对渗透率分别小于 0.1mD 时，气、水均无渗流能力。

由束缚水饱和度和残余气饱和度与空气物性的相关性图(图 3-73)可知：束缚水饱和度和残余气饱和度与空气渗透率呈较强的线性相关关系，R^2 分别为 0.9082、0.8528；束缚水饱和度和残余气饱和度与空气孔隙度呈相对稍弱的线性相关关系，R^2 分别为 0.8875、0.7675。这说明，研究区砂岩储层束缚水饱和度和残余气饱和度与其物性密不可分，当空气渗透率小于 0.1mD 时，束缚水饱和度和残余气饱和度与空气渗透率关系不大。

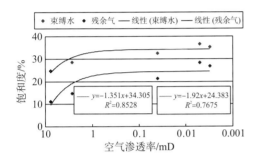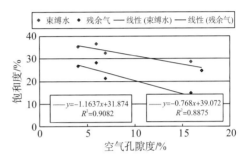

图 3-73　研究区岩样束缚水饱和度和残余气饱和度与空气物性测试的相关关系

2.水驱气相渗实验

碎屑岩气藏被打开时，为气相单相流，随着开发时间的增加，逐渐变为气、水两相流，为了突出气层出水后对产量的影响，本书从研究区 M1 高产气层段选出物性较好的 17 块岩样(孔隙度＞15%、渗透率＞10mD)做水驱气相渗实验，数据统计(表 3-46)发现：束缚水饱和度相对较高，主要集中在 31%～37%，平均为 34.73%；束缚水状态时的气相渗透率较高，主要集中在 9～12mD，平均为 10.06mD；残余气饱和度相对较低，主要集中在 15%～20%，平均为 17.68%；残余气状态时的水相渗透率相对较低，主要集中在 1～3 mD，平均为 1.5mD。

表 3-46　研究区岩样水驱气相渗实验参数

深度/m	层位	孔隙度/%	空气渗透率/mD	束缚水饱和度/%	束缚水状态时的气相渗透率/mD	残余气饱和度/%	残余气状态时的水相渗透率/mD	备注
2235.8		18.51	4.14	33.12	2.51	10.33	0.62	水平
2235.9		18.92	6.79	33.94	4.37	14.51	1.4	垂直
2240.22		18.61	15.4	35.28	7.82	23.7	1.03	水平
2240.37	M1¹	19.03	12.5	36.56	9.74	20.93	1.1	垂直
2245.08		16.6	11.2	37.83	9.44	14.06	1.56	垂直
2245.23		16.4	12.7	37.29	10.22	20.3	1.3	垂直
2245.37		16.44	17.9	35.26	12.69	17.83	1.84	水平
2246.53		16.43	17.8	30.86	16.5	25.82	1.16	垂直

续表

深度/m	层位	孔隙度/%	空气渗透率/mD	束缚水饱和度/%	束缚水状态时的气相渗透率/mD	残余气饱和度/%	残余气状态时的水相渗透率/mD	备注
2246.65		16.89	19.1	34.94	11.33	16.93	2.7	水平
2251.52		15.97	13.7	37.98	11.65	16.56	1.99	水平
2251.67	M1^1	15.87	12.4	35.27	9.66	18.6	0.78	垂直
2257.05		16.19	12.7	31.52	10.32	16.56	1.36	水平
2257.05		16.19	12.7	31.52	10.32	16.56	1.36	水平
2257.13		16.3	13.4	38.22	12.12	17.04	1.18	垂直
2289.8		16.84	22.7	37.09	19.25	21.06	3.25	垂直
2294.08	M1$^{2-1}$	17.36	6.01	32.56	4.32	18.24	1.01	垂直
2294.16		16.73	10.5	31.17	8.79	11.55	1.88	水平
均值		17.01	13.04	34.73	10.06	17.68	1.5	

由相渗曲线特征图(图 3-74)可知：在达到气、水两相共渗点前，随着含水饱和度的增加，气相相对渗透率急剧减小，而水相相对渗透率缓慢增大；含水饱和度在 55%～65%时，气、水两相共同流动，相对渗透率均不到 0.05，且气相已经不流动；超出共渗点后，随着含水饱和度的增加，水相相对渗透率迅速增大，气相几乎不流动；残余气状态时水的相对渗透率一般小于 0.15。同时，由束缚水状态时的气相相对渗透率和残余气状态时的水相相对渗透率与空气物性测试的相关性图(图 3-75)可知：束缚水状态时的气相渗透率与空气渗透率呈强烈的线性相关关系，R^2 为 0.8249，而残余气状态时的水相渗透率与空气渗透率的线性相关关系不强，R^2 为 0.4688；束缚水状态时的气相相对渗透率和残余气状态时的水相相对渗透率与空气孔隙度相关性不明显。

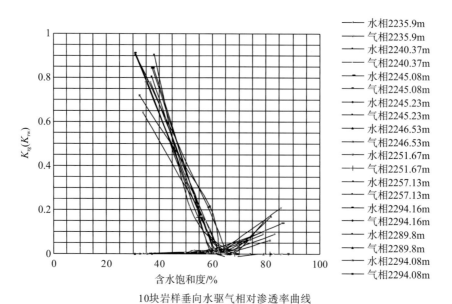

10块岩样垂向水驱气相对渗透率曲线

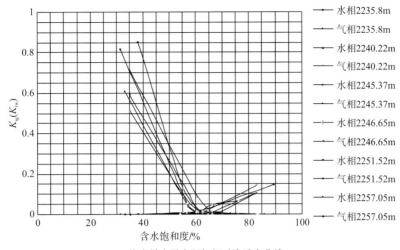

图 3-74 研究区中-高渗岩样水驱气相对渗透率曲线

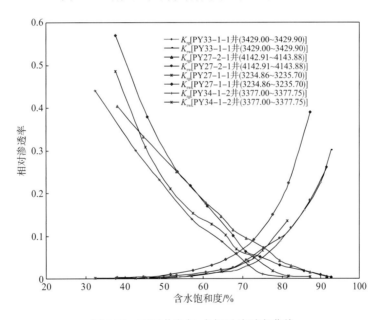

图 3-75 不同井段气-水相对渗透率曲线

分析表明：随着含水饱和度的增加，气相渗透率急剧减小，当含水饱和度大于 55% 以后，大多数岩样的气相相对渗透率不到 0.05，即气相渗透率小于 0.65mD，而岩样的空气渗透率的平均值为 13.04mD，含水饱和度的增加将导致研究区储层采收率急剧降低。

由图 3-75 可以看出，该气藏为强亲水岩石。①束缚水饱和度较高，$S_{wi}>37.5\%$；②曲线交点对应的含水饱和度 $S_{wd}>75\%$，表明该气藏岩石具有极强的亲水性；③残余气饱和度下的水相相对渗透率 $K_{rw}(S_{gr})$ 为 0.26～0.30；④可流动气饱和度区间较大，为 7.6%～62.1%；⑤在整个气体可流动范围内，气相相对渗透率较低，$K_{rg}<0.56$；⑥随含水饱和度的增加，气相相对渗透率下降。由此可见，水对气体的流动将产生较大的影响。

第4章 气-液硫相对渗透率实验

在高温高压高含硫气藏中,渗流规律十分复杂,地层压力在气藏开发过程中逐渐降低,如果地层温度高于硫的熔点,单质硫将从含硫天然气中析出,并以液态的形式在地层孔隙中聚集,当地层孔隙中液态硫的饱和度达到并超过临界流动饱和度后,地层的渗流环境将改变,地层中形成气-液硫两相流动。因此,研究高温高压气-液硫两相渗透率曲线对高温高压高含硫气藏的开发具有十分重要的意义。本章运用研发的实验仪器模拟地层环境中的气-液硫两相渗流,测定了气-液硫两相相对渗透率曲线以及不同温度、不同应力敏感下的气-液硫相对渗透率。

4.1 高含硫气藏应力敏感实验研究

在研究高含硫气藏流体的渗流时,硫沉积对储层的伤害是大多数研究者的主要研究方向,他们很少将储层应力敏感性对高含硫气藏开发的影响考虑进去。在高含硫气藏的开发过程中,地层压力逐渐降低,岩石的孔隙结构改变,储层的渗透率降低。应力敏感会降低储层的渗流能力,进而影响气井的产能,影响高含硫气藏的开发。在高含硫气藏开发中,考虑储层应力敏感作用对地层孔隙介质中流体渗流的影响的实验研究很少见。基于该现状,对高含硫气藏储层岩心进行应力敏感实验评价,研究分析高含硫气藏应力敏感性程度。

4.1.1 应力敏感实验条件

(1)实验岩心:2块现场所取的岩心,实验岩心基本数据见表 4-1。

表 4-1 实验岩心基本数据

岩心编号	长度/cm	截面积/cm²	孔隙度/%	渗透率/mD	备注
YB-28	5.04	4.98	0.72	20.8	造缝
YB-224	4.48	4.92	0.68	0.645	基质

(2)实验设备:利用 HA-III 抗 H_2S-CO_2 型高温高压油气水渗流测试实验仪器对所取岩心进行应力敏感实验。该实验仪器主要由驱替系统、恒温系统以及回压系统三个主要部分组成,见图 4-1。

驱替系统主要由双缸恒速恒压驱替泵和活塞容器组成,泵的最高压力可以达到 75MPa。

恒温系统中恒温箱为数字显示自动控温,温度最高可以达到 200℃,岩心夹持器最高耐温 180℃,最高耐压 100MPa,围压自动跟踪泵可保持驱替过程中围压的稳定。

回压系统由回压阀、液压泵、皂泡流量计以及计算机控制装置组成。

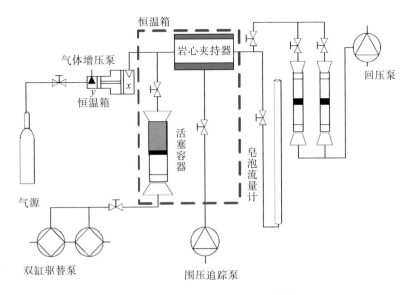

图 4-1　应力敏感实验装置流程图

根据储层应力敏感性评价标准(表 4-2)进行评价,分析高含硫气藏岩心的应力敏感性强弱。

渗透率损害率的定义式:

$$D_{k} = \frac{K_{0} - K_{i}}{K_{0}} \times 100\% \tag{4-1}$$

式中,D_k——渗透率损害率;

K_0——岩心原始有效应力下的渗透率,mD;

K_i——岩心第 i 个地层有效应力下的渗透率,mD。

表 4-2　应力敏感评价办法

渗透率损害率/%	损害程度
$D_k \leqslant 5$	无
$5 < D_k \leqslant 30$	弱
$30 < D_k \leqslant 50$	中等偏弱
$50 < D_k \leqslant 70$	中等偏强
$70 < D_k \leqslant 90$	强
$D_k > 90$	极强

4.1.2　应力敏感实验设计

为了更真实地模拟地层条件,在实验过程中,岩心夹持器两端压力以及围压需要保持同步增长,直到达到真实地层压力状态。应力敏感实验步骤如下:

(1)准备岩心,进行清洗和烘干处理,测量岩心基本参数。

(2)实验开始前,连接管线,检查设备的密封性,然后将岩心装入岩心夹持器,打开系统控制电源，打开氮气阀门，打开增压泵。

（3）设定恒温箱温度，待其达到预定温度后，设定围压和驱替压力。

（4）调节围压泵改变围压，运用计量系统测定相应的流量，计算渗透率。

（5）实验完成，关闭电源和气源阀门，清理管线。

4.1.3 应力敏感性实验结果分析

渗透率计算公式如下：

$$K = \frac{2Q_0 p_0 \mu L}{A(p_1^2 - p_2^2)} \times 100 \tag{4-2}$$

式中，K——气测渗透率，mD；

A——岩心端面积，cm^2；

p_0——大气压力，MPa；

p_1——岩心夹持器入口端面上的绝对压力，MPa；

p_2——岩心夹持器出口端面上的绝对压力，MPa；

μ——气体黏度，$mPa \cdot s$；

L——岩心长度，cm；

Q_0——岩心出口处气体流量，$cm^3 \cdot s^{-1}$。

根据上述实验流程对 YB-224 岩心进行了应力敏感实验，结果见表 4-3 和图 4-2。

表 4-3   YB-224 岩心应力敏感实验数据表

有效应力/MPa	渗透率/mD	渗透率伤害率/%
5.0	0.548	0.00
10.0	0.519	5.29
20.0	0.451	17.70
30.0	0.419	23.54
40.0	0.385	29.74
50.0	0.352	35.77
60.0	0.346	36.86

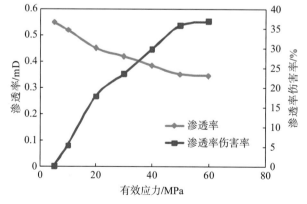

图 4-2   YB-224 岩心应力敏感实验结果

从图 4-2 可以分析得出，基质岩心的渗透率随着有效应力的增大而减小，渗透率伤害率不断增大，当有效应力为 60MPa 时，渗透率伤害率为 35.86%。根据表 4-2 应力敏感性评价方法判定该实验基质岩心的应力敏感性为中等偏弱。

对 YB-28 号岩心进行造缝改造之后按照上述实验流程进行实验，得到实验结果见表 4-4 和图 4-3。

表 4-4　YB-28 岩心应力敏感实验数据表

有效应力/MPa	渗透率/mD	渗透率伤害率/%
5.0	19.54	0.00
10.0	17.68	9.42
20.0	14.11	27.68
30.0	11.23	42.42
40.0	8.52	56.29
50.0	5.66	70.93
60.0	4.58	76.46

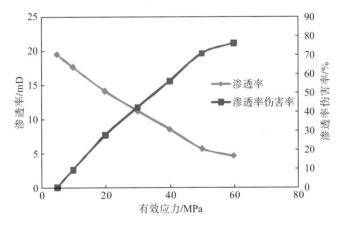

图 4-3　YB-28 岩心应力敏感实验结果

从图 4-3 可以分析得出，造缝岩心的渗透率随着有效应力的增大而减小，渗透率伤害持续加深。当有效应力为 60MPa 时，渗透率伤害率为 76.46%，根据应力敏感性评价方法判定该实验造缝岩心的应力敏感性为强。

根据上述结果可知，不同的岩心在模拟真实地层下的应力敏感实验中结果差异很大。所以将不同应力条件下的两块岩心渗透率伤害率数据进行对比分析，结果见图 4-4。

从图 4-4 可以看出，随着有效应力的增大，造缝岩心与基质岩心的渗透率伤害率不断增大，基质岩心的渗透率伤害率始终低于造缝岩心，应力越大基质岩心与造缝岩心的渗透率伤害率差距越大。主要原因是基质岩心相对于造缝岩心更加致密，在压力增大的情况下，孔隙空间不容易被压缩变小，而造缝岩心相对容易被压实，渗流孔隙空间被挤压缩小，渗透率伤害率就变高。

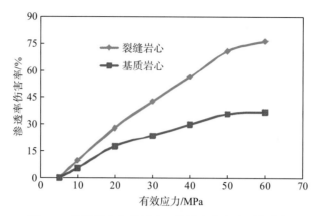

图 4-4　造缝岩心与基质岩心渗透率伤害率对比曲线

4.2　气-液硫相对渗透率曲线测试实验研究

在高含硫气藏开发中，地层压力逐渐降低，如果地层温度高于硫的熔点，单质硫将从含硫天然气中析出，并以液态的形式在地层孔隙中聚集，当地层孔隙中液态硫的饱和度达到并超过临界流动饱和度后，地层的渗流环境将改变，地层中形成气-液硫两相流动。因此，研究气-液硫两相渗流具有重要的意义。

4.2.1　实验原理

本实验以非稳态法为基本方法，以非稳态法测定两相相对渗透率的优点是测试周期短，但是缺点是数据处理复杂。非稳态实验测试流程如图4-5所示。

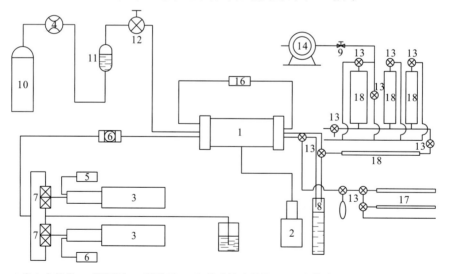

1.岩心夹持器；2.围压泵；3.驱替泵；4.气体质量流量计；5.压力传感器；6.过滤器；7.三通阀；
8.气水分离器；9.两通阀；10.气源；11.气体加湿中间容器；12.调压阀；13.控制阀；
14.湿式流量计；15.烧杯；16.压差传感器；17.油体积计量管；18.水体积计量管

图 4-5　非稳态法实验流程示意图

关于以非稳态法进行实验所得到的数据，采用 JBN 方法进行计算，根据公式计算得到相对渗透率，然后在直角坐标中绘制气、液相对渗透率与含液饱和度的关系曲线。本书中高温高压高含硫气藏气-液硫相对渗透率曲线的测定是以气-水相对渗透率测试流程为例。

4.2.2　实验设备改进

高温高压环境中气-液硫两相相对渗透率曲线的测定不能用常规的实验设备，主要原因是气-液硫相渗对温度的要求较高，虽然恒温箱能保证岩心夹持器处在地层温度条件下，但是恒温箱外连接到计量系统的管线的温度达不到要求，分离计量系统也不能用气水分离计量系统。

所以根据实验需要，在现有的 HA-III 抗 H_2S-CO_2 型高温高压油气水渗流测试装置设备的基础上进行改进，具体步骤如下：

（1）器材准备。改进该仪器需要电加热丝若干、绝缘石棉网若干、温度控制仪两个、正方形玻璃罩一个。

（2）首先将绝缘石棉网均匀缠绕在恒温箱外的管线上，然后将电加热丝均匀缠绕在缠有绝缘石棉网的管线上，最后将电加热丝与温度控制仪相连，将天平放置于玻璃罩中。

（3）将回压阀放置于恒温箱中，并与岩心夹持器相连。

（4）连接好所有管线，通电调试。

改进的实验仪器如图 4-6 所示，改进的气-液硫分离装置如图 4-7 所示。

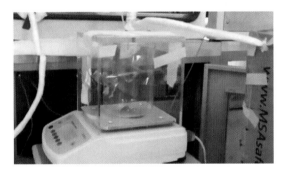

图 4-6　改进的实验仪器实物图　　　　　　图 4-7　改进的气-液硫分离装置实物图

该实验仪器主要由恒温箱、增压泵、围压自动跟踪泵以及计量系统等组成，部分仪器见图 4-8～图 4-15。其中恒温箱最高温度可以达 200℃，精度±1℃；增压泵最高压力可达 70MPa；围压自动跟踪泵最高压力可达 120MPa；计量系统中电子天平精度为 0.001g，电子气量仪分度值为 0.01mL。

该气-液硫相渗装置主要包括以下仪器：增压泵、双缸恒速恒压驱替泵、围压自动跟踪泵、岩心夹持器、电加热丝、温度控制仪、电子气量计、电子天平、计量系统、分离装置。恒温箱及温度控制仪可以模拟实际气藏地层温度，改进的气-液硫分离装置能准确计量出口端的气液流量与体积。

图 4-8　岩心夹持器

图 4-9　活塞容器

图 4-10　双缸恒速恒压驱替泵

图 4-11　围压自动跟踪泵

图 4-12　回压泵

图 4-13　真空泵

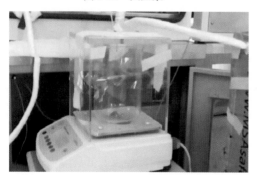

图 4-14　气-液硫分离装置

图 4-15　数据采集系统

　　实验流程如图 4-16 所示，驱替泵可以选择恒压或者恒速驱替，岩心夹持器两端分别与活塞容器、回压阀相连，恒温箱外的管线缠有电加热丝并与改进的计量系统相连。两活塞容器中分别装有足量的样品气与硫粉，其下端分别与双缸恒速恒压驱替泵连接。

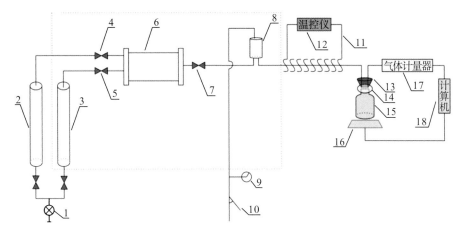

1.驱替泵；2.硫粉存放器；3.中间容器；4.气源控制阀；5.液硫控制阀；6.岩心夹持器；7.控制阀；8.回压阀；
9.压力表；10.回压控制器；11.绝缘电加热丝；12.温度控制仪；13.橡皮塞；14.橡胶软管；15.容量瓶；
16.精细天平；17.气体计量器；18.计算机

图 4-16　实验流程示意图

4.2.3　实验步骤

　　高温高压条件下气-液硫相对渗透率曲线测试实验流程如下：

　　(1)准备岩心，清洗、烘干，测量岩心基本参数，装入岩心夹持器。

　　(2)将装有过量硫粉的中间容器和岩心夹持器放入恒温箱中。

　　(3)开启恒温箱，依次在 50℃、90℃、120℃及 150℃下加热，使整个加热系统温度缓慢上升。为保持液硫稳定的液化状态，对已熔化的硫磺继续加热，通常液硫温度控制在 150℃。

　　(4)测量岩心的绝对渗透率。将气样通过岩心夹持器，待岩心进出口的压差和出口流量稳定后，通过计算系统计算岩心的绝对渗透率。

　　(5)打开围压泵和环压泵，向岩心中饱和液态硫，实验时保持岩心夹持器温度为 150℃，以一定的压力或流速使液硫通过岩样。

　　(6)测量气-液硫相对渗透率。调整好出口液硫、气体计量系统，开始气驱液硫，通过计量系统计量不同时刻的累积出液量、累积出气量和压差等参数。气驱液硫至残余液硫状态，根据计量系统的数据得到气-液硫相对渗透率。

　　(7)实验结束后，关闭电源、阀门，清洗管线阀门，处理废弃的液硫。

4.2.4　数据处理

　　基于非稳态法实验原理测得的实验数据主要通过以 JBN 方法为代表的显式处理方法来计算，以获取气液两相相对渗透率。

该方法认为：随着饱和度的变化，气液两相的相对渗透率也会变化，随着时间的改变，气液两相在岩石某一横截面上的流量在变化。所以在气驱液的过程中，根据在恒定流量驱替时压力的变化值或者压力一定时气液两相的流量值就能求得气液两相的相渗曲线。

通过以下 JBN 气-液硫相渗计算公式计算不同含气饱和度（S_g）的气-液硫相对渗透率 K_{rg}、K_{rs}。

$$f_s(S_g) = \frac{\mathrm{d}\overline{V}_s(t)}{\mathrm{d}\overline{V}(t)} \tag{4-3}$$

$$I = \frac{Q(t)}{Q_0} \frac{\Delta p_0}{\Delta p(t)} \tag{4-4}$$

$$K_{rs} = f_s(S_g) \frac{\mathrm{d}[1/\overline{V}(t)]}{\mathrm{d}\{1/[I\overline{V}(t)]\}} \tag{4-5}$$

$$K_{rg} = K_{rs} \frac{\mu_g}{\mu_s} \frac{1 - f_s(S_g)}{f_s(S_g)} \tag{4-6}$$

$$S_g = \overline{V}_s(t) - \overline{V}(t)f_s(S_g) \tag{4-7}$$

$$\overline{V}(t) = \frac{W'(t) + G'(t)}{V_p} \tag{4-8}$$

$$\overline{V}_s(t) = \frac{W'(t)}{V_p} \tag{4-9}$$

$$\Delta p(t) = p_1(t) - p_2(t) \tag{4-10}$$

式中，$f_s(S_g)$——含液率；

　　　$\overline{V}_s(t)$——无因次累产液量；

　　　$\overline{V}(t)$——无因次累产气、液量；

　　　K_{rs}——液相相对渗透率；

　　　K_{rg}——气相相对渗透率；

　　　I——流动比；

　　　Q_0——起始时刻出口端产液量，$cm^3 \cdot s^{-1}$；

　　　$Q(t)$——t 时刻出口端产气、液量，$cm^3 \cdot s^{-1}$；

　　　$W'(t)$——地层条件下的累产液量，cm^3；

　　　Δp_0——初始驱替压差，MPa；

　　　$\Delta p(t)$——t 时刻驱替压差，MPa；

　　　p_1、p_2——分别为入口端和出口端压力，MPa；

　　　S_g——含气饱和度；

　　　μ_s——地层条件下的液硫黏度，mPa·s；

　　　μ_g——地层条件下的气体黏度，mPa·s；

　　　V_p——孔隙体积，cm^3。

4.2.5 结果分析

实验所用岩心基本参数见表 4-5 和表 4-6，根据上述实验流程，经过数据处理后，得到的实验结果如图 4-17 和图 4-18 所示。

表 4-5 岩心 YB-29 基础数据表

岩心长度/cm	岩心直径/cm
4.48	2.49
孔隙度/%	渗透率/mD
0.641	2.42
液硫黏度/(mPa·s)	气体黏度/(mPa·s)
1.06	0.0179
测试温度/℃	测试压力/MPa
150	60

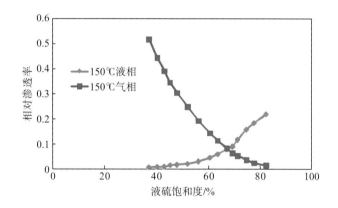

图 4-17 YB-29 号岩心气-液硫相对渗透率曲线图

表 4-6 岩心 YB-27 基础数据表

岩心长度/cm	岩心直径/cm
4.95	2.511
孔隙度/%	渗透率/mD
0.452	2.23
液硫黏度/(mPa·s)	气体黏度/(mPa·s)
1.06	0.0179
测试温度/℃	测试压力/MPa
150	60

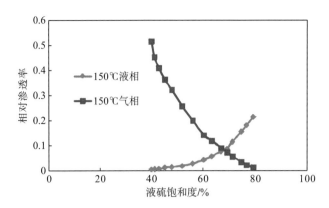

图 4-18　YB-27 号岩心气-液硫相对渗透率曲线图

由图 4-17 和图 4-18 可以看出，两组气-液硫相渗曲线走势大体相同，均为下凹形曲线。在液硫饱和度较低时，气相相对渗透率下降速度较快，液硫相对渗透率上升缓慢。液硫饱和度大于等渗点后，液硫相对渗透率变大速率加快，气相相对渗透率减小趋势相对变得缓慢。

4.3　温度对气-液硫相对渗透率的影响

重复上述实验操作流程，在一定的压力条件下，设定温度为 130℃、140℃、150℃，模拟不同地层温度条件。对比同一岩心(YB-27)气-液硫相对渗透率在不同温度条件下的变化规律，分析温度对相对渗透率的影响，实验结果如图 4-19 所示。

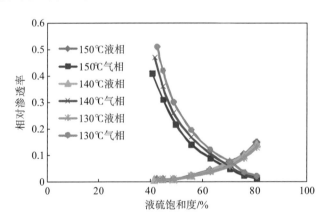

图 4-19　不同温度条件下气-液硫相对渗透率曲线

由图 4-19 可以看出，温度对液硫相对渗透率几乎没有影响，对气相相对渗透率影响较大。气-液硫相对渗透率曲线有以下变化规律：

(1)整个气-液硫相渗实验过程中，随着温度的升高，液硫相对渗透率曲线的变化趋势几乎一致，相对渗透率变化值可以忽略不计。

(2)随温度的升高，等渗点逐渐左移，等渗点处的液硫饱和度对应相对渗透率逐渐减小。

(3)随温度的升高，两相渗流区域几乎不变，气相相对渗透率逐渐下降。

可以从以下两个方面来解释为何温度变化会引起气-液硫相对渗透率出现上述变化：

(1)气体性质的变化。在一定压力条件下，气体的黏度随着温度的升高而增大，气体在孔隙介质中的渗流能力降低，从而导致气体流量减少。

(2)岩石结构的变化。高温高压条件下气-液硫相渗实验过程中，在热应力的作用下，岩石部分颗粒膨胀裂开，颗粒间的黏土矿物发生膨胀，挤压了原有的孔隙空间，改变了原有渗流通道，从而降低了岩心的两相渗流能力。

由此可知，在驱替过程中气相相对渗透率受温度的影响很大，是不能忽略的因素。温度是决定析出的硫在孔隙中的形态的主要因素，但其对液硫的相对渗透率影响较小。

4.4　应力敏感对气-液硫相对渗透率的影响

在高温地层条件下(120~150℃)，当单质硫从气体中析出，以液态的形式沉积并聚集时，当其饱和度达到了临界流动饱和度后，液态硫就会在地层孔隙中流动而形成气-液硫两相渗流。

为了研究应力敏感性对于气-液硫两相渗流的影响，采用前文所述实验仪器，根据实验流程模拟原始地层高温(150℃)条件下，YB-27 岩心在不同有效应力下的气-液硫相渗曲线，分析有效应力为 10MPa、20MPa、30MPa、40MPa、50MPa 时，气-液硫相渗曲线的变化规律，实验结果见图 4-20。

对该岩心在不同应力敏感下的气-液硫相渗曲线进行分析，从图 4-20 中可以得出以下规律：

(1)随着有效应力的增大，等渗点向左下方移动，气相相对渗透率曲线向下移动。

(2)随着有效应力的增大，气相相对渗透率减小，液硫相相对渗透率曲线几乎没有变化。气相受应力敏感的影响较大，渗透率损害比较大，主要原因是气相在渗流通道中所占的空间更容易受到挤压而变小，导致其有效渗透率降低。

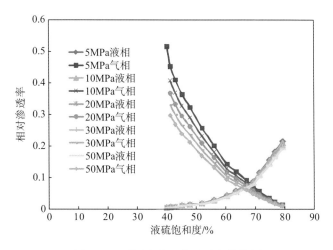

图 4-20　不同应力下的渗透率曲线图

渗透率测试实验过程中出现的问题：

(1)管线与阀门堵塞。在实验过程中，由于温度的降低会造成管线、阀门等位置的堵塞，如图 4-21 所示。在发生堵塞后，重新加温到地层温度条件，被堵塞的管线和阀门不能被疏通。所以在高含硫气藏的生产开发过程中，对于管线和阀门的防堵措施必不可少。

(2)液硫燃烧。在实验开始前期，用驱替泵使制备好的液硫通过岩心夹持器，在高温环境中，液硫发生了自燃，如图 4-22 所示。

图 4-21　容器堵塞　　　　　　　　　　　图 4-22　液硫燃烧

4.5　温度和压力对气-水相对渗透率的影响

气-水相对渗透率是气藏开发方案设计与开发动态指标预测、动态分析、气-水分布关系研究最重要的基础性参数。实验室现有的气-水相对渗透率测试条件与实际地层条件存在较大差异，这可能导致测试结果不能反映真实的地下渗流特征。目前在实验温度和压力对气-水相对渗透率的影响研究方面国内外尚存在分歧。研究表明，实验温度和压力不会对水相相对渗透率曲线造成影响，而对气相对渗透率有很大影响，在高温、高压条件下影响的程度相差能达到 10 倍以上。因此应谨慎考虑使用实验室条件测试的气-水相对渗透率来预测地层高温、高压条件下的开发动态指标。

模拟地层条件的实验温度和上覆地层压力对相对渗透率的影响研究在认识上尚存在分歧。Miller 和 Ramey(1985)在松散砂岩和 Berea 岩心上完成了高温下的动力学驱替实验，认为温度的变化不影响相对渗透率曲线。一些研究人员认为温度增加导致润湿性变化和界面张力减少，从而影响相对渗透率曲线。1986 年，Nakornthap 和 Evans(1986)采用数学方法提出了温度与相对渗透率的解析表达式，该式表明相对渗透率随温度的变化是共存水饱和度随温度变化的函数。Ali 和 Abu-Khamsin(1987)实验研究了上覆地层压力对相对渗透率的影响，得出随上覆地层压力增加，岩样孔隙度和渗透率减小，孔隙大小及分布发生变化，同时束缚水和残余油饱和度增加，从而导致油相相对渗透率降低，水相相对渗透率几乎不变。Gawish 和 Al-Homadhi(2008)研究了高温、高压油藏条件下的相对渗透率，并得出了与 Ali 等相同结论。

　　本书在实验室常温、较低压力条件下测试了 12 块岩样的气-水相对渗透率曲线，并进行了归一化处理。从理论上建立了实验室条件与地层条件下相对渗透率曲线的转换关系，以某高温高压井为例，模拟计算了不同温度、压力对气-水相对渗透率的影响。

4.5.1　实验室常规方法测试的气-水相对渗透率曲线

　　测试原理和测试方法参考《岩石中两相流体相对渗透率测定方法》（SY/T 5345—2007）。对选取的 12 块岩心，先清洗岩样、干燥岩样，抽真空饱和 100%地层水，然后气驱水直至束缚水状态。在束缚水状态下，按照稳态法测定气-水相对渗透率，在总流量不变的条件下，将气、水按一定流量比例同时恒速注入岩样，建立起进口压力、出口压力、气流量、水流量以及饱和度的稳定平衡状态，依据达西定律直接计算岩样的水、气有效渗透率和相对渗透率，并绘制气-水相对渗透率曲线，实验驱替过程如图 4-23 所示。为了使研究方便，对气-水相对渗透率曲线进行了归一化处理，如图 4-24 所示。

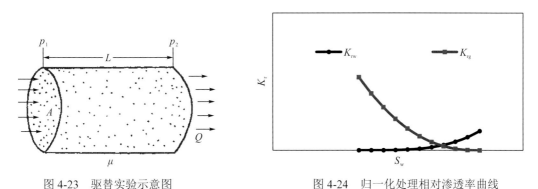

图 4-23　驱替实验示意图　　　　　　　　　图 4-24　归一化处理相对渗透率曲线

4.5.2　实验室与地层条件相对渗透率曲线转换关系分析

　　1.地层条件下的水相相对渗透率计算模型

　　实验室条件和地层条件下的水相有效渗透率分别为

$$K_{\text{we(Lab)}} = \frac{Q_{\text{w(Lab)}} \mu_{\text{w(Lab)}} L}{A\left(p_{1(\text{Lab})} - p_{2(\text{Lab})}\right)} \times 10^{-1} \tag{4-11}$$

$$K_{\text{we(Res)}} = \frac{Q_{\text{w(Res)}} \mu_{\text{w(Res)}} L}{A\left(p_{1(\text{Res})} - p_{2(\text{Res})}\right)} \times 10^{-1} \tag{4-12}$$

　　假定实验室条件（较低压力和室温）和地层条件（高温、高压）下的水相相对渗透率分别为 $K_{\text{rw(Lab)}}$ 和 $K_{\text{rw(Res)}}$。则实验室条件和地层条件下的岩样绝对渗透率为

$$K_{(\text{Lab})} = \frac{K_{\text{we(Lab)}}}{K_{\text{rw(Lab)}}} \tag{4-13}$$

$$K_{(\text{Res})} = \frac{K_{\text{we(Res)}}}{K_{\text{rw(Res)}}} \tag{4-14}$$

考虑岩样存在应力敏感性，假定实验室条件和地层条件下上覆岩层压力不变，则实验室条件和地层条件下岩样绝对渗透率符合关系式：

$$K_{(\mathrm{Lab})} = K_{(\mathrm{Res})}\,\mathrm{e}^{-\alpha_\mathrm{k}\left(p_{(\mathrm{Res})}-p_{(\mathrm{Lab})}\right)} \tag{4-15}$$

将式(4-11)～式(4-14)代入到式(4-15)，得到地层条件下的水相相对渗透率：

$$K_{\mathrm{rw(Res)}} = K_{\mathrm{rw(Lab)}}\frac{Q_{\mathrm{w(Res)}}}{Q_{\mathrm{w(Lab)}}}\frac{\mu_{\mathrm{w(Res)}}}{\mu_{\mathrm{w(Lab)}}}\frac{\left(p_{1(\mathrm{Lab})}-p_{2(\mathrm{Lab})}\right)}{\left(p_{1(\mathrm{Res})}\right)-p_{2(\mathrm{Res})}}\,\mathrm{e}^{-\alpha_\mathrm{k}\left(p_{(\mathrm{Res})}-p_{(\mathrm{Lab})}\right)} \tag{4-16}$$

根据达西定律：

$$Q_{\mathrm{w(Res)}} = K_{(\mathrm{Res})}A\frac{\left(p_{1(\mathrm{Res})}-p_{2(\mathrm{Res})}\right)}{\mu_{\mathrm{w(Res)}}L} \tag{4-17}$$

$$Q_{\mathrm{w(Lab)}} = K_{(\mathrm{Lab})}A\frac{\left(p_{1(\mathrm{Lab})}-p_{2(\mathrm{Lab})}\right)}{\mu_{\mathrm{w(Lab)}}L} \tag{4-18}$$

将式(4-17)和式(4-18)代入到式(4-16)，得到：

$$K_{\mathrm{rw(Res)}} = K_{\mathrm{rw(Lab)}} \tag{4-19}$$

从以上分析可以看出，温度和压力不会对水相相对渗透率曲线造成影响。

式中，K_{we}——水相有效渗透率，$\mu\mathrm{m}^2$；

$\quad\quad K_{\mathrm{rw}}$——水相相对渗透率，小数；

$\quad\quad Q_{\mathrm{w}}$——水的流量，$\mathrm{cm}^3\cdot\mathrm{s}^{-1}$；

$\quad\quad \mu_{\mathrm{w}}$——测定条件下的水相黏度，$\mathrm{mPa}\cdot\mathrm{s}$；

$\quad\quad L$——实验岩样长度，cm；

$\quad\quad A$——实验岩样横截面积，cm^2；

$\quad\quad p_1$、p_2——实验岩样进出口端压力，MPa；

$\quad\quad$下标 Lab、Res——实验室条件和地层条件；

$\quad\quad \alpha_\mathrm{k}$——渗透率变化系数，$\mathrm{MPa}^{-1}$。

2.地层条件下的气相相对渗透率计算模型

实验室条件和地层条件下的气相有效渗透率分别为

$$K_{\mathrm{ge(Lab)}} = \frac{2p_\mathrm{a}Q_{\mathrm{g(Lab)}}\mu_{\mathrm{g(Lab)}}L}{A\left(p_{1(\mathrm{Lab})}^2 - p_{2(\mathrm{Lab})}^2\right)}\times 10^{-1} \tag{4-20}$$

$$K_{\mathrm{ge(Res)}} = \frac{2p_\mathrm{a}Q_{\mathrm{g(Res)}}\mu_{\mathrm{g(Res)}}L}{A\left(p_{1(\mathrm{Res})}^2 - p_{2(\mathrm{Res})}^2\right)}\times 10^{-1} \tag{4-21}$$

假定实验室条件(较低压力和室温)和地层条件(高温高压)下的气相相对渗透率分别为 $K_{\mathrm{rg(Lab)}}$ 和 $K_{\mathrm{rg(Res)}}$。

则实验室条件和地层条件下的岩样绝对渗透率为

$$K_{(\mathrm{Lab})} = \frac{K_{\mathrm{ge(Lab)}}}{K_{\mathrm{rg(Lab)}}} \tag{4-22}$$

$$K_{(\text{Res})} = \frac{K_{\text{ge(Res)}}}{K_{\text{rg(Res)}}} \tag{4-23}$$

若考虑气体滑脱效应影响，则：

$$K_{(\text{Lab})} = K_{\infty}\left(1 + \frac{b}{\overline{p}_{(\text{Lab})}}\right), \quad K_{(\text{Res})} = K_{\infty}\left(1 + \frac{b}{\overline{p}_{(\text{Res})}}\right)$$

同时考虑岩样存在应力敏感性，假定实验室条件和地层条件下上覆岩层压力不变，则实验室条件和地层条件下岩样绝对渗透率符合以下关系式：

$$K_{(\text{Lab})} = K_{(\text{Res})}\frac{1 + \dfrac{b}{\overline{p}_{(\text{Lab})}}}{1 + \dfrac{b}{\overline{p}_{(\text{Res})}}}\text{e}^{-\alpha_{\text{k}}(p_{\text{Res}} - p_{\text{Lbb}})} \tag{4-24}$$

将式(4-20)～式(4-23)代入到式(4-24)，得到地层条件下的气相相对渗透率：

$$K_{\text{rg(Res)}} = K_{\text{rg(Lab)}}\frac{Q_{\text{g(Res)}}}{Q_{\text{g(Lab)}}}\frac{\mu_{\text{g(Res)}}}{\mu_{\text{g(Lab)}}}\frac{\left(p_{1(\text{Lab})}^2 - p_{2(\text{Lab})}^2\right)}{\left(p_{1(\text{Res})}^2 - p_{2(\text{Res})}^2\right)}\frac{1 + \dfrac{b}{\overline{p}_{(\text{Lab})}}}{1 + \dfrac{b}{\overline{p}_{(\text{Res})}}}\text{e}^{-\alpha_{\text{k}}\left(p_{(\text{Res})} - p_{(\text{Lab})}\right)} \tag{4-25}$$

式(4-25)即为实验室和地层条件下的气相相对渗透率转换关系式。

根据气体状态方程：

$$Q = \frac{p_{\text{sc}}Q_{\text{sc}}ZT}{pZ_{\text{sc}}T_{\text{sc}}} \tag{4-26}$$

以及达西定律：

$$Q = -\frac{KA}{\mu}\frac{\text{d}p}{\text{d}L} \tag{4-27}$$

则存在：

$$\frac{p_{\text{sc}}Q_{\text{sc}}ZT}{pZ_{\text{sc}}T_{\text{sc}}} = -\frac{KA}{\mu}\frac{\text{d}p}{\text{d}L} \tag{4-28}$$

两边进行积分得到：

$$Q_{\text{sc}} = \frac{KA\left(p_1^2 - p_2^2\right)Z_{\text{sc}}T_{\text{sc}}}{2p_{\text{sc}}ZT\mu_{\text{g}}L} \tag{4-29}$$

在地层条件和实验室条件下：

$$Q_{\text{g(Res)}} = \frac{K_{\text{Res}}A\left(p_{1(\text{Res})}^2 - p_{2(\text{Res})}^2\right)Z_{\text{sc}}T_{\text{sc}}}{2p_{\text{sc}}Z_{\text{Res}}T_{\text{Res}}\mu_{\text{g(Res)}}L} \tag{4-30}$$

$$Q_{\text{g(Lab)}} = \frac{K_{\text{Lab}}A\left(p_{1(\text{Lab})}^2 - p_{2(\text{Lab})}^2\right)Z_{\text{sc}}T_{\text{sc}}}{2p_{\text{sc}}Z_{\text{Lab}}T_{\text{Lab}}\mu_{\text{g(Lab)}}L} \tag{4-31}$$

将式(4-30)和式(4-31)代入到式(4-35)，简化得到：

$$K_{\text{rg(Res)}} = K_{\text{rg(Lab)}}\frac{Z_{\text{Lab}}T_{\text{Lab}}}{Z_{\text{Res}}T_{\text{Res}}} \tag{4-32}$$

式中，K_{ge}——气相有效渗透率，μm^2；

K_{rg}——气相相对渗透率，小数；

Q_g——驱替实验气的流量，$cm^3 \cdot s^{-1}$；

μ_g——测定条件下气体黏度，$mPa \cdot s$；

L——实验岩样长度，cm；

A——实验岩样横截面积，cm^2；

p_1、p_2——实验岩样进出口端压力，MPa；

下标 Lab、Res——实验室条件和地层条件；

Z——偏差因子；

B——气体滑脱因子；

下标 sc——标况下。

4.5.3　地层条件下气-水相对渗透率曲线特征

实例井井流物组成见表 4-7。选取 Dranchuk-Purvis-Robinsion(DPR)模型进行实例井井流物偏差因子计算。计算模型为式(4-33)和式(4-34)。计算结果表明，在大约 50MPa 以上偏差因子与压力为线性关系，温度越高，偏差因子越低。

表 4-7　实例井井流物天然气组分表

组分	含量/%
甲烷	91.00
乙烷	3.48
丙烷	0.45
异丁烷	0.09
正丁烷	0.13
异戊烷	0.03
正戊烷	0.04
己烷及更重组分	0.05
氮气	4.14
二氧化碳	0.59
相对密度：0.604	
平均分子量：17.49	

$$Z = 1 + \left(A_1 + \frac{A_2}{T_{pr}} + \frac{A_3}{T_{pr}^3}\right)\rho_{pr} + \left(A_4 + \frac{A_5}{T_{pr}}\right)\rho_{pr}^2 + \left(\frac{A_5 A_6}{T_{pr}}\right)\rho_{pr}^5 + \frac{A_7}{T_{pr}^3}\rho_{pr}^2\left(1 + A_8\rho_{pr}^2\right)\exp\left(-A_8\rho_{pr}^2\right) \quad (4\text{-}33)$$

$$\rho_{pr} = 0.27\, p_{pr}/\left(Z T_{pr}\right) \quad (4\text{-}34)$$

式中，A_i——给定系数；

P_{pr}——拟对比压力，无因次；

T_{pr}——拟对比温度，无因次；

ρ_{pr}——拟对比密度，无因次。

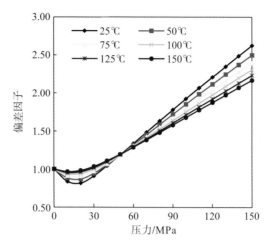

图 4-25　温度和压力对气体偏差因子的影响

将不同温度、不同压力下的偏差因子代入到式(4-32)，计算得到不同温度、压力条件时地层条件与实验室条件下气相相对渗透率的比值，见表 4-8。绘制部分实验压力和实验温度对气-水相对渗透率的影响，见图 4-26 和图 4-27。可以看出，实验压力和实验温度对水相相对渗透率没有影响，而对气相相对渗透率有很大影响，在高温、高压条件下影响的程度相差能达到 10 倍以上。

表 4-8　不同温度、压力条件时地层条件与实验室条件下气相相对渗透率比值 $\left(K_{rg(Res)}/K_{rg(Lab)}\right)$

	25℃	50℃	75℃	100℃	125℃	150℃
0.1MPa	1	0.4998	0.333066	0.24975	0.19976	0.16645
10MPa	1.192901	0.56588	0.364204	0.266501	0.209399	0.172152
20MPa	1.224062	0.57481	0.366127	0.265593	0.20729	0.169555
30MPa	1.097175	0.528935	0.341792	0.249975	0.196052	0.16088
40MPa	0.957043	0.472317	0.310383	0.229681	0.181654	0.149986
50MPa	0.84001	0.421424	0.280712	0.20995	0.16741	0.139112
60MPa	0.746634	0.378872	0.254943	0.192327	0.154457	0.129084
70MPa	0.67185	0.343722	0.233065	0.177031	0.143025	0.120134
80MPa	0.611019	0.314501	0.214534	0.163849	0.133027	0.112217
90MPa	0.56073	0.289994	0.198734	0.152456	0.124281	0.105225
100MPa	0.51852	0.269175	0.185163	0.142561	0.116614	0.099041
110MPa	0.482594	0.251297	0.173399	0.133916	0.10985	0.09355
120MPa	0.451629	0.235779	0.163112	0.126297	0.103861	0.088654
130MPa	0.424669	0.222185	0.154049	0.119539	0.098515	0.084262
140MPa	0.400988	0.210188	0.146011	0.113513	0.093723	0.080308
150MPa	0.379997	0.199508	0.138822	0.108108	0.089403	0.076726

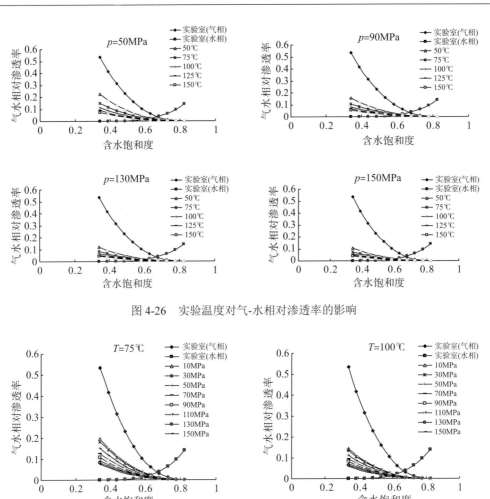

图 4-26　实验温度对气-水相对渗透率的影响

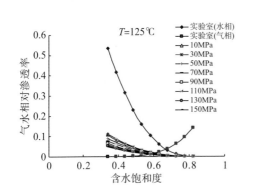
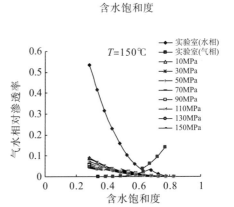

图 4-27　实验压力对气-水相对渗透率的影响

4.5.4　考虑硫沉积影响的气-液相对渗透率计算模型

高含硫气藏开采过程中，随地层压力和温度不断下降，由于液态硫和固相硫析出并可能沉积，流动状态将由气-水两相流逐渐转变为气-水-液相硫耦合流动和气-水-固相硫耦合流动，由此改变了流体分布关系和孔隙结构特征。元素硫在储层岩石的孔隙喉道中沉积，堵塞天然气的渗流通道，降低地层有效孔隙空间及渗透率，影响气体产能。

根据 Roberts 的研究，地层发生硫沉积时，地层相对渗透率与含硫饱和度关系可表示为

$$\ln K_r = aS_S \tag{4-35}$$

即

$$K_1 = K_2 e^{aS_S} \tag{4-36}$$

式中，K_r——相对渗透率；

$\quad\quad S_S$——含硫饱和度；

$\quad\quad a$——经验系数，根据渗透率与地层含硫饱和度实验数据关系，采用线性回归法确定，恒为负值；

$\quad\quad K_1$、K_2——分别为地层发生硫沉积时的瞬时地层渗透率、地层初始渗透率，μm^2。

普遍认为，高含硫气藏开采过程中随地层压力和温度不断下降，导致液态硫和固相硫析出，当析出的硫不能被携带出地层时便发生元素硫沉积，元素硫沉积主要发生在裂缝系统。

Braester 的假设条件：①裂缝和基质之间具有流体交换，流体可以从裂缝到基质再回到裂缝，如此循环；②相对渗透率是裂缝和基质中流体饱和度的函数；③整个过程是基质和裂缝两个系统的连续流动。

将方程(4-36)代入 Braester 提出的裂缝-基质系统相对渗透率理论模型，即可得到考虑硫沉积影响的气-液相对渗透率计算模型，公式如下：

$$K_{rg} = \left[\frac{K_f e^{aS_{sf}}}{K_m} + \left(1 - \frac{K_f e^{aS_S}}{K_m}\right)\left(1 - S_{wm}^2\right)\left(1 - S_{wm}\right)^2 \right]\left(1 - S_{sf}^2\right)\left(1 - S_{sf}\right)^2 \tag{4-37}$$

$$K_{rs} = \left[\frac{K_f e^{aS_{sf}}}{K_m} + \left(1 - \frac{K_f e^{aS_S}}{K_m}\right)S_{sf}^2 \right]S_{sf}^4 \tag{4-38}$$

式中，K_{rg}、K_{rs}——分别为气和液硫的相对渗透率；

$\quad\quad K_m$、K_f——分别为基质渗透率和裂缝渗透率；

$\quad\quad S_{wm}$、S_{sf}——分别为基质含水饱和度和裂缝液硫饱和度。

4.5.5　气-液相对渗透率变化对气藏开发动态的影响

1.液硫饱和度对产量的影响

由于硫沉积的影响，考虑污染半径为 r_s，在污染半径内气体的相对渗透率 K_1 可以用式(4-39)进行计算，而在污染半径外的渗透率 K_2 采用绝对渗透率，并利用气体流量的连续性，求得有硫沉积情况下气井的产量公式。

由压力分布公式可分别获得此地层沉积半径内、外的气体流量。

在沉积半径内($r_e \rightarrow r_s$)：

$$q_{g1} = \frac{\pi K_1 h T_{sc} Z_{sc} \left(p_s^2 - p_w^2 \right)}{p_{sc} T \mu Z \ln \dfrac{r_s}{r_w}} \tag{4-39}$$

在沉积半径外($r_w \rightarrow r_s$):

$$q_{g2} = \frac{\pi K_2 h T_{sc} Z_{sc} \left(p_e^2 - p_s^2 \right)}{p_{sc} T \mu Z \ln \dfrac{r_e}{r_s}} \tag{4-40}$$

式中,r_e——井底半径,m;

r_w——流动半径,m。

因为流量连续,所以 $q_{g1} = q_{g2} = q_g$。

$$
\begin{aligned}
q_g &= \frac{\pi K_1 h T_{sc} Z_{sc} \left(p_s^2 - p_w^2 \right)}{p_{sc} T \mu Z \ln \dfrac{r_s}{r_w}} = \frac{\pi K_2 h T_{sc} Z_{sc} \left(p_e^2 - p_s^2 \right)}{p_{sc} T \mu Z \ln \dfrac{r_e}{r_s}} \\
&= \frac{\pi h T_{sc} Z_{sc} \left[\left(p_s^2 - p_w^2 \right) + \left(p_e^2 - p_s^2 \right) \right]}{\dfrac{1}{K_1} p_{sc} T \mu Z \ln \dfrac{r_s}{r_w} + \dfrac{1}{K_2} p_{sc} T \mu Z \ln \dfrac{r_e}{r_s}}
\end{aligned} \tag{4-41}
$$

式(4-41)化简可以得到在有硫沉积污染情况下气井的产量公式:

$$q_g = \frac{\pi h T_{sc} Z_{sc} \left(p_e^2 - p_w^2 \right)}{p_{sc} T \mu Z \left(\dfrac{1}{K e^{\alpha S_s}} \ln \dfrac{r_s}{r_w} + \dfrac{1}{K} \ln \dfrac{r_e}{r_s} \right)} \tag{4-42}$$

当污染半径为 2m 时,硫沉积对气井产量的影响如图 4-28 所示,由图可知:随着硫的不断析出沉积,硫的饱和度不断增加,对气井的产量造成了严重的影响,当含硫饱和度上升到 0.3 的时候,气井产量只有 $30 \times 10^4 \text{m}^3$。而且随着生产时间的增加,由于地层压力还在不断降低,生产压差也会跟着降低,因此除了受硫沉积的影响,还会受生产压差的影响,实际产量降低幅度更大。

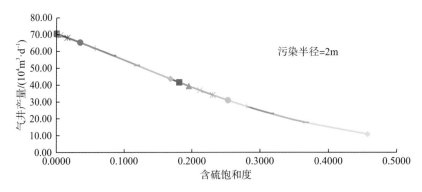

图 4-28　硫沉积对气井产量的影响

2.液硫流动能力对气井产量的影响

分别取液硫的相对渗透率值为基准值的 1 倍、0.7 倍、0.5 倍、0.3 倍、0.1 倍，模拟液硫的流动能力对气井产能的影响(图 4-29、图 4-30、表 4-9)。

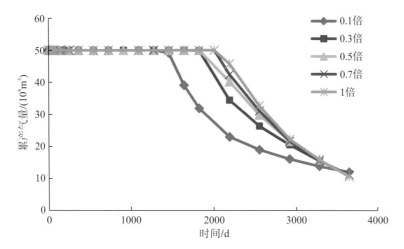

图 4-29　液硫流动能力对气井产量的影响

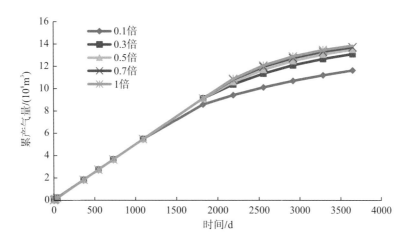

图 4-30　液硫流动能力对气井累产气量的影响

表 4-9　液硫流动能力对气井产能影响计算结果统计表

液硫流动能力	稳产时间/d	十年末日产气量/$(10^4 m^3 \cdot d^{-1})$	十年末累产气量/$(10^8 m^3)$
0.1 倍基准值	1279	11.97	11.64
0.3 倍基准值	1644	15.46	13.10
0.5 倍基准值	1827	15.86	13.50
0.7 倍基准值	2010	11.08	13.71
1 倍基准值	2010	10.47	13.85

由图 4-29、图 4-30、表 4-9 可以看出：

(1) 液硫的流动能力越差，气井的稳产时间越短；

(2) 液硫的流动能力越差，十年末气井的累产气量越低；

(3) 当液硫的流动能力变得很差时(基准值的 0.1 倍)，对气井的产能影响非常明显，气井的稳产时间和十年末的累产气量均大幅降低。

第 5 章　高含硫气藏双重介质渗流机理

5.1　考虑固态硫影响的高含硫双重介质气藏渗流机理研究

在高含硫裂缝性气藏开采的过程中，随着气体的产出，地层压力不断降低，同时由于焦耳-汤姆逊效应，近井地带温度亦有不同程度的降低，热力学条件的改变致使硫微粒在气相中的溶解度逐渐减小，在达到临界饱和态后从气相中析出，并在储层孔隙及喉道中运移、沉积，导致地层孔隙度和渗透率降低。此外，沉积在孔隙中的硫微粒的粒径尺寸和沉积方式对渗透率也有一定影响，另外，地层压力的降低致使裂缝逐渐趋于闭合，也会导致地层孔隙度和渗透率的降低。

高含硫裂缝性气藏复杂的渗流特征，突破了传统意义上经典的渗流理论。本书基于空气动力学气固理论描述硫微粒在多孔介质中的运移和沉积，考虑硫沉积与裂缝闭合对孔隙度和渗透率的影响，建立了一个全新的、能够描述多孔介质中硫微粒的析出、运移、沉积、堵塞、固相颗粒(硫微粒)尺寸、储层应力敏感性以及近井地带温度变化影响的高含硫裂缝性气藏储层综合伤害数学模型。

5.1.1　裂缝性气藏几何模型

由于裂缝性气藏在同一储层中存在基质和裂缝两种形态以及性质截然不同的孔隙系统，使其在整个储层中存在差异和不连续性。含有细小孔隙并具有高存储能力但渗透率较低的基质部分与具有低存储能力但渗透率较高的裂缝网络部分相互连通，如图 5-1 所示。在空间上，各种尺寸或各种级别的基质与裂缝相互间隔，分布具有很大的随机性，孔隙度和渗透率也呈不连续分布。因此，为了研究裂缝性储层的渗流规律，需要对裂缝性储层复杂的几何模型进行简化，比较经典的简化模型为 Warren-Root 模型，本书的研究也以 Warren-Root 模型为基础。Warren-Root 模型对基质系统和裂缝系统理想化的简化过程如图 5-2 所示。

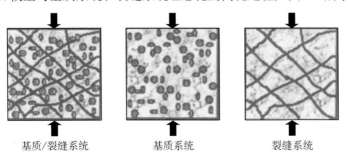

基质/裂缝系统　　　　基质系统　　　　裂缝系统

图 5-1　基质和裂缝网格系统示意图

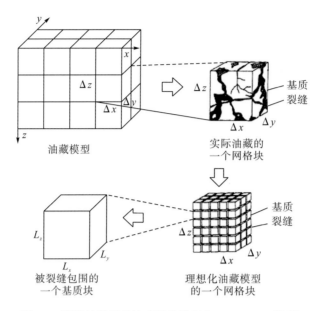

图 5-2　裂缝性储层系统理想化模型（Warren-Root 模型）

　　在 Warren-Root 模型中，相互连通的裂缝用裂缝网格来表示，裂缝网格块的体积和传导系数用裂缝网格相应的变量来计算；描述粒间孔隙的基质系统用并置的网格来表示，每一个网格块内的岩石基质又可以进一步被理想化为由正交的裂缝平面分割成的形状规则的多个基质。在标准的双孔模型中，一个网格内的所有基质由一个基质节点来表示，所有这些基质与裂缝的流体交换也用一个基质-裂缝流体交换项来描述，该基质节点的属性值（压力、温度、饱和度及组成）则取该网格内所有基质的平均值（图 5-3）。

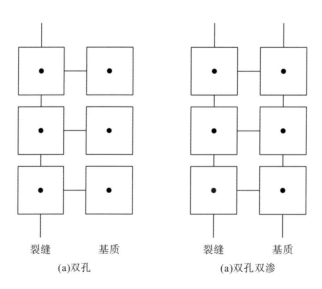

图 5-3　标准双孔模型和双孔双渗模型的基岩-裂缝示意图

5.1.2　高含硫裂缝性气藏储层综合伤害数学模型

由于高含硫裂缝性气藏在开发过程中流体相态变化特征和渗流特征极其复杂，因此，在利用数学方法建立数学模型研究硫微粒在多孔介质中的运移、沉积时，为了简化研究的复杂性，需要对研究对象作一定的合理假设。

1.模型基本假设条件

(1)气藏渗流为非等温过程；

(2)多孔介质中主要通过对流及热传导方式进行热量传递；

(3)只考虑高含硫气体和固态硫微粒两相，不考虑水相的影响；

(4)气体在多孔介质中的流动符合达西定律；

(5)气相中除含有烃组分外，还有一定含量的 $H_2S(CO_2)$ 组分以及元素硫组分；

(6)硫在天然气中的溶解主要受温度、压力以及气体组成的影响；

(7)地层原始状态下元素硫在气相中处于饱和状态；

(8)忽略多硫化氢分解的影响；

(9)忽略重力和毛管力的影响；

(10)储层内考虑裂缝网格与裂缝网格之间、基质与基质之间的流动以及裂缝与基质之间的流体交换，即储层为双孔双渗模型；

(11)气藏开采过程中，由于压力和近井地带温度降低导致的硫沉积会降低孔隙度和渗透率，同时应力变化致使裂缝趋于闭合也会导致孔隙度和渗透率的降低；

(12)岩石微可压缩；

(13)析出的硫微粒为固相，密度为常数；

(14)析出的固态硫以 8 个硫原子(S_8)的形式存在；

(15)气相中析出的微粒较小，能在多孔介质孔隙中流动；

(16)忽略硫微粒间的碰撞和聚集。

2.基本渗流微分方程

1)裂缝系统

气相连续性方程：

$$\nabla \cdot \left(\frac{\rho_g K_f}{\mu_g} \nabla p \right) + \Gamma_{gmf} + q_{gf} = \frac{\partial (\varphi_f S_{gf} \rho_g)}{\partial t} \tag{5-1}$$

固相连续性方程：

$$\nabla \cdot \left(\frac{\rho_s K_f}{\mu_g} \nabla p \right) + \nabla \cdot (\rho_s u_s) + \Gamma_{smf} + q_{sf} = \frac{\partial \left[(S_{gf} C_s + C_s' S_{gf} + S_{sf}) \varphi_f \right]}{\partial t} \tag{5-2}$$

气相能量守恒方程：

$$\nabla \cdot \left[\lambda_g S_{gf} \varphi_f \nabla T_g \right] + \nabla \cdot \left[\rho_g c_g S_{gf} V_g \varphi_f T_g \right] + r_r h (T_g - T_r) = \frac{\partial}{\partial t} \left[\rho_g c_g S_{gf} \varphi_f T_g \right] \tag{5-3}$$

岩石骨架能量守恒方程：

$$\nabla \cdot \left[\lambda_r \left(1 - \varphi_f \right) \nabla T_r \right] + r_r h \left(T_r - T_g \right) = \frac{\partial}{\partial t} \left[\rho_r c_r \left(1 - \varphi_f \right) T_r \right] \tag{5-4}$$

2）基质系统

气相连续性方程：

$$\nabla \cdot \left(\frac{\rho_g K_m}{\mu_g} \nabla p \right) - \Gamma_{gmf} = \frac{\partial (\varphi_m S_{gm} \rho_g)}{\partial t} \tag{5-5}$$

固相连续性方程：

$$\nabla \cdot \left(\frac{\rho_s K_m}{\mu_g} \nabla p \right) + \nabla \cdot (\rho_s u_s) - \Gamma_{smf} = \frac{\partial \left[(S_{gm} C_s + C_s' S_{gm} + S_{sm}) \varphi_m \right]}{\partial t} \tag{5-6}$$

气相能量守恒方程：

$$\nabla \cdot \left[\lambda_g S_{gm} \varphi_m \nabla T_g \right] + \nabla \cdot \left[\rho_g c_g S_{gm} V_g \varphi_m T_g \right] + r_r h \left(T_g - T_r \right) = \frac{\partial}{\partial t} \left[\rho_g c_g S_{gm} \varphi_m T_g \right] \tag{5-7}$$

岩石骨架能量守恒方程：

$$\nabla \cdot \left[\lambda_r \left(1 - \varphi_m \right) \nabla T_r \right] + r_r h \left(T_r - T_g \right) = \frac{\partial}{\partial t} \left[\rho_r c_r \left(1 - \varphi_m \right) T_r \right] \tag{5-8}$$

式中，φ_m——基质孔隙度，小数；

$\quad\quad \varphi_f$——裂缝孔隙度，小数；

$\quad\quad K_m$——基质渗透率，$10^{-3} \mu m^2$；

$\quad\quad K_f$——裂缝渗透率，$10^{-3} \mu m^2$；

$\quad\quad q_{gf}$、q_{sf}——源汇项；

$\quad\quad \Gamma_{gmf}$、Γ_{smf}——交换项；

$\quad\quad \rho_g$——气体密度，$kg \cdot m^{-3}$；

$\quad\quad \rho_s$——固体密度，$kg \cdot m^{-3}$；

$\quad\quad \mu_g$——气体黏度，$mPa \cdot s$；

$\quad\quad C_s$——溶解在气相中的硫微粒浓度，$g \cdot m^{-3}$；

$\quad\quad C_s'$——悬浮在气相中的硫微粒浓度，$g \cdot m^{-3}$；

$\quad\quad S_{gf}$——裂缝系统含气饱和度，小数；

$\quad\quad S_{gm}$——基质系统含气饱和度，小数；

$\quad\quad S_{sf}$——裂缝系统含硫饱和度，小数；

$\quad\quad S_{sm}$——基质系统含硫饱和度，小数；

$\quad\quad u_s$——微粒运移速度，$m \cdot s^{-1}$；

$\quad\quad \lambda_g$——气体导热系数，$W \cdot m^{-1} \cdot {}^{\circ}C^{-1}$；

$\quad\quad \lambda_r$——岩石骨架导热系数，$W \cdot m^{-1} \cdot {}^{\circ}C^{-1}$；

$\quad\quad T_g$——流体温度，${}^{\circ}C$；

$\quad\quad T_r$——岩石骨架温度，${}^{\circ}C$；

$\quad\quad r_r$——岩石比表面积，m^{-1}；

$\quad\quad h$——表面换热系数，$W \cdot m^{-2} \cdot {}^{\circ}C^{-1}$；

c_r——岩石比热，$\text{J} \cdot \text{kg}^{-1} \cdot \text{K}^{-1}$；

c_g——气体比热，$\text{J} \cdot \text{kg}^{-1} \cdot \text{K}^{-1}$；

ρ_r——岩石骨架密度，$\text{kg} \cdot \text{m}^{-3}$。

式(5-1)、式(5-2)中，$\varGamma_{gmf}$ 和 $\varGamma_{smf}$ 分别代表基质与裂缝之间由于压差引起的气固两相在单位时间、单位岩石体积内通过的质量流量。气固两相由于压差导致的交换项表达式分别为

$$\varGamma_{gmf} = \sigma \left(\frac{K}{\mu_g} \right)_u \left(p_{gm} - p_{gf} \right) \rho_g \tag{5-9}$$

$$\varGamma_{smf} = \sigma \left(\frac{K}{\mu_g} \right)_u \left(p_{gm} - p_{gf} \right) \rho_g^4 \exp \left(-\frac{4666}{T} - 4.5711 \right) \tag{5-10}$$

式中，下标 u——参数按"上游权"取值，即若流动从基岩到裂缝，则相应参数取基质中的值，反之，取裂缝中的值。

交换项中的 σ 为考虑单位体积中裂缝和基质接触面积的形状因子，可采用 Kazemi 等（1979，1976）的计算方法进行求取，即

$$\sigma = 4 \left(\frac{1}{L_x^2} + \frac{1}{L_y^2} + \frac{1}{L_z^2} \right) \tag{5-11}$$

式中，L_x、L_y、L_z——基质在 x、y、z 方向的尺寸。

3.模型补充方程

1)气流中硫微粒运移速度计算模型

忽略气流中硫微粒间的碰撞，假定在同一单元体中的硫微粒具有相同的速度。采用颗粒动力学方法来计算硫微粒在气流中的运移速度：

$$u_s = \sqrt{\frac{b}{a}} \left[\frac{1 + e^{4t\sqrt{ab}}}{1 - e^{4t\sqrt{ab}}} + 2\sqrt{\left(\frac{1 + e^{4t\sqrt{ab}}}{1 - e^{4t\sqrt{ab}}} \right)^2 - 1} \right] \tag{5-12}$$

其中，

$$a = \frac{\rho C_D \pi r_p^2}{2m_p} \qquad b = \frac{V_p}{m_p} \frac{\partial p}{\partial x}$$

式中，ρ——气固混合物密度，$\text{kg} \cdot \text{m}^{-3}$；

C_D——阻力系数，小数；

r_p——微粒直径，m；

V_p——孔隙体积，m^3；

m_p——微粒质量，kg。

2)硫微粒在酸气中的溶解度预测模型

硫微粒在酸性气体中的溶解度预测模型对模拟硫沉积对气藏生产动态的影响是十分重要的。对某一具体的气藏，利用实验方法确定硫微粒在酸性气体中的溶解度通常需要花费大量的时间，且实验的测试费用很高。因此，利用数学模型预测硫微粒在酸性气体中的溶解度就显得十分必要。例如，一些学者提出了基于热力学模型的状态方程来预测硫微粒在

酸性气体中的溶解度，然而，这些状态方程需要大量的实验数据来确定模型所需的参数。

通常采用 Chrastil(1982)提出的用来预测固相物质在高压气体中的溶解度的经验公式来预测硫微粒在酸性气体中的溶解度。

$$c=\rho_g^4 \exp\left(-\frac{4666}{T}-4.5711\right) \tag{5-13}$$

式中，c——硫在气相中的溶解度，$g\cdot m^{-3}$；

ρ_g——气体密度，$kg\cdot m^{-3}$；

T——温度，K。

3) 硫微粒沉降模型

高含硫裂缝性气藏在开采过程中，地层孔隙中析出的硫微粒不仅要随气流运移，同时由于颗粒密度和气相密度的差异，颗粒在气流中悬浮运移时，会存在一沉降速度，即当气流速度不足以携带颗粒运移时，颗粒会沉降在孔隙表面，然而，准确地描述微粒在多孔介质中的沉降是极其困难的。

本书采用下面的模型计算硫微粒在气相中的沉降速度：

$$u_{g,s}=\sqrt[3]{\frac{m_p D u_{mg}}{\phi(\lambda_g+\lambda_m m_p \phi)}} \tag{5-14}$$

式中，m_p——微粒质量，kg；

D——管道直径，m；

u_{mg}——气固混合物速度，$m\cdot s^{-1}$；

ϕ——微粒形状系数，小数；

λ_g——气体摩擦系数；

λ_m——固相颗粒间的摩擦系数。

式(5-14)是从能量角度推导得到的颗粒悬浮临界气流速度计算公式。当气流速度达到或超过该速度值时，颗粒将在气流中悬浮，并能随气流在多孔介质孔隙喉道中运移；反之，颗粒将沉降在孔隙喉道中。

4) 硫微粒在多孔介质中的吸附模型

气体吸附和硫微粒在多孔介质中吸附是高含硫天然气在地层中流动时普遍存在的现象。气藏模拟中一般采用 Langmuir 等温吸附模型来描述气体在多孔介质中的吸附现象。而对于高含硫气藏，在开采过程中随着地层压力的降低有硫微粒析出的现象，由于孔隙通道的迂曲性，悬浮的颗粒会与多孔介质孔隙表面碰撞接触，部分颗粒将被孔隙表面吸附，因而存在硫微粒在多孔介质表面的吸附问题。

本书采用 Ali 和 Islam(1997)根据表面能剩余理论建立的吸附模型来描述固态硫微粒在多孔介质表面的吸附，模型的数学表达式如下：

$$n_s'=\frac{m_s x_s S}{S x_s+(m_s/m_g)x_g} \tag{5-15}$$

式中，n_s'——固态硫微粒的吸附量；

m_s——硫微粒在吸附层中单位质量的质量数；

x_s——连续相中固相占混合体系中固相的质量百分数；

m_g——气在吸附层中单位质量的质量数；

x_g——连续相中气相占混合体系中气相的质量百分数；

S——选择性系数。

5) 孔隙度降低模型

高含硫裂缝性气藏在开采过程中，随着气体的产出，地层压力不断降低。同时，由于焦耳-汤姆逊效应，近井地带温度亦有不同程度的降低。热力学条件的改变致使硫微粒在气相中的溶解度逐渐减小，在达到临界饱和态后从气相中析出，并在储层孔隙及喉道中运移、沉积，导致地层孔隙度和渗透率降低。另外，地层压力的降低导致裂缝逐渐闭合，也会导致地层孔隙度和渗透率的降低。

假定析出的硫微粒的密度不随压力的变化而变化，因此，孔隙度降低模型为

$$\varphi = \varphi_0 - \Delta\varphi_s - \Delta\varphi_\sigma \tag{5-16}$$

其中，

$$\Delta\varphi_\sigma = \varphi_0 - \varphi_0 \exp\left[-b\left(p_0 - p\right)\right]$$

$$\Delta\varphi_s = \frac{V_s}{V}\times100\%$$

式中，$\Delta\varphi_s$——硫沉积导致的孔隙度减小值；

$\Delta\varphi_\sigma$——应力变化导致的孔隙度减小值；

b——原始地层压力时岩石孔隙压缩系数，MPa^{-1}；

p_0——原始地层压力，MPa；

p——目前地层压力，MPa；

V_s——地层孔隙中沉积的硫微粒体积，m^3；

V——地层孔隙体积，m^3。

6) 渗透率降低模型及微粒尺寸对渗透率的影响模型

岩石渗透率值代表了多孔介质中孔隙通道面积的大小和孔隙弯曲程度，因此，岩石渗透率的值仅取决于岩石的孔隙结构参数。高含硫裂缝性气藏开采过程中的硫沉积以及储层岩石的应力敏感性均会导致地层孔隙度和渗透率降低，即岩石的孔隙结构发生变化，因此岩石的渗透性也将因孔隙结构的变化而变化。

概括地讲，双重介质中裂缝渗透率的降低主要是由于孔隙度的降低造成的。本书采用 Carman-Kozeny 模型描述高含硫裂缝性气藏开采过程中硫沉积及裂缝闭合对孔隙度和渗透率的伤害，采用 McCabe 等 (2001) 提出的模型描述固相颗粒尺寸对渗透率的影响。渗透率综合降低模型不仅可以描述由于硫沉积和应力敏感而导致的孔隙度和渗透率的变化，而且还考虑了微粒的尺寸对渗透率的影响。

渗透率降低模型：

$$\frac{K}{K_0} = \left(\frac{\varphi}{\varphi_0}\right)^3 \frac{\left(1-\varphi_0\right)^2}{\left(1-\varphi\right)^2} \tag{5-17}$$

假定微粒为均匀的球状体，微粒尺寸对渗透率的影响模型为

$$K = \frac{d_p^2 g_c}{150} \frac{\varphi^3}{(1-\varphi)^2} \tag{5-18}$$

式中，φ_0——初始孔隙度；

$\quad\quad d_p$——微粒的直径，μm；

$\quad\quad g_c$——牛顿万有引力定律系数；

2.模型辅助方程

饱和度方程：

$$\begin{cases} S_{gf} + S_{sf} = 1 \\ S_{gm} + S_{sm} = 1 \end{cases} \tag{5-19}$$

天然气密度：

$$\rho_g = \rho_g[p, T, Z_i] \quad (i = 1, \cdots, n+1) \tag{5-20}$$

天然气黏度：

$$\mu_g = \mu_g[p, T, Z_i] \quad (i = 1, \cdots, n+1) \tag{5-21}$$

4.模型定解条件

为构建完整的高含硫裂缝性气藏储层综合伤害数学模型，并对其进行求解，尚需根据实际情况确定数学模型的定解条件，即边界条件和初始条件。数学模型的边界条件分为外边界条件和内边界条件两种。

1) 外边界条件

外边界条件是指裂缝性气藏几何边界在开采过程中所处的状态，常见的有两种类型，即定压外边界和定流量外边界。

(1) 定压外边界

定压外边界是指气藏外边界上的压力不随时间变化，可用如下表达式来描述：

$$p\big|_{\Omega,t} = \mathrm{const.} \tag{5-22}$$

式中，脚标 Ω——外边界。

(2) 定流量外边界

定流量外边界是指油藏外边界上流体流量不随时间变化，可表示为

$$\frac{\partial \Phi}{\partial n}\Big|_{\Omega,t} = \mathrm{const.} \tag{5-23}$$

式中，Φ——流体的势；

$\quad \dfrac{\partial \Phi}{\partial n}$——外边界上流体势关于外法线方向的导数。

当 $\dfrac{\partial \Phi}{\partial n}\big|_{\Omega,t} = 0$ 时，即为封闭外边界。

2) 内边界条件

(1) 近井地带温度处理

当气体从地层流入井筒时，近井地带的温度变化采用下述微分方程描述。

①地层：

$$\frac{\partial^2}{\partial r^2}T_g + \frac{1}{r}\frac{\partial}{\partial r}T_g = \left(\rho_g c_g\right)\frac{\partial T_g}{\partial t} \tag{5-24}$$

②井筒：

$$\frac{1}{r}\frac{\partial}{\partial r}\left(r\frac{\partial T_g}{\partial r}\right) + \frac{\partial^2 T_g}{\partial Z^2} - \rho_g c_g v_z T_g = \rho_g c_g \frac{\partial T_g}{\partial t} \tag{5-25}$$

温度控制微分方程组的定解条件如下。

①初始条件：

$$T_z\big|_{t=0} = a + gz \tag{5-26}$$

②地层边界条件：

$$T_z\big|_{r=r_b} = a + gz \tag{5-27}$$

式中，a——$z=0$ 处的地热温度，℃；

　　　g——地温梯度，℃/100m；

　　　z——深度，m。

③井筒和地层的动态耦合边界条件：

$$\begin{cases} h\left(T_g - T_b\right) = \lambda_r \frac{\partial T}{\partial r}\big|_{r=r_w} \\ T_g\big|_{r=r_w} = T_b\big|_{r=r_w} \end{cases} \tag{5-28}$$

式中，h——井筒与地层间的表面换热系数，$W \cdot m^{-2} \cdot ℃^{-1}$；

　　　T_g——井筒和地层耦合边界处的流体温度，℃；

　　　T_b——井筒和地层耦合边界处的地层温度，℃。

(2) 源汇项处理

井的内边界条件是从井的工作制度出发，给定生产井井底流动压力或产油量、产液量，给定注入井注入量或注入压力。

①定流量条件

定流量条件是指生产井在模拟过程中的产量是已知的。其数学表达式可写为

$$q\big|_{r=r_w} = \text{const.} \tag{5-29}$$

高含硫裂缝性气藏气井产量公式采用下式进行计算：

$$p_e^2 - p_{wf}^2 = \frac{q_{sc}\overline{T}\overline{\mu Z}}{774.6h}\sum_{i=1}^{i}\left[\ln\left(\frac{r_{i+1}}{r_i}\right)\Big/K_i\right] + \frac{2.162\times10^{-10}\gamma_g \overline{Z}Tq_{sc}^2}{h^2}\sum_{i=1}^{i}\left[\left(\frac{1}{r_i} - \frac{1}{r_{i+1}}\right)\Big/K_i^{1.5}\right] \tag{5-30}$$

②定压力条件

定压力条件是指生产井在模拟过程中的井底压力是已知。其数学表达式为

$$p\big|_{r=r_w} = \text{const.} \tag{5-31}$$

3) 初始条件

初始条件是指在给定的初始时刻($t=0$)，油气藏各空间点上的参数(如压力、饱和度、温度)分布情况。

$$p(x,y,z,t)\big|_{t=0} = p_0(x,y,z)$$
$$S(x,y,z,t)\big|_{t=0} = S_0(x,y,z)$$
(5-32)

对于本书研究的高含硫裂缝性气藏，假定模型在初始时刻处于静平衡状态，即各处的压力均满足平衡条件，其表达式为

$$p(x,y,z,0) = p_0$$
(5-33)

流体主要以气相为主，初始时刻没有硫沉积现象产生，即

$$\begin{cases} S_{\text{sm}}=0; & S_{\text{sf}}=0 \\ S_{\text{gm}}=0; & S_{\text{gf}}=0 \end{cases}$$
(5-34)

气藏的初始温度是气藏深度和地温梯度以及空间位置的函数：

$$T(x,y,z,h,g)\big|_{t=0} = T_0(x,y,z,h,g)$$
(5-35)

5.1.3 数值模型

采用有限差分方法对上述高含硫裂缝性气藏储层综合伤害数学模型进行数值化近似，从而建立可以求解的数值模型。

推导整理后得到裂缝系统气相差分方程的线性方程为

$$
\begin{aligned}
&T_{\text{gf},\,i+\frac{1}{2}}\delta p_{i+1} + T_{\text{gf},\,i-\frac{1}{2}}\delta p_{i-1} + T_{\text{gf},\,j+\frac{1}{2}}\delta p_{j+1} + T_{\text{gf},\,j-\frac{1}{2}}\delta p_{j-1} + T_{\text{gf},\,k+\frac{1}{2}}\delta p_{k+1} + T_{\text{gf},\,k-\frac{1}{2}}\delta p_{k-1} \\
&- \left[\left(T_{\text{gf},\,i+\frac{1}{2}} + T_{\text{gf},\,i-\frac{1}{2}}\right)\delta p_i + \left(T_{\text{gf},\,j+\frac{1}{2}} + T_{\text{gf},\,j-\frac{1}{2}}\right)\delta p_j + \left(T_{\text{gf},\,k+\frac{1}{2}} + T_{\text{gf},\,k-\frac{1}{2}}\right)\delta p_k \right] \\
&+ T_{\text{gf},\,i+\frac{1}{2}}(p_{i+1}^n - p_i^n) + T_{\text{gf},\,i-\frac{1}{2}}(p_{i-1}^n - p_i^n) + T_{\text{gf},\,j+\frac{1}{2}}(p_{j+1}^n - p_j^n) \\
&+ T_{\text{gf},\,j-\frac{1}{2}}(p_{j-1}^n - p_j^n) + T_{\text{gf},\,k+\frac{1}{2}}(p_{k+1}^n - p_k^n) + T_{\text{gf},\,k-\frac{1}{2}}(p_{k-1}^n - p_k^n) \\
&+ V_{i,j,k}\left(\Gamma_{\text{gmf}}\right)_{i,j,k} + V_{i,j,k}\left(q_{\text{gf}}\right)_{i,j,k} \\
&= \frac{V_{i,j,k}}{\Delta t}\left(\varphi_f \rho_g^n p S_{\text{gf}} + S_{\text{gf}}^n \varphi_f \frac{\partial \rho_g}{\partial p}\delta p \right)
\end{aligned}
$$
(5-36)

裂缝系统固相差分方程的线性方程为

$$
\begin{aligned}
&T_{\text{sf},\,i+\frac{1}{2}}\delta p_{i+1} + T_{\text{sf},\,i-\frac{1}{2}}\delta p_{i-1} + T_{\text{sf},\,j+\frac{1}{2}}\delta p_{j+1} + T_{\text{sf},\,j-\frac{1}{2}}\delta p_{j-1} + T_{\text{sf},\,k+\frac{1}{2}}\delta p_{k+1} + T_{\text{sf},\,k-\frac{1}{2}}\delta p_{k-1} \\
&- \left[\left(T_{\text{sf},\,i+\frac{1}{2}} + T_{\text{sf},\,i-\frac{1}{2}}\right)\delta p_i + \left(T_{\text{sf},\,j+\frac{1}{2}} + T_{\text{sf},\,j-\frac{1}{2}}\right)\delta p_j + \left(T_{\text{sf},\,k+\frac{1}{2}} + T_{\text{sf},\,k-\frac{1}{2}}\right)\delta p_k \right] \\
&+ T_{\text{sf},\,i+\frac{1}{2}}(p_{i+1}^n - p_i^n) + T_{\text{sf},\,i-\frac{1}{2}}(p_{i-1}^n - p_i^n) + T_{\text{sf},\,j+\frac{1}{2}}(p_{j+1}^n - p_j^n) \\
&+ T_{\text{sf},\,j-\frac{1}{2}}(p_{j-1}^n - p_j^n) + T_{\text{sf},\,k+\frac{1}{2}}(p_{k+1}^n - p_k^n) + T_{\text{sf},\,k-\frac{1}{2}}(p_{k-1}^n - p_k^n) \\
&+ f_i \rho_s(u_{\text{s},i+1}^n - u_{\text{s},i}^n) + f_j \rho_s(u_{\text{s},j+1}^n - u_{\text{s},j}^n) + f_k \rho_s(u_{\text{s},k+1}^n - u_{\text{s},k}^n) \\
&+ V_{i,j,k}\left(\Gamma_{\text{smf}}\right)_{i,j,k} + V_{i,j,k}\left(q_{\text{sf}}\right)_{i,j,k} \\
&= \frac{V_{i,j,k}}{\Delta t}\left(\varphi_f S_{\text{gf}}^n \frac{\partial C_s}{\partial p}\delta p + \varphi_f C_s^n \delta S_{\text{gf}} + \varphi_f S_{\text{gf}}^n \frac{\partial C_s'}{\partial p}\delta p + \varphi_f C_s'^n \delta S_{\text{gf}} + \varphi_f \delta S_{\text{sf}} \right)
\end{aligned}
$$
(5-37)

基质系统气相差分方程的线性方程为

$$
T_{\mathrm{gm},\,i+\frac{1}{2}}\delta p_{i+1}+T_{\mathrm{gm},\,i-\frac{1}{2}}\delta p_{i-1}+T_{\mathrm{gm},\,j+\frac{1}{2}}\delta p_{j+1}+T_{\mathrm{gm},\,j-\frac{1}{2}}\delta p_{j-1}+T_{\mathrm{gm},\,k+\frac{1}{2}}\delta p_{k+1}+T_{\mathrm{gm},\,k-\frac{1}{2}}\delta p_{k-1}
$$

$$
-\left[\left(T_{\mathrm{gm},\,i+\frac{1}{2}}+T_{\mathrm{gm},\,i-\frac{1}{2}}\right)\delta p_i+\left(T_{\mathrm{gm},\,j+\frac{1}{2}}+T_{\mathrm{gm},\,j-\frac{1}{2}}\right)\delta p_j+\left(T_{\mathrm{gm},\,k+\frac{1}{2}}+T_{\mathrm{gm},\,k-\frac{1}{2}}\right)\delta p_k\right]
$$

$$
+T_{\mathrm{gm},\,i+\frac{1}{2}}(p_{i+1}^n-p_i^n)+T_{\mathrm{gm},\,i-\frac{1}{2}}(p_{i-1}^n-p_i^n)+T_{\mathrm{gm},\,j+\frac{1}{2}}(p_{j+1}^n-p_j^n) \tag{5-38}
$$

$$
+T_{\mathrm{gm},\,j-\frac{1}{2}}(p_{j-1}^n-p_j^n)+T_{\mathrm{gm},\,k+\frac{1}{2}}(p_{k+1}^n-p_k^n)+T_{\mathrm{gm},\,k-\frac{1}{2}}(p_{k-1}^n-p_k^n)-V_{i,j,k}\left(\varGamma_{\mathrm{gmf}}\right)_{i,j,k}
$$

$$
=\frac{V_{i,j,k}}{\Delta t}\left(\varphi_{\mathrm{m}}\rho_{\mathrm{g}}^n\delta S_{\mathrm{gm}}+S_{\mathrm{gm}}^n\varphi_{\mathrm{m}}\frac{\partial\rho_{\mathrm{g}}}{\partial p}\delta p\right)
$$

基质系统固相差分方程的线性方程为

$$
T_{\mathrm{sm},\,i+\frac{1}{2}}\delta p_{i+1}+T_{\mathrm{sm},\,i-\frac{1}{2}}\delta p_{i-1}+T_{\mathrm{sm},\,j+\frac{1}{2}}\delta p_{j+1}+T_{\mathrm{sm},\,j-\frac{1}{2}}\delta p_{j-1}+T_{\mathrm{sm},\,k+\frac{1}{2}}\delta p_{k+1}+T_{\mathrm{sm},\,k-\frac{1}{2}}\delta p_{k-1}
$$

$$
-\left[\left(T_{\mathrm{sm},\,i+\frac{1}{2}}+T_{\mathrm{sm},\,i-\frac{1}{2}}\right)\delta p_i+\left(T_{\mathrm{sm},\,j+\frac{1}{2}}+T_{\mathrm{sm},\,j-\frac{1}{2}}\right)\delta p_j+\left(T_{\mathrm{sm},\,k+\frac{1}{2}}+T_{\mathrm{sm},\,k-\frac{1}{2}}\right)\delta p_k\right]
$$

$$
+T_{\mathrm{sm},\,i+\frac{1}{2}}(p_{i+1}^n-p_i^n)+T_{\mathrm{sm},\,i-\frac{1}{2}}(p_{i-1}^n-p_i^n)+T_{\mathrm{sm},\,j+\frac{1}{2}}(p_{j+1}^n-p_j^n) \tag{5-39}
$$

$$
+T_{\mathrm{sm},\,j-\frac{1}{2}}(p_{j-1}^n-p_j^n)+T_{\mathrm{sm},\,k+\frac{1}{2}}(p_{k+1}^n-p_k^n)+T_{\mathrm{sm},\,k-\frac{1}{2}}(p_{k-1}^n-p_k^n)
$$

$$
+f_i\rho_{\mathrm{s}}(u_{\mathrm{s},i+1}^n-u_{\mathrm{s},i}^n)+f_j\rho_{\mathrm{s}}(u_{\mathrm{s},j+1}^n-u_{\mathrm{s},j}^n)+f_k\rho_{\mathrm{s}}(u_{\mathrm{s},k+1}^n-u_{\mathrm{s},k}^n)-V_{i,j,k}\left(\varGamma_{\mathrm{smf}}\right)_{i,j,k}
$$

$$
=\frac{V_{i,j,k}}{\Delta t}\left(\varphi_{\mathrm{m}}S_{\mathrm{gm}}^n\frac{\partial C_{\mathrm{s}}}{\partial p}\delta p+\varphi_{\mathrm{m}}C_{\mathrm{s}}^n\delta S_{\mathrm{gm}}+\varphi_{\mathrm{m}}S_{\mathrm{gm}}^n\frac{\partial C_{\mathrm{s}}'}{\partial p}\delta p+\varphi_{\mathrm{m}}C_{\mathrm{s}}''^n\delta S_{\mathrm{gm}}+\varphi_{\mathrm{m}}\delta S_{\mathrm{sm}}\right)
$$

裂缝系统流体温度控制方程的线性方程为

$$
\Delta C_{\mathrm{gf}}^l\Delta T_{\mathrm{g}}^l+\Delta C_{\mathrm{gf}}^l\Delta\overline{\delta}T_{\mathrm{g}}+\Delta\frac{\partial C_{\mathrm{gf}}}{\partial S_{\mathrm{gf}}}\overline{\delta}S_{\mathrm{gf}}\Delta T_{\mathrm{g}}^l+\Delta\frac{\partial C_{\mathrm{gf}}}{\partial p}\overline{\delta}p\Delta T_{\mathrm{g}}^l+\Delta C_{\mathrm{gvf}}^l\Delta T_{\mathrm{g}}^l+\Delta C_{\mathrm{gvf}}^l\Delta\overline{\delta}T_{\mathrm{g}}
$$

$$
+\Delta\frac{\partial C_{\mathrm{gvf}}}{\partial p}\overline{\delta}p\Delta T_{\mathrm{g}}^l+\Delta\frac{\partial C_{\mathrm{gvf}}}{\partial S_{\mathrm{gf}}}\overline{\delta}S_{\mathrm{gf}}\Delta T_{\mathrm{g}}^l+r_rh\left(T_{\mathrm{g}}-T_{\mathrm{r}}\right) \tag{5-40}
$$

$$
=\frac{V_{i,j,k}}{\Delta t}\left[\left(\rho_{\mathrm{g}}c_{\mathrm{g}}S_{\mathrm{gf}}\varphi_{\mathrm{f}}T_{\mathrm{g}}\right)^{l+1}-\left(\rho_{\mathrm{g}}c_{\mathrm{g}}S_{\mathrm{gf}}\varphi_{\mathrm{f}}T_{\mathrm{g}}\right)^n+\left(\varphi_{\mathrm{f}}\rho_{\mathrm{g}}\right)^l\left(T_{\mathrm{g}}^l\overline{\delta}S_{\mathrm{gf}}+S_{\mathrm{gf}}^l\overline{\delta}T_{\mathrm{g}}\right)+S_{\mathrm{gf}}^lT_{\mathrm{g}}^l\left(\rho_{\mathrm{g}}^l\frac{\partial\varphi_{\mathrm{f}}}{\partial p}+\varphi_{\mathrm{f}}^l\frac{\partial\rho_{\mathrm{g}}}{\partial p}\right)\overline{\delta}P\right]
$$

裂缝系统岩石温度控制方程的线性方程为

$$
\Delta C_{\mathrm{gf}}^l\Delta T_{\mathrm{r}}^l+\Delta C_{\mathrm{gf}}^l\Delta\overline{\delta}T_{\mathrm{r}}+\Delta\frac{\partial C_{\mathrm{rf}}}{\partial p}\overline{\delta}p\Delta T_{\mathrm{r}}^l+r_rh\left(T_{\mathrm{r}}-T_{\mathrm{g}}\right)
$$

$$
=\frac{V_{i,j,k}}{\Delta t}\left\{\left[\rho_{\mathrm{r}}c_{\mathrm{r}}\left(1-\varphi_{\mathrm{f}}\right)T_{\mathrm{r}}\right]^{l+1}-\left[\rho_{\mathrm{r}}c_{\mathrm{r}}\left(1-\varphi_{\mathrm{f}}\right)T_{\mathrm{r}}\right]^n+\left(1-\varphi_{\mathrm{f}}^l\right)\overline{\delta}T_{\mathrm{r}}-\overline{\delta}\varphi_{\mathrm{f}}T_{\mathrm{r}}^l\right\} \tag{5-41}
$$

基质系统流体温度控制方程的线性方程为

$$
\Delta C_{\mathrm{gm}}^l\Delta T_{\mathrm{g}}^l+\Delta C_{\mathrm{gm}}^l\Delta\overline{\delta}T_{\mathrm{g}}+\Delta\frac{\partial C_{\mathrm{gm}}}{\partial S_{\mathrm{gm}}}\overline{\delta}S_{\mathrm{gm}}\Delta T_{\mathrm{g}}^l+\Delta\frac{\partial C_{\mathrm{gm}}}{\partial p}\overline{\delta}p\Delta T_{\mathrm{g}}^l+\Delta C_{\mathrm{gvm}}^l\Delta T_{\mathrm{g}}^l+\Delta C_{\mathrm{gvm}}^l\Delta\overline{\delta}T_{\mathrm{g}}
$$

$$
+\Delta\frac{\partial C_{\mathrm{gvm}}}{\partial p}\overline{\delta}p\Delta T_{\mathrm{g}}^l+\Delta\frac{\partial C_{\mathrm{gvm}}}{\partial S_{\mathrm{gm}}}\overline{\delta}S_{\mathrm{gm}}\Delta T_{\mathrm{g}}^l+r_rh\left(T_{\mathrm{g}}-T_{\mathrm{r}}\right) \tag{5-42}
$$

$$
=\frac{V_{i,j,k}}{\Delta t}\left[\left(\rho_{\mathrm{g}}c_{\mathrm{g}}S_{\mathrm{gm}}\varphi_{\mathrm{m}}T_{\mathrm{g}}\right)^{l+1}-\left(\rho_{\mathrm{g}}c_{\mathrm{g}}S_{\mathrm{gm}}\varphi_{\mathrm{m}}T_{\mathrm{g}}\right)^n+\left(\varphi_{\mathrm{m}}\rho_{\mathrm{g}}\right)^l\left(T_{\mathrm{g}}^l\overline{\delta}S_{\mathrm{gm}}^l+S_{\mathrm{gm}}^l\overline{\delta}T_{\mathrm{g}}\right)+S_{\mathrm{gm}}^lT_{\mathrm{g}}^l\left(\rho_{\mathrm{g}}^l\frac{\partial\varphi_{\mathrm{m}}}{\partial p}+\varphi_{\mathrm{m}}^l\frac{\partial\rho_{\mathrm{g}}}{\partial p}\right)\overline{\delta}p\right]
$$

基质系统岩石温度控制方程的线性方程为

$$\Delta C_{\mathrm{gm}}^{l}\Delta T_{\mathrm{r}}^{l}+\Delta C_{\mathrm{gm}}^{l}\Delta\overline{\delta}T_{\mathrm{r}}+\Delta\frac{\partial C_{\mathrm{rm}}}{\partial p}\overline{\delta}p\Delta T_{\mathrm{r}}^{l}$$

$$=\frac{V_{i,j,k}}{\Delta t}\left\{\left[\rho_{\mathrm{r}}c_{\mathrm{r}}\left(1-\varphi_{\mathrm{m}}\right)T_{\mathrm{r}}\right]^{l+1}-\left[\rho_{\mathrm{r}}c_{\mathrm{r}}\left(1-\varphi_{\mathrm{m}}\right)T_{\mathrm{r}}\right]^{n}+\left(1-\varphi_{\mathrm{m}}^{l}\right)\overline{\delta}T_{\mathrm{r}}-\overline{\delta}\varphi_{\mathrm{m}}T_{\mathrm{r}}^{l}\right\}$$

(5-43)

1.线性方程组求解

本书采用超松弛迭代方法对线性代数方程组求解。超松弛迭代方法是在 Gauss-Seidel 迭代方法基础上发展起来的进一步加快收敛速度的方法,在油藏数值模拟方面得到了非常广泛的应用。

2.模型求解程序框图

以所建立的高含硫裂缝性气藏数值模型为基础,利用 VB 语言编制了计算该数值模型的计算程序,程序的结构流程图如图 5-4 所示。

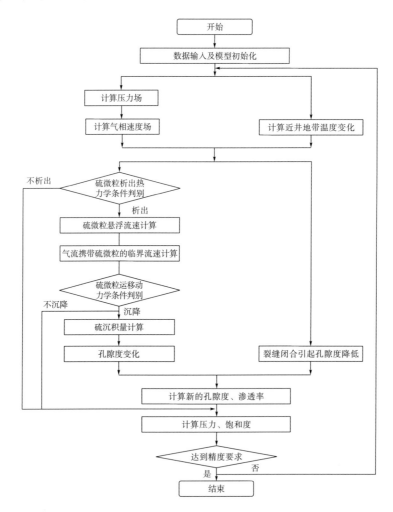

图 5-4 高含硫裂缝性气藏储层综合伤害数学模型求解框图

5.1.4 模型可靠性验证

为了验证本书模型的正确性，以 Roberts(1997)论文中的高含硫气藏为例，将本书模型计算结果与其进行对比分析。

Waterton 气田位于加拿大阿尔伯达西南部的落基山脉前麓。Waterton 气田属于碳酸盐岩高含硫气藏(H_2S 含量为 16.1%)，地质储量是 $10\times10^{11}m^3$，储层平均厚度为 675m，储层物性参数较差(孔隙度为 3%～4%，渗透率为 $0.05\times10^{-3}\mu m^2$)。Alberta 硫磺研究公司通过井底取样分析得出该气藏初始元素硫含量是 $0.27g\cdot m^{-3}$，部分区域出现硫沉积导致气井产量在短期内大幅下降的现象。本书选用了一硫沉积较为严重的区块进行研究，气藏基本参数见表 5-1，井流物组成见表 5-2，模拟计算结果对比见图 5-5。

表 5-1　Waterton 气藏基本参数

参数	数值	参数	数值
地层温度/℃	81	有效厚度/m	26
地层压力/MPa	36.6	孔隙度	0.04
初始含气饱和度/%	100	渗透率/($10^{-3}\mu m^2$)	0.70
初始元素硫浓度/($g\cdot m^{-3}$)	0.27	模拟面积/km^2	7.065

表 5-2　井流物组成分析

组分	摩尔含量/%	组分	摩尔含量/%
N_2	2.31	C_1	79.04
H_2S	16.1	C_2	0.28
CO_2	2.02	C_{3+}	0.25

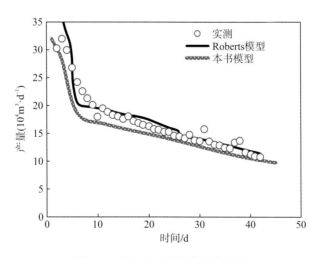

图 5-5　硫沉积对产量的影响对比

5.1.5 实例应用

以 X 高含硫气田为例进行实例分析。X 气田位于四川省宣汉县境内,地表属中-低山区,地面海拔 300~900m,年平均气温 13.4℃。乡村公路纵横交错,交通便利,便于气田的勘探和开发(图 5-6)。构造上介于大巴山推覆带前缘褶断带与川中平缓褶皱带之间,属于川东断褶带东北段双石庙—X 高含硫气田 NE 向构造带上的一个鼻状构造。

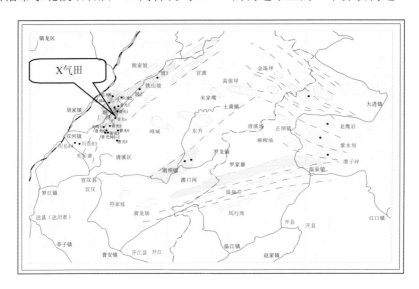

图 5-6 X 气田构造地理位置

1.X 气田地质概况

X 构造飞仙关-长兴组气藏属于海相碳酸盐岩高含 H_2S-CO_2 气藏,储集层主要是与鲕滩、礁滩相有关的各种颗粒岩、鲕滩岩等粗粒结构的沉积物,是在经历了同生期白云石化、溶蚀作用、混合水白云化、埋藏白云化和埋藏溶蚀、构造破裂等有利成岩作用改造后形成的。不稳定试井解释结果表明,飞仙关组-长兴组气藏为常压气藏,飞仙关组气藏主要表现为单一渗流介质特征,长兴组气藏局部发育裂缝、多表现为双重介质特征、储层非均质性较强,完井过程中均存在不同程度的污染。

截止到 2008 年 10 月,X 气田主体共上报探明天然气地质储量 $2782.95 \times 10^8 m^3$。X3 区块气-水界面海拔-4990m,X2 区块气-水界面在海拔-5229m。T_1f_{1-2} 层段地层压力为 55.2MPa,地层温度为 120℃。X2 区块有效厚度为 239.9m,X3 区块有效厚度为 117.4m。通过取样分析表明,储层整体上物性较好。其中,飞仙关组以中孔中渗、高孔高渗储层为主,孔隙度为 0.94%~25.22%,平均为 8.11%;渗透率为 $0.0112 \sim 3354.69 \times 10^{-3} \mu m^2$,平均值为 $94.42 \times 10^{-3} \mu m^2$。长兴组以高中孔、高渗储层为主,孔隙度为 1.11%~23.05%,平均孔隙度为 7.08%,渗透率变化较大,为 $0.0183 \sim 9664.887 \times 10^{-3} \mu m^2$,大于 $1.0 \times 10^{-3} \mu m^2$ 的样品占 62%。

2.流体性质

X 气田流体以甲烷为主，属于高含 H_2S、中含 CO_2 的干气藏，不同部位天然气组分十分相似，井与井之间、飞仙关组与长兴组间无明显差异。其中，甲烷含量为 71.03%～77.91%，平均含量为 74.99%；乙烷含量小，平均仅为 0.09%；天然气相对密度为 0.7199～0.7735，平均为 0.7427；H_2S 含量为 11.42%～17.05%，平均含量为 14.28%；CO_2 含量为 7.77%～14.25%，平均含量为 10.02%。例如，X6 井地层温度为 120.0℃，地层压力为 55.17MPa，流体井流物组成见表 5-3。

表 5-3　X6 井井流物组成分析

组分	组成/(mol%)
H_2S	14.99
N_2	0.43
He	0.01
H_2	0.01
CO_2	8.93
C_1	75.61
C_2	0.02
C_3～C_{7+}	0.00

3.地质模型的建立

为了研究硫沉积、储层应力敏感性导致的裂缝闭合及近井地带温度变化对气藏生产动态的影响，本书选取了长兴组气藏中 X 井所在的一部分含气区域进行研究，并假定生产井在该含气区域的中部，模拟区域基本参数见表 5-4，网格划分见表 5-5，对生产井所在网格进行了 10×10 加密，模拟区域的平面网格分布见图 5-7。

表 5-4　模拟区域基本参数

参数	数值
地层温度/℃	120
地层压力/MPa	55.17
储集层厚度/m	100
裂缝孔隙度，小数	0.012
基质孔隙度，小数	0.078
渗透率/($10^{-3}\mu m^2$)	1.68
模拟区域/km^2	6.25
应力敏感指数，小数	0.003
岩石比热/($kJ \cdot kg^{-1} \cdot ℃^{-1}$)	0.92
岩石导热系数/($kJ \cdot m^{-1} \cdot min^{-1} \cdot ℃^{-1}$)	0.097
气体比热/($kJ \cdot kg^{-1} \cdot ℃^{-1}$)	1.238
气体导热系数/($kJ \cdot m^{-1} \cdot min^{-1} \cdot ℃^{-1}$)	0.0446

表 5-5 模拟区域的网格划分

网格总数	网格维数	网格步长/m		模拟区域面积/km²
		I 方向	J 方向	
625	25×25×1	100	100	6.25

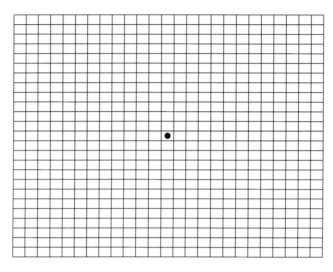

图 5-7 模拟区域的平面网格分布

4.计算结果分析

在定产量生产条件下，分别模拟计算了硫沉积、裂缝闭合及近井地带温度变化对生产动态的影响，以及生产时间、气井产量和初始渗透率大小对渗透率变化的影响。

从图 5-8～图 5-11 可以看出，硫沉积、裂缝闭合及近井地带温度变化对气井生产造成的影响主要有：

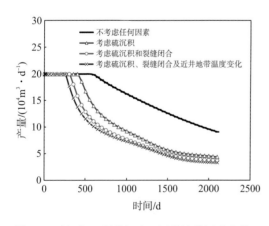

图 5-8 硫沉积、裂缝闭合及近井地带温度变化对气井产量的影响

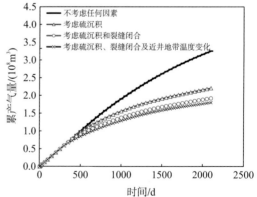

图 5-9 硫沉积、裂缝闭合及近井地带温度变化对累产气量的影响

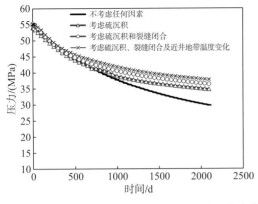
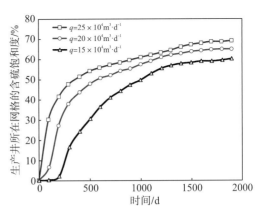

图 5-10　硫沉积、裂缝闭合及近井地带温度变化　　图 5-11　产量对硫沉积速度的影响对比曲线
对地层压力的影响

(1)气井的稳产时间缩短。不考虑任何因素时，模拟计算的气井稳产时间是 550d；假设有硫沉积影响时，模拟计算的稳产时间是 400d，稳产期缩短了 27.3%；考虑硫沉积和裂缝闭合时，模拟计算的稳产时间是 300d，稳产时间缩短了 45.5%；同时考虑硫沉积、裂缝闭合及近井地带温度变化时，模拟得到的稳产时间是 250d，稳产时间缩短了 54.5%。以上结果表明，硫沉积、裂缝闭合及近井地带温度变化会对高含硫裂缝性气藏生产动态造成一定的影响。

(2)气井产量在递减期内的递减速度加快。不考虑任何因素影响时，气井产量在递减期内的递减速度平缓；当考虑硫沉积时，气井产量在递减期内递减速度加快；考虑硫沉积和裂缝闭合时，递减速度进一步加快；同时考虑硫沉积、裂缝闭合及近井地带温度变化导致气井在进入递减期后产量大幅降低，递减速度最快。

(3)累产气量降低。不考虑任何因素时，模拟计算的累产气量为 $3.25 \times 10^8 m^3$；当考虑硫沉积时，模拟计算的累产气量为 $2.21 \times 10^8 m^3$，累计产气量降低了 32%；考虑硫沉积与应力敏感时，累产气量为 $1.92 \times 10^8 m^3$，下降了 40.9%；同时考虑硫沉积、裂缝闭合及近井地带温度变化时，累产气量为 $1.81 \times \times 10^8 m^3$，降低幅度达到了 55.5%，表明硫沉积、裂缝闭合及近井地带温度变化会严重影响气田开发效果。

(4)从图 5-8 和图 5-9 可以看出，硫沉积对气井生产动态影响最大，裂缝闭合次之，温度对其影响最小。

(5)地层压力下降缓慢。由于硫沉积、裂缝闭合及近井地带温度变化严重影响气井生产动态及气田开发效果，致使生产期末累产气量下降，地层能量未得到充分利用。因此，当不考虑硫沉积、裂缝闭合及近井地带温度变化时地层压力下降最快，同时考虑三种因素时地层压力下降最慢。

(6)气井产量越大，地层的压降也越大，从而导致硫沉积速度越大，对气井产量的影响越大。因此，考虑气井的稳产期及气藏采收率、合理配产对预防和控制硫沉积具有重要意义，同时也是科学、高效地开发高含硫气藏的关键。

图 5-12 为气井定产量$(20 \times 10^4 m^3 \cdot d^{-1})$生产条件下，模拟计算的生产时间对渗透率变化的影响，从图中可以得出以下结论：

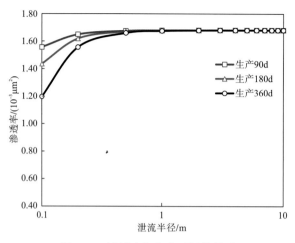

图 5-12　渗透率与生产时间的关系

(1)在相同径向距离条件下，且池流半径小于 1m 时，生产时间越长，硫沉积对渗透率影响越大。这是由于当压力降至硫在气相中的临界饱和度所对应的压力后，只要气井生产，压力的降低就会导致硫从气相中析出。

(2)硫沉积主要发生在近井地带。硫微粒主要在近井区域沉积的原因主要有两方面：一方面，由于在近井区域压降较大，导致析出的硫微粒较多，同时气流中携带的硫微粒运移至该区域，使得硫微粒的浓度增加；另一方面，虽然近井区域气流的流速较快，但由于硫微粒浓度较大，高速流动的气流加剧了微粒与多孔介质孔隙壁面的碰撞，致使微粒的能量在碰撞过程中不断损失，由于多孔介质孔隙表面对硫微粒的吸附作用，导致硫微粒最终以"沉降"的方式被吸附、沉积在孔隙表面。

(3)在远井区域硫沉积现象较弱。远井区域硫沉积较弱的原因主要是：一方面，由于远井区域压降较小，从而导致硫在气相中的溶解度变化不大；另一方面，由于气体流动能携带部分硫微粒在多孔介质孔隙中运移，因此在这些区域虽然也会存在硫沉积现象，但程度较弱。

从图 5-13～图 5-17 中可以得出：相同条件下，地层初始渗透率(K_a)越低，渗透率降低幅度越大。这是由于在相同产量下，地层初始渗透率越低，所需生产压差越大，地层压

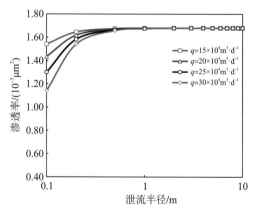

图 5-13　渗透率与产量的关系(K_a=1.68mD)

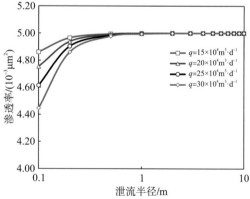

图 5-14　渗透率与产量的关系(K_a=5mD)

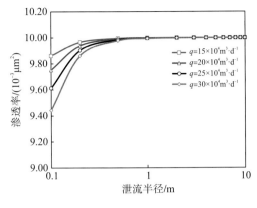

图 5-15　渗透率与产量的关系(K_a=10mD)　　　图 5-16　渗透率与产量的关系(K_a=12.8mD)

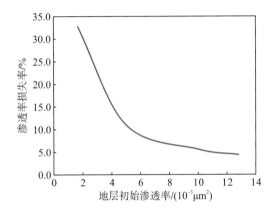

图 5-17　渗透率损失率随地层初始渗透率的变化

力下降越快，使得硫微粒在气相中的溶解度变化较大，致使更多的硫微粒从气相中析出，从而导致硫沉积量越大，对储层伤害程度越大。

从图 5-18 和图 5-19 可以看出：气井产量越大，近井地带温降越大。这是由于产量越大，所需生产压差越大，即节流前后压差越大，根据焦耳-汤姆逊效应可知节流前后温降越大，且温降与气井产量呈线性关系变化。

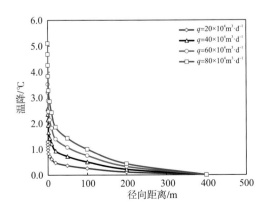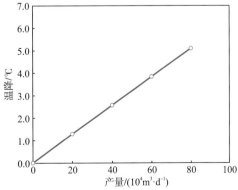

图 5-18　气井产量对近井地带温度变化的影响　　　图 5-19　气井产量对井底温度变化的影响

以上模拟计算结果表明：硫沉积、裂缝闭合及近井地带温度变化对高含硫裂缝性气藏储层物性参数以及气井生产动态的影响较为显著，不考虑硫沉积、裂缝闭合及近井地带温度变化将导致预测的产量、采收率等开发指标偏高。因此，高含硫裂缝性气藏在进行开发方案编制、生产动态测时应充分考虑硫沉积、裂缝闭合及近井地带温度变化的影响，以便能更加准确地指导高含硫裂缝性气藏的合理、高效开发。

研究成果为高含硫裂缝性气藏气井合理配产、开发动态指标预测、气藏开发及调整方案的编制和实施以及产能建设提供了科学的理论依据，同时，对提高高含硫裂缝性气藏开发的可预见性、深入研究高含硫裂缝性气藏开采机理、指导高含硫裂缝性气藏科学、合理、高效开发也具有重要的意义。

5.2 考虑液态硫影响的高含硫双重介质气藏气-液渗流机理研究

5.2.1 气藏气-液渗流数学模型建立及求解

由于高含硫裂缝性气藏在开发过程中流体相态变化特征和渗流特征极其复杂，为了简化研究的复杂性，需要对研究对象作一定的合理假设。

1.模型基本假设条件

(1)气藏渗流为等温过程；

(2)只考虑高含硫气体和液态硫两相，不考虑水相的影响；

(3)气体在多孔介质中的流动符合达西定律；

(4)气相中除含有烃组分外，还有一定含量的 $H_2S(CO_2)$ 组分以及元素硫组分；

(5)硫在天然气中的溶解主要受温度、压力以及气体组成的影响；

(6)地层原始状态下元素硫在气相中处于饱和状态；

(7)忽略多硫化氢分解的影响；

(8)忽略重力和毛管力的影响；

(9)储层内考虑裂缝网格与裂缝网格之间、基质与基质之间的流动以及裂缝与基质之间的流体交换，即储层为双孔单渗模型；

(10)气藏开采过程中，由于压力和近井地带温度降低导致的硫沉积会降低孔隙度和渗透率，同时应力变化致使裂缝趋于闭合也会导致孔隙度和渗透率的降低；

(11)岩石微可压缩；

(12)析出的硫微粒为液相，密度为常数。

2.基本渗流微分方程

1)裂缝系统

气相连续性方程：

$$\nabla \cdot \left(\frac{\rho_g K_{gf}}{\mu_g} \nabla p_{gf} \right) + q_{gf} + q_g = \frac{\partial \left(\varphi_f S_{gf} \rho_g \right)}{\partial t} \tag{5-44}$$

液相连续性方程：

$$\nabla \cdot \left(\frac{\rho_l K_{gf}}{\mu_g} \nabla p_{gf} \right) + \nabla \cdot \left(\frac{\rho_l K_{lf}}{\mu_l} \nabla p_{lf} \right) + q_{lf} + q_l = \frac{\partial \left[\varphi_f \left(\rho_l S_{lf} + S_{gf} C_s \right) \right]}{\partial t} \tag{5-45}$$

2）基质系统

气相连续性方程：

$$\nabla \cdot \left(\frac{\rho_g K_{gm}}{\mu_g} \nabla p_{gm} \right) - q_{gm} = \frac{\partial \left(\varphi_m S_{gm} \rho_g \right)}{\partial t} \tag{5-46}$$

液相连续性方程：

$$\nabla \cdot \left(\frac{\rho_l K_{gm}}{\mu_g} \nabla p_{gm} \right) + \nabla \cdot \left(\frac{\rho_l K_{lm}}{\mu_l} \nabla p_{lm} \right) - q_{lm} = \frac{\partial \left[\varphi_m \left(\rho_l S_{lm} + S_{gm} C_s \right) \right]}{\partial t} \tag{5-47}$$

式中，φ_m——基质孔隙度，小数；

φ_f——裂缝孔隙度，小数；

K_{gm}、K_{lm}——基质气相、液相渗透率，$10^{-3} \mu m^2$；

K_{gf}、K_{lf}——裂缝气相、液相渗透率，$10^{-3} \mu m^2$；

q_g、q_l——源汇项；

q_{gm}、q_{lm}——交换项；

ρ_g、ρ_l——气体、液体密度，$kg \cdot m^{-3}$；

μ_g、μ_l——气体、液体黏度，$mPa \cdot s$；

C_s——溶解在气相中的硫微粒浓度，$g \cdot m^{-3}$；

S_{gf}、S_{lf}——裂缝系统含气/液饱和度，小数；

S_{gm}、S_{lm}——基质系统含气/液饱和度，小数。

式（5-44）～式（5-47）中，q_{gm} 和 q_{lm} 分别代表基质与裂缝之间由于压差引起的气液两相在单位时间、单位岩石体积内通过的质量流量。气固两相由于压差导致的交换项表达式分别为

$$q_{gm} = \sigma \left(\frac{K}{\mu_g} \right)_u \left(p_{gm} - p_{gf} \right) \rho_g \tag{5-48}$$

式中，下标 u——参数按"上游权"取值，即若流动从基岩到裂缝，则相应参数取基质中的值，反之，取裂缝中的值。

交换项中的 σ 为考虑单位体积中裂缝和基质接触面积的形状因子，可采用 Kazemi 的计算方法进行求取，即：

$$\sigma = 4 \left(\frac{1}{L_x^2} + \frac{1}{L_y^2} + \frac{1}{L_z^2} \right) \tag{5-49}$$

式中，L_x、L_y、L_z——基质在 x、y、z 方向的尺寸。

3.模型补充方程

硫微粒在酸性气体中的溶解度预测模型对模拟硫沉积对气藏生产动态的影响是十分重要的。对某一具体的气藏，利用实验方法确定硫微粒在酸性气体中的溶解度通常需要花费大量的时间，且实验的测试费用很高。因此，利用数学模型预测硫微粒在酸性气体中的溶解度就显得十分必要。例如，一些学者提出了基于热力学模型的状态方程来预测硫微粒在酸性气体中的溶解度，然而，这些状态方程需要大量的实验数据来确立模型所需要的参数。

通常采用 Chrastil 提出的用来预测固相物质在高压气体中的溶解度的经验公式来预测硫微粒在酸性气体中的溶解度。

$$c = \rho_g^4 \exp\left(-\frac{4666}{T} - 4.5711\right) \tag{5-50}$$

式中，c——硫在气相中的溶解度，$g \cdot m^{-3}$；

ρ_g——气体密度，$kg \cdot m^{-3}$；

T——温度，K。

4.模型辅助方程

饱和度方程：

$$\begin{cases} S_{gf} + S_{lf} = 1 \\ S_{gm} + S_{lm} = 1 \end{cases} \tag{5-51}$$

天然气密度：

$$\rho_g = \rho_g[P, T, Z_i] \quad (i = 1, \cdots, n+1) \tag{5-52}$$

天然气黏度：

$$\mu_g = \mu_g[p, T, Z_i] \quad (i = 1, \cdots, n+1) \tag{5-53}$$

压力方程：

$$\begin{cases} p_{gm} - p_{lm} = 0 \\ p_{gf} - p_{lf} = 0 \end{cases} \tag{5-54}$$

5.模型定解条件

为构建完整的高含硫裂缝性气藏储层综合伤害数学模型，并对其进行求解，尚需根据实际情况确定数学模型的定解条件，即边界条件和初始条件。数学模型的边界条件分为外边界条件和内边界条件两种。

1) 外边界条件

外边界条件是指裂缝性气藏几何边界在开采过程中所处的状态，常见的有两种类型，即定压外边界和定流量外边界。

(1) 定压外边界

定压外边界是指气藏外边界上的压力不随时间变化，可用如下表达式来描述：

$$p\big|_{\Omega,t} = \text{const.} \tag{5-55}$$

式中，Ω——外边界。

（2）定流量外边界

定流量外边界是指油藏外边界上流体流量不随时间变化，可表示为

$$\frac{\partial \Phi}{\partial n}\Big|_{\Omega,t} = \text{const.} \tag{5-56}$$

式中，Φ——流体的势；

$\dfrac{\partial \Phi}{\partial n}$——外边界上流体势关于外法线方向的导数；

当 $\dfrac{\partial \Phi}{\partial n}\big|_{\Omega,t} = 0$ 时，即为封闭外边界。

2）内边界条件

井的内边界条件是从井的工作制度出发，给定生产井井底流动压力或产油量、产液量，给定注入井注入量或注入压力。

（1）定流量条件

定流量条件是指生产井在模拟过程中的产量是已知的。其数学表达式可写为：

$$q\big|_{r=r_w} = \text{const.} \tag{5-57}$$

（2）定压力条件

定压力条件是指生产井在模拟过程中井底压力是已知。其数学表达式为：

$$p\big|_{r=r_w} = \text{const.} \tag{5-58}$$

3）初始条件

初始条件是指在给定的初始时刻（$t=0$），油气藏各空间点上的参数（如压力、饱和度、温度）分布情况。

$$p(x,y,z,t)\big|_{t=0} = p_0(x,y,z)$$
$$S(x,y,z,t)\big|_{t=0} = S_0(x,y,z) \tag{5-59}$$

对于本书研究的高含硫裂缝性气藏，假定模型在初始时刻处于静平衡状态，即各处的压力均满足平衡的条件，其表达式为

$$p(x,y,z,0) = p_0 \tag{5-60}$$

流体为气液两相，初始时刻有液硫产生，即

$$\begin{cases} S_{lm} = 0, \ S_{lf} = 0 \\ S_{gm} = 1, \ S_{gf} = 1 \end{cases} \tag{5-61}$$

5.2.2 数值模型

采用有限差分方法对高含硫裂缝性气藏储层综合伤害数学模型进行数值化近似，从而建立可以求解的数值模型。

将方程（5-44）左端各项进行空间离散、右端项进行时间离散，得到裂缝系统气相差分

方程如下：

$$\frac{1}{\Delta x_i}\left[\left(\frac{\rho_g K_{gf}}{\mu_g}\right)_{i+\frac{1}{2}}\frac{p_{i+1}^{n+1}-p_i^{n+1}}{\Delta x_{i+\frac{1}{2}}}+\left(\frac{\rho_g K_{gf}}{\mu_g}\right)_{i-\frac{1}{2}}\frac{p_{i-1}^{n+1}-p_i^{n+1}}{\Delta x_{i-\frac{1}{2}}}\right]$$

$$+\frac{1}{\Delta y_j}\left[\left(\frac{\rho_g K_{gf}}{\mu_g}\right)_{j+\frac{1}{2}}\frac{p_{j+1}^{n+1}-p_j^{n+1}}{\Delta y_{j+\frac{1}{2}}}+\left(\frac{\rho_g K_{gf}}{\mu_g}\right)_{j-\frac{1}{2}}\frac{p_{j-1}^{n+1}-p_j^{n+1}}{\Delta y_{j-\frac{1}{2}}}\right] \tag{5-62}$$

$$+\frac{1}{\Delta z_k}\left[\left(\frac{\rho_g K_{gf}}{\mu_g}\right)_{k+\frac{1}{2}}\frac{p_{k+1}^{n+1}-p_k^{n+1}}{\Delta z_{k+\frac{1}{2}}}+\left(\frac{\rho_g K_f}{\mu_g}\right)_{k-\frac{1}{2}}\frac{p_{k-1}^{n+1}-p_k^{n+1}}{\Delta z_{k-\frac{1}{2}}}\right]+\left(q_g\right)_{i,j,k}+\left(q_{gf}\right)_{i,j,k}$$

$$=\frac{\left(\varphi_f S_{gf}\rho_g\right)^{n+1}-\left(\varphi_f S_{gf}\rho_g\right)^n}{\Delta t}$$

以上两式左右两端同乘以 $\Delta x_i \Delta y_j \Delta z_k$，则裂缝系统气相差分方程可化为

$$\frac{\Delta y_j \Delta z_k}{\Delta x_{i+\frac{1}{2}}}\left(\frac{\rho_g K_{gf}}{\mu_g}\right)_{i+\frac{1}{2}}\left(p_{i+1}^{n+1}-p_i^{n+1}\right)+\frac{\Delta y_j \Delta z_k}{\Delta x_{i-\frac{1}{2}}}\left(\frac{\rho_g K_{gf}}{\mu_g}\right)_{i-\frac{1}{2}}\left(p_{i-1}^{n+1}-p_i^{n+1}\right)$$

$$+\frac{\Delta x_i \Delta z_k}{\Delta y_{j+\frac{1}{2}}}\left(\frac{\rho_g K_{gf}}{\mu_g}\right)_{j+\frac{1}{2}}\left(p_{j+1}^{n+1}-p_j^{n+1}\right)+\frac{\Delta x_i \Delta z_k}{\Delta y_{j-\frac{1}{2}}}\left(\frac{\rho_g K_{gf}}{\mu_g}\right)_{j-\frac{1}{2}}\left(p_{j-1}^{n+1}-p_j^{n+1}\right)$$

$$+\frac{\Delta x_i \Delta y_j}{\Delta z_{k+\frac{1}{2}}}\left(\frac{\rho_g K_{gf}}{\mu_g}\right)_{k+\frac{1}{2}}\left(p_{k+1}^{n+1}-p_k^{n+1}\right)+\frac{\Delta x_i \Delta y_j}{\Delta z_{k-\frac{1}{2}}}\left(\frac{\rho_g K_{gf}}{\mu_g}\right)_{k-\frac{1}{2}}\left(p_{k-1}^{n+1}-p_k^{n+1}\right) \tag{5-63}$$

$$+V_{i,j,k}\left(q_g\right)_{i,j,k}+V_{i,j,k}\left(q_{gf}\right)_{i,j,k}$$

$$=\frac{V_{i,j,k}}{\Delta t}\left[\left(\varphi_f S_{gf}\rho_g\right)^{n+1}-\left(\varphi_f S_{gf}\rho_g\right)^n\right]$$

同理，裂缝系统液相差分方程可化为

$$\frac{\Delta y_j \Delta z_k}{\Delta x_{i+\frac{1}{2}}}\left(\frac{\rho_l K_{lf}}{\mu_l}\right)_{i+\frac{1}{2}}\left(p_{i+1}^{n+1}-p_i^{n+1}\right)+\frac{\Delta y_j \Delta z_k}{\Delta x_{i-\frac{1}{2}}}\left(\frac{\rho_l K_{lf}}{\mu_l}\right)_{i-\frac{1}{2}}\left(p_{i-1}^{n+1}-p_i^{n+1}\right)$$

$$+\frac{\Delta x_i \Delta z_k}{\Delta y_{j+\frac{1}{2}}}\left(\frac{\rho_l K_{lf}}{\mu_l}\right)_{j+\frac{1}{2}}\left(p_{j+1}^{n+1}-p_j^{n+1}\right)+\frac{\Delta x_i \Delta z_k}{\Delta y_{j-\frac{1}{2}}}\left(\frac{\rho_l K_{lf}}{\mu_l}\right)_{j-\frac{1}{2}}\left(p_{j-1}^{n+1}-p_j^{n+1}\right)$$

$$+\frac{\Delta x_i \Delta y_j}{\Delta z_{k+\frac{1}{2}}}\left(\frac{\rho_l K_{lf}}{\mu_l}\right)_{k+\frac{1}{2}}\left(p_{k+1}^{n+1}-p_k^{n+1}\right)+\frac{\Delta x_i \Delta y_j}{\Delta z_{k-\frac{1}{2}}}\left(\frac{\rho_l K_{lf}}{\mu_l}\right)_{k-\frac{1}{2}}\left(p_{k-1}^{n+1}-p_k^{n+1}\right)$$

$$+\frac{\Delta y_j \Delta z_k}{\Delta x_{i+\frac{1}{2}}}\left(\frac{C_s K_{gf}}{\mu_g}\right)_{i+\frac{1}{2}}\left(p_{i+1}^{n+1}-p_i^{n+1}\right)+\frac{\Delta y_j \Delta z_k}{\Delta x_{i-\frac{1}{2}}}\left(\frac{C_s K_{gf}}{\mu_g}\right)_{i-\frac{1}{2}}\left(p_{i-1}^{n+1}-p_i^{n+1}\right)$$

$$+\frac{\Delta x_i \Delta z_k}{\Delta y_{j+\frac{1}{2}}}\left(\frac{C_s K_{gf}}{\mu_g}\right)_{j+\frac{1}{2}}\left(p_{j+1}^{n+1}-p_j^{n+1}\right)+\frac{\Delta x_i \Delta z_k}{\Delta y_{j-\frac{1}{2}}}\left(\frac{C_s K_{gf}}{\mu_g}\right)_{j-\frac{1}{2}}\left(p_{j-1}^{n+1}-p_j^{n+1}\right)$$

$$+\frac{\Delta x_i \Delta y_j}{\Delta z_{k+\frac{1}{2}}}\left(\frac{C_s K_{gf}}{\mu_g}\right)_{k+\frac{1}{2}}\left(p_{k+1}^{n+1}-p_k^{n+1}\right)+\frac{\Delta x_i \Delta y_j}{\Delta z_{k-\frac{1}{2}}}\left(\frac{C_s K_{gf}}{\mu_g}\right)_{k-\frac{1}{2}}\left(p_{k-1}^{n+1}-p_k^{n+1}\right) \tag{5-64}$$

$$=\frac{V_{i,j,k}}{\Delta t}\left[\left(S_{gf}C_s+S_{lf}\rho_l\right)\varphi_f\right]^{n+1}-\left[\left(S_{gf}C_s+S_{lf}\rho_l\right)\varphi_f\right]^n-V_{i,j,k}\left(q_l\right)_{i,j,k}-V_{i,j,k}\left(q_{lf}\right)_{i,j,k}$$

同理，基质系统气相差分方程可化为

$$\frac{\Delta y_j \Delta z_k}{\Delta x_{i+\frac{1}{2}}}\left(\frac{\rho_g K_{gm}}{\mu_g}\right)_{i+\frac{1}{2}}\left(p_{i+1}^{n+1}-p_i^{n+1}\right)+\frac{\Delta y_j \Delta z_k}{\Delta x_{i-\frac{1}{2}}}\left(\frac{\rho_g K_{gm}}{\mu_g}\right)_{i-\frac{1}{2}}\left(p_{i-1}^{n+1}-p_i^{n+1}\right)$$

$$+\frac{\Delta x_i \Delta z_k}{\Delta y_{j+\frac{1}{2}}}\left(\frac{\rho_g K_{gm}}{\mu_g}\right)_{j+\frac{1}{2}}\left(p_{j+1}^{n+1}-p_j^{n+1}\right)+\frac{\Delta x_i \Delta z_k}{\Delta y_{j-\frac{1}{2}}}\left(\frac{\rho_g K_{gm}}{\mu_g}\right)_{j-\frac{1}{2}}\left(p_{j-1}^{n+1}-p_j^{n+1}\right)$$

$$+\frac{\Delta x_i \Delta y_j}{\Delta z_{k+\frac{1}{2}}}\left(\frac{\rho_g K_{fm}}{\mu_g}\right)_{k+\frac{1}{2}}\left(p_{k+1}^{n+1}-p_k^{n+1}\right)+\frac{\Delta x_i \Delta y_j}{\Delta z_{k-\frac{1}{2}}}\left(\frac{\rho_g K_{gm}}{\mu_g}\right)_{k-\frac{1}{2}}\left(p_{k-1}^{n+1}-p_k^{n+1}\right)-V_{i,j,k}\left(q_{gm}\right)_{i,j,k} \tag{5-65}$$

$$=\frac{V_{i,j,k}}{\Delta t}\left[\left(\varphi_m S_{gm}\rho_g\right)^{n+1}-\left(\varphi_m S_{gm}\rho_g\right)^n\right]$$

基质系统液相差分方程可化为

$$\frac{\Delta y_j \Delta z_k}{\Delta x_{i+\frac{1}{2}}}\left(\frac{\rho_l K_{lm}}{\mu_l}\right)_{i+\frac{1}{2}}\left(p_{i+1}^{n+1}-p_i^{n+1}\right)+\frac{\Delta y_j \Delta z_k}{\Delta x_{i-\frac{1}{2}}}\left(\frac{\rho_l K_{lm}}{\mu_l}\right)_{i-\frac{1}{2}}\left(p_{i-1}^{n+1}-p_i^{n+1}\right)$$

$$+\frac{\Delta x_i \Delta z_k}{\Delta y_{j+\frac{1}{2}}}\left(\frac{\rho_l K_{lm}}{\mu_l}\right)_{j+\frac{1}{2}}\left(p_{j+1}^{n+1}-p_j^{n+1}\right)+\frac{\Delta x_i \Delta z_k}{\Delta y_{j-\frac{1}{2}}}\left(\frac{\rho_l K_{lm}}{\mu_l}\right)_{j-\frac{1}{2}}\left(p_{j-1}^{n+1}-p_j^{n+1}\right)$$

$$+\frac{\Delta x_i \Delta y_j}{\Delta z_{k+\frac{1}{2}}}\left(\frac{\rho_l K_{lm}}{\mu_l}\right)_{k+\frac{1}{2}}\left(p_{k+1}^{n+1}-p_k^{n+1}\right)+\frac{\Delta x_i \Delta y_j}{\Delta z_{k-\frac{1}{2}}}\left(\frac{\rho_l K_{lm}}{\mu_l}\right)_{k-\frac{1}{2}}\left(p_{k-1}^{n+1}-p_k^{n+1}\right)$$

$$+\frac{\Delta y_j \Delta z_k}{\Delta x_{i+\frac{1}{2}}}\left(\frac{C_s K_{gm}}{\mu_g}\right)_{i+\frac{1}{2}}\left(p_{i+1}^{n+1}-p_i^{n+1}\right)+\frac{\Delta y_j \Delta z_k}{\Delta x_{i-\frac{1}{2}}}\left(\frac{C_s K_{gm}}{\mu_g}\right)_{i-\frac{1}{2}}\left(p_{i-1}^{n+1}-p_i^{n+1}\right)$$

$$+\frac{\Delta x_i \Delta z_k}{\Delta y_{j+\frac{1}{2}}}\left(\frac{C_s K_{gm}}{\mu_g}\right)_{j+\frac{1}{2}}\left(p_{j+1}^{n+1}-p_j^{n+1}\right)+\frac{\Delta x_i \Delta z_k}{\Delta y_{j-\frac{1}{2}}}\left(\frac{C_s K_{gm}}{\mu_g}\right)_{j-\frac{1}{2}}\left(p_{j-1}^{n+1}-p_j^{n+1}\right)$$

$$+\frac{\Delta x_i \Delta y_j}{\Delta z_{k+\frac{1}{2}}}\left(\frac{C_s K_{gm}}{\mu_g}\right)_{k+\frac{1}{2}}\left(p_{k+1}^{n+1}-p_k^{n+1}\right)+\frac{\Delta x_i \Delta y_j}{\Delta z_{k-\frac{1}{2}}}\left(\frac{C_s K_{gm}}{\mu_g}\right)_{k-\frac{1}{2}}\left(p_{k-1}^{n+1}-p_k^{n+1}\right) \tag{5-66}$$

$$=\frac{V_{i,j,k}}{\Delta t}\left[\left(S_{gm}C_s+S_{lm}\rho_l\right)\varphi_m\right]^{n+1}-\left[\left(S_{gm}C_s+S_{lm}\rho_l\right)\varphi_m\right]^n-V_{i,j,k}\left(q_{lm}\right)_{i,j,k}$$

定义：

$$F_{i+\frac{1}{2}} = \frac{\Delta y_j \Delta z_k}{\Delta x_{i+\frac{1}{2}}}, \quad F_{i-\frac{1}{2}} = \frac{\Delta y_j \Delta z_k}{\Delta x_{i-\frac{1}{2}}}, \quad F_{j+\frac{1}{2}} = \frac{\Delta x_i \Delta z_k}{\Delta y_{j+\frac{1}{2}}}, \quad F_{j-\frac{1}{2}} = \frac{\Delta x_i \Delta z_k}{\Delta y_{j-\frac{1}{2}}},$$

$$F_{k+\frac{1}{2}} = \frac{\Delta x_i \Delta y_j}{\Delta z_{k+\frac{1}{2}}}, \quad F_{k-\frac{1}{2}} = \frac{\Delta x_i \Delta y_j}{\Delta z_{k-\frac{1}{2}}}, \quad f_i = \Delta y_j \Delta z_k, \quad f_j = \Delta x_i \Delta z_k,$$

$$f_k = \Delta x_i \Delta y_j$$

则裂缝系统气相差分方程可转换为

$$
\begin{aligned}
&F_{i+\frac{1}{2}}\left(\rho_g \frac{K_{gf}}{\mu_g}\right)_{i+\frac{1}{2}}\left(p_{i+1}^{n+1}-p_i^{n+1}\right)+F_{i-\frac{1}{2}}\left(\rho_g \frac{K_{gf}}{\mu_g}\right)_{i-\frac{1}{2}}\left(p_{i-1}^{n+1}-p_i^{n+1}\right) \\
&+F_{j+\frac{1}{2}}\left(\rho_g \frac{K_{gf}}{\mu_g}\right)_{j+\frac{1}{2}}\left(p_{j+1}^{n+1}-p_j^{n+1}\right)+F_{j-\frac{1}{2}}\left(\rho_g \frac{K_{gf}}{\mu_g}\right)_{j-\frac{1}{2}}\left(p_{j-1}^{n+1}-p_j^{n+1}\right) \\
&+F_{k+\frac{1}{2}}\left(\rho_g \frac{K_{gf}}{\mu_g}\right)_{k+\frac{1}{2}}\left(p_{k+1}^{n+1}-p_k^{n+1}\right)+F_{k-\frac{1}{2}}\left(\rho_g \frac{K_{gf}}{\mu_g}\right)_{k-\frac{1}{2}}\left(p_{k-1}^{n+1}-p_k^{n+1}\right) \\
&+V_{i,j,k}\left(q_g\right)_{i,j,k}+V_{i,j,k}\left(q_{gm}\right)_{i,j,k} \\
&=\frac{V_{i,j,k}}{\Delta t}\left[\left(\varphi_f S_{gf}\rho_g\right)^{n+1}-\left(\varphi_f S_{gf}\rho_g\right)^n\right]
\end{aligned}
\tag{5-67}
$$

裂缝系统液相差分方程可转换为

$$
\begin{aligned}
&F_{i+\frac{1}{2}}\left(\rho_l \frac{K_{lf}}{\mu_l}\right)_{i+\frac{1}{2}}\left(p_{i+1}^{n+1}-p_i^{n+1}\right)+F_{i-\frac{1}{2}}\left(\rho_l \frac{K_{lf}}{\mu_l}\right)_{i-\frac{1}{2}}\left(p_{i-1}^{n+1}-p_i^{n+1}\right) \\
&+F_{j+\frac{1}{2}}\left(\rho_l \frac{K_{lf}}{\mu_l}\right)_{j+\frac{1}{2}}\left(p_{j+1}^{n+1}-p_j^{n+1}\right)+F_{j-\frac{1}{2}}\left(\rho_l \frac{K_{lf}}{\mu_l}\right)_{j-\frac{1}{2}}\left(p_{j-1}^{n+1}-p_j^{n+1}\right) \\
&+F_{k+\frac{1}{2}}\left(\rho_l \frac{K_{lf}}{\mu_l}\right)_{k+\frac{1}{2}}\left(p_{k+1}^{n+1}-p_k^{n+1}\right)+F_{k-\frac{1}{2}}\left(\rho_l \frac{K_{lf}}{\mu_l}\right)_{k-\frac{1}{2}}\left(p_{k-1}^{n+1}-p_k^{n+1}\right) \\
&+F_{i+\frac{1}{2}}\left(\frac{C_s K_{gf}}{\mu_g}\right)_{i+\frac{1}{2}}\left(p_{i+1}^{n+1}-p_i^{n+1}\right)+F_{i-\frac{1}{2}}\left(\frac{C_s K_{gf}}{\mu_g}\right)_{i-\frac{1}{2}}\left(p_{i-1}^{n+1}-p_i^{n+1}\right) \\
&+F_{j+\frac{1}{2}}\left(\frac{C_s K_{gf}}{\mu_g}\right)_{j+\frac{1}{2}}\left(p_{j+1}^{n+1}-p_j^{n+1}\right)+F_{j-\frac{1}{2}}\left(\frac{C_s K_{gf}}{\mu_g}\right)_{j-\frac{1}{2}}\left(p_{j-1}^{n+1}-p_j^{n+1}\right) \\
&+F_{k+\frac{1}{2}}\left(\frac{C_s K_{gf}}{\mu_g}\right)_{k+\frac{1}{2}}\left(p_{k+1}^{n+1}-p_k^{n+1}\right)+F_{k-\frac{1}{2}}\left(\frac{C_s K_{gf}}{\mu_g}\right)_{k-\frac{1}{2}}\left(p_{k-1}^{n+1}-p_k^{n+1}\right) \\
&+V_{i,j,k}\left(q_{lf}\right)_{i,j,k}+V_{i,j,k}\left(q_{lm}\right)_{i,j,k} \\
&=\frac{V_{i,j,k}}{\Delta t}\left[\left(S_{gf}C_s+S_{lf}\rho_l\right)\varphi_f\right]^{n+1}-\left[\left(S_{gf}C_s+S_{lf}\rho_l\right)\varphi_f\right]^n
\end{aligned}
\tag{5-68}
$$

基质系统气相差分方程可转换为

$$
\begin{aligned}
& F_{i+\frac{1}{2}}\left(\rho_{\mathrm{g}}\frac{K_{\mathrm{gm}}}{\mu_{\mathrm{g}}}\right)_{i+\frac{1}{2}}\left(p_{i+1}^{n+1}-p_{i}^{n+1}\right)+F_{i-\frac{1}{2}}\left(\rho_{\mathrm{g}}\frac{K_{\mathrm{gm}}}{\mu_{\mathrm{g}}}\right)_{i-\frac{1}{2}}\left(p_{i-1}^{n+1}-p_{i}^{n+1}\right) \\
& +F_{j+\frac{1}{2}}\left(\rho_{\mathrm{g}}\frac{K_{\mathrm{gm}}}{\mu_{\mathrm{g}}}\right)_{j+\frac{1}{2}}\left(p_{j+1}^{n+1}-p_{j}^{n+1}\right)+F_{j-\frac{1}{2}}\left(\rho_{\mathrm{g}}\frac{K_{\mathrm{gm}}}{\mu_{\mathrm{g}}}\right)_{j-\frac{1}{2}}\left(p_{j-1}^{n+1}-p_{j}^{n+1}\right) \\
& +F_{k+\frac{1}{2}}\left(\rho_{\mathrm{g}}\frac{K_{\mathrm{gm}}}{\mu_{\mathrm{g}}}\right)_{k+\frac{1}{2}}\left(p_{k+1}^{n+1}-p_{k}^{n+1}\right)+F_{k-\frac{1}{2}}\left(\rho_{\mathrm{g}}\frac{K_{\mathrm{gm}}}{\mu_{\mathrm{g}}}\right)_{k-\frac{1}{2}}\left(p_{k-1}^{n+1}-p_{k}^{n+1}\right)-V_{i,j,k}\left(q_{\mathrm{gm}}\right)_{i,j,k} \\
& =\frac{V_{i,j,k}}{\Delta t}\left[\left(\varphi_{\mathrm{m}}S_{\mathrm{gm}}\rho_{\mathrm{g}}\right)^{n+1}-\left(\varphi_{\mathrm{m}}S_{\mathrm{gm}}\rho_{\mathrm{g}}\right)^{n}\right]
\end{aligned}
\tag{5-69}
$$

基质系统液相差分方程可转换为

$$
\begin{aligned}
& F_{i+\frac{1}{2}}\left(\rho_{\mathrm{l}}\frac{K_{\mathrm{lm}}}{\mu_{\mathrm{l}}}\right)_{i+\frac{1}{2}}\left(p_{i+1}^{n+1}-p_{i}^{n+1}\right)+F_{i-\frac{1}{2}}\left(\rho_{\mathrm{l}}\frac{K_{\mathrm{lm}}}{\mu_{\mathrm{l}}}\right)_{i-\frac{1}{2}}\left(p_{i-1}^{n+1}-p_{i}^{n+1}\right) \\
& +F_{j+\frac{1}{2}}\left(\rho_{\mathrm{l}}\frac{K_{\mathrm{lm}}}{\mu_{\mathrm{l}}}\right)_{j+\frac{1}{2}}\left(p_{j+1}^{n+1}-p_{j}^{n+1}\right)+F_{j-\frac{1}{2}}\left(\rho_{\mathrm{l}}\frac{K_{\mathrm{lm}}}{\mu_{\mathrm{l}}}\right)_{j-\frac{1}{2}}\left(p_{j-1}^{n+1}-p_{j}^{n+1}\right) \\
& +F_{k+\frac{1}{2}}\left(\rho_{\mathrm{l}}\frac{K_{\mathrm{lm}}}{\mu_{\mathrm{l}}}\right)_{k+\frac{1}{2}}\left(p_{k+1}^{n+1}-p_{k}^{n+1}\right)+F_{k-\frac{1}{2}}\left(\rho_{\mathrm{l}}\frac{K_{\mathrm{lm}}}{\mu_{\mathrm{l}}}\right)_{k-\frac{1}{2}}\left(p_{k-1}^{n+1}-p_{k}^{n+1}\right) \\
& +F_{i+\frac{1}{2}}\left(\frac{C_{\mathrm{s}}K_{\mathrm{gm}}}{\mu_{\mathrm{g}}}\right)_{i+\frac{1}{2}}\left(p_{i+1}^{n+1}-p_{i}^{n+1}\right)+F_{i-\frac{1}{2}}\left(\frac{C_{\mathrm{s}}K_{\mathrm{gm}}}{\mu_{\mathrm{g}}}\right)_{i-\frac{1}{2}}\left(p_{i-1}^{n+1}-p_{i}^{n+1}\right) \\
& +F_{j+\frac{1}{2}}\left(\frac{C_{\mathrm{s}}K_{\mathrm{gm}}}{\mu_{\mathrm{g}}}\right)_{j+\frac{1}{2}}\left(p_{j+1}^{n+1}-p_{j}^{n+1}\right)+F_{j-\frac{1}{2}}\left(\frac{C_{\mathrm{s}}K_{\mathrm{gm}}}{\mu_{\mathrm{g}}}\right)_{j-\frac{1}{2}}\left(p_{j-1}^{n+1}-p_{j}^{n+1}\right) \\
& +F_{k+\frac{1}{2}}\left(\frac{C_{\mathrm{s}}K_{\mathrm{gm}}}{\mu_{\mathrm{g}}}\right)_{k+\frac{1}{2}}\left(p_{k+1}^{n+1}-p_{k}^{n+1}\right)+F_{k-\frac{1}{2}}\left(\frac{C_{\mathrm{s}}K_{\mathrm{gm}}}{\mu_{\mathrm{g}}}\right)_{k-\frac{1}{2}}\left(p_{k-1}^{n+1}-p_{k}^{n+1}\right)-V_{i,j,k}\left(q_{\mathrm{lm}}\right)_{i,j,k} \\
& =\frac{V_{i,j,k}}{\Delta t}\left[\left(S_{\mathrm{gm}}C_{\mathrm{s}}+S_{\mathrm{lm}}\rho_{\mathrm{l}}\right)\varphi_{\mathrm{m}}\right]^{n+1}-\left[\left(S_{\mathrm{gm}}C_{\mathrm{s}}+S_{\mathrm{lm}}\rho_{\mathrm{l}}\right)\varphi_{\mathrm{m}}\right]^{n}
\end{aligned}
\tag{5-70}
$$

1. 线性方程组求解

本书采用超松弛迭代方法对线性代数方程组求解。超松弛迭代方法是在 Gauss-Seidel 迭代方法基础上发展起来的进一步加快收敛速度的方法,在油藏数值模拟方面得到了非常广泛的应用。

2. 非线性方程组线性化

油藏数值模拟中线性化的方法主要有显式方法、隐式压力显式饱和度(implicit pressure explicit saturation,IMPES)方法、隐式交替方法、半隐式方法以及全隐式方法等。本书对流体的渗流方程采用 IMPES 方法求解,对温度控制方程采用隐式求解。在求解过程中，并不直接求 $n+1$ 时间的变量，而是求解从 n 时刻到 $n+1$ 时刻变量的变化量。设：

$$p^{n+1} = p^n + \delta p \tag{5-71}$$

$$S_{\mathrm{g}}^{n+1} = S_{\mathrm{g}}^n + \delta S_{\mathrm{g}} \tag{5-72}$$

$$S_{\mathrm{l}}^{n+1} = S_{\mathrm{l}}^n + \delta S \tag{5-73}$$

其中，δp、δS_{g}、δS_{l}——从 n 时刻至 $n+1$ 时刻的变化量。

推导整理后得到裂缝系统气相差分方程的线性方程为

$$
\begin{aligned}
& T_{\mathrm{gf},i+\frac{1}{2}}\delta p_{i+1} + T_{\mathrm{gf},i-\frac{1}{2}}\delta p_{i-1} + T_{\mathrm{gf},j+\frac{1}{2}}\delta p_{j+1} + T_{\mathrm{gf},j-\frac{1}{2}}\delta p_{j-1} + T_{\mathrm{gf},k+\frac{1}{2}}\delta p_{k+1} + T_{\mathrm{gf},k-\frac{1}{2}}\delta p_{k-1} \\
& - \left[\left(T_{\mathrm{gf},i+\frac{1}{2}} + T_{\mathrm{gf},i-\frac{1}{2}}\right)\delta p_i + \left(T_{\mathrm{gf},j+\frac{1}{2}} + T_{\mathrm{gf},j-\frac{1}{2}}\right)\delta p_j + \left(T_{\mathrm{gf},k+\frac{1}{2}} + T_{\mathrm{gf},k-\frac{1}{2}}\right)\delta p_k\right] \\
& + T_{\mathrm{gf},i+\frac{1}{2}}\left(p_{i+1}^n - p_i^n\right) + T_{\mathrm{gf},i-\frac{1}{2}}\left(p_{i-1}^n - p_i^n\right) + T_{\mathrm{gf},j+\frac{1}{2}}\left(p_{j+1}^n - p_j^n\right) \\
& + T_{\mathrm{gf},j-\frac{1}{2}}\left(p_{j-1}^n - p_j^n\right) + T_{\mathrm{gf},k+\frac{1}{2}}\left(p_{k+1}^n - p_k^n\right) + T_{\mathrm{gf},k-\frac{1}{2}}\left(p_{k-1}^n - p_k^n\right) \\
& + V_{i,j,k}\left(q_{gm}\right)_{i,j,k} + V_{i,j,k}\left(q_g\right)_{i,j,k} \\
& = \frac{V_{i,j,k}}{\Delta t}\left(\varphi_{\mathrm{f}}\rho_{\mathrm{g}}^n \delta S_{\mathrm{gf}} + S_{\mathrm{gf}}^n \varphi_{\mathrm{f}}\frac{\partial \rho_{\mathrm{g}}}{\partial p}\delta p\right)
\end{aligned}
\tag{5-74}
$$

其中，

$$
T_{\mathrm{gf},i+\frac{1}{2}} = F_{i+\frac{1}{2}}\left(\rho_{\mathrm{g}}\frac{K_{\mathrm{gf}}}{\mu_{\mathrm{g}}}\right)_{i+\frac{1}{2}}, \quad
T_{\mathrm{gf},i-\frac{1}{2}} = F_{i-\frac{1}{2}}\left(\rho_{\mathrm{g}}\frac{K_{\mathrm{gf}}}{\mu_{\mathrm{g}}}\right)_{i-\frac{1}{2}}, \quad
T_{\mathrm{gf},j+\frac{1}{2}} = F_{j+\frac{1}{2}}\left(\rho_{\mathrm{g}}\frac{K_{\mathrm{gf}}}{\mu_{\mathrm{g}}}\right)_{j+\frac{1}{2}},
$$

$$
T_{\mathrm{gf},j-\frac{1}{2}} = F_{j-\frac{1}{2}}\left(\rho_{\mathrm{g}}\frac{K_{\mathrm{gf}}}{\mu_{\mathrm{g}}}\right)_{j-\frac{1}{2}}, \quad
T_{\mathrm{gf},k+\frac{1}{2}} = F_{k+\frac{1}{2}}\left(\rho_{\mathrm{g}}\frac{K_{\mathrm{gf}}}{\mu_{\mathrm{g}}}\right)_{k+\frac{1}{2}}, \quad
T_{\mathrm{gf},k-\frac{1}{2}} = F_{k-\frac{1}{2}}\left(\rho_{\mathrm{g}}\frac{K_{\mathrm{gf}}}{\mu_{\mathrm{g}}}\right)_{k-\frac{1}{2}}
$$

裂缝系统液相差分方程的线性方程为

$$
\begin{aligned}
& T_{\mathrm{lf},i+\frac{1}{2}}\delta p_{i+1} + T_{\mathrm{lf},i-\frac{1}{2}}\delta p_{i-1} + T_{\mathrm{lf},j+\frac{1}{2}}\delta p_{j+1} + T_{\mathrm{lf},j-\frac{1}{2}}\delta p_{j-1} + T_{\mathrm{lf},k+\frac{1}{2}}\delta p_{k+1} + T_{\mathrm{lf},k-\frac{1}{2}}\delta p_{k-1} \\
& - \left[\left(T_{\mathrm{lf},i+\frac{1}{2}} + T_{\mathrm{lf},i-\frac{1}{2}}\right)\delta p_i + \left(T_{\mathrm{lf},j+\frac{1}{2}} + T_{\mathrm{lf},j-\frac{1}{2}}\right)\delta p_j + \left(T_{\mathrm{lf},k+\frac{1}{2}} + T_{\mathrm{lf},k-\frac{1}{2}}\right)\delta p_k\right] \\
& + T_{\mathrm{lf},i+\frac{1}{2}}\left(p_{i+1}^n - p_i^n\right) + T_{\mathrm{lf},i-\frac{1}{2}}\left(p_{i-1}^n - p_i^n\right) + T_{\mathrm{lf},j+\frac{1}{2}}\left(p_{j+1}^n - p_j^n\right) \\
& + T_{\mathrm{lf},j-\frac{1}{2}}\left(p_{j-1}^n - p_j^n\right) + T_{\mathrm{lf},k+\frac{1}{2}}\left(p_{k+1}^n - p_k^n\right) + T_{\mathrm{lf},k-\frac{1}{2}}\left(p_{k-1}^n - p_k^n\right) \\
& + T_{\mathrm{glf},i+\frac{1}{2}}\delta p_{i+1} + T_{\mathrm{glf},i-\frac{1}{2}}\delta p_{i-1} + T_{\mathrm{glf},j+\frac{1}{2}}\delta p_{j+1} + T_{\mathrm{glf},j-\frac{1}{2}}\delta p_{j-1} + T_{\mathrm{glf},k+\frac{1}{2}}\delta p_{k+1} + T_{\mathrm{glf},k-\frac{1}{2}}\delta p_{k-1} \\
& - \left[\left(T_{\mathrm{glf},i+\frac{1}{2}} + T_{\mathrm{glf},i-\frac{1}{2}}\right)\delta p_i + \left(T_{\mathrm{glf},j+\frac{1}{2}} + T_{\mathrm{glf},j-\frac{1}{2}}\right)\delta p_j + \left(T_{\mathrm{glf},k+\frac{1}{2}} + T_{\mathrm{glf},k-\frac{1}{2}}\right)\delta p_k\right] \\
& + T_{\mathrm{glf},i+\frac{1}{2}}\left(p_{i+1}^n - p_i^n\right) + T_{\mathrm{glf},i-\frac{1}{2}}\left(p_{i-1}^n - p_i^n\right) + T_{\mathrm{glf},j+\frac{1}{2}}\left(p_{j+1}^n - p_j^n\right)
\end{aligned}
$$

$$+ T_{\mathrm{glf},j-\frac{1}{2}}\left(p_{j-1}^{n} - p_{j}^{n} \right) + T_{\mathrm{glf},k+\frac{1}{2}}\left(p_{k+1}^{n} - p_{k}^{n} \right) + T_{\mathrm{glf},k-\frac{1}{2}}\left(p_{k-1}^{n} - p_{k}^{n} \right)$$

$$+ V_{i,j,k}\left(q_{\mathrm{lm}} \right)_{i,j,k} + V_{i,j,k}\left(q_{\mathrm{l}} \right)_{i,j,k} \tag{5-75}$$

$$= \frac{V_{i,j,k}}{\Delta t}\left(\varphi_{\mathrm{f}} S_{\mathrm{gf}}^{n} \frac{\partial C_{\mathrm{s}}}{\partial p}\delta p + \varphi_{\mathrm{f}} C_{\mathrm{s}}^{n}\delta S_{\mathrm{gf}} + \varphi_{\mathrm{f}}\rho_{\mathrm{l}}\delta S_{\mathrm{lf}} \right)$$

其中：

$$T_{\mathrm{lf},i+\frac{1}{2}} = F_{i+\frac{1}{2}}\left(\rho_{\mathrm{l}}\frac{K_{\mathrm{lf}}}{\mu_{\mathrm{l}}} \right)_{i+\frac{1}{2}},\ \ T_{\mathrm{lf},i-\frac{1}{2}} = F_{i-\frac{1}{2}}\left(\rho_{\mathrm{l}}\frac{K_{\mathrm{lf}}}{\mu_{\mathrm{l}}} \right)_{i-\frac{1}{2}},\ \ T_{\mathrm{lf},j+\frac{1}{2}} = F_{j+\frac{1}{2}}\left(\rho_{\mathrm{l}}\frac{K_{\mathrm{lf}}}{\mu_{\mathrm{l}}} \right)_{j+\frac{1}{2}},$$

$$T_{\mathrm{lf},j-\frac{1}{2}} = F_{j-\frac{1}{2}}\left(\rho_{\mathrm{l}}\frac{K_{\mathrm{lf}}}{\mu_{\mathrm{l}}} \right)_{j-\frac{1}{2}},\ \ T_{\mathrm{lf},k+\frac{1}{2}} = F_{k+\frac{1}{2}}\left(\rho_{\mathrm{l}}\frac{K_{\mathrm{lf}}}{\mu_{\mathrm{l}}} \right)_{k+\frac{1}{2}},\ \ T_{\mathrm{lf},k-\frac{1}{2}} = F_{k-\frac{1}{2}}\left(\rho_{\mathrm{l}}\frac{K_{\mathrm{lf}}}{\mu_{\mathrm{l}}} \right)_{k-\frac{1}{2}},$$

$$T_{\mathrm{glf},i+\frac{1}{2}} = F_{i+\frac{1}{2}}\left(\frac{C_{\mathrm{s}}K_{\mathrm{gf}}}{\mu_{\mathrm{g}}} \right)_{i+\frac{1}{2}},\ \ T_{\mathrm{glf},i-\frac{1}{2}} = F_{i-\frac{1}{2}}\left(\frac{C_{\mathrm{s}}K_{\mathrm{gf}}}{\mu_{\mathrm{g}}} \right)_{i-\frac{1}{2}},\ \ T_{\mathrm{glf},j+\frac{1}{2}} = F_{j+\frac{1}{2}}\left(\frac{C_{\mathrm{s}}K_{\mathrm{gf}}}{\mu_{\mathrm{g}}} \right)_{j+\frac{1}{2}},$$

$$T_{\mathrm{glf},j-\frac{1}{2}} = F_{j-\frac{1}{2}}\left(\frac{C_{\mathrm{s}}K_{\mathrm{gf}}}{\mu_{\mathrm{g}}} \right)_{j-\frac{1}{2}},\ \ T_{\mathrm{glf},k+\frac{1}{2}} = F_{k+\frac{1}{2}}\left(\frac{C_{\mathrm{s}}K_{\mathrm{gf}}}{\mu_{\mathrm{g}}} \right)_{k+\frac{1}{2}},\ \ T_{\mathrm{glf},k-\frac{1}{2}} = F_{k-\frac{1}{2}}\left(\frac{C_{\mathrm{s}}K_{\mathrm{gf}}}{\mu_{\mathrm{g}}} \right)_{k-\frac{1}{2}}$$

基质系统气相差分方程的线性方程为

$$T_{\mathrm{gm},i+\frac{1}{2}}\delta p_{i+1} + T_{\mathrm{gm},i-\frac{1}{2}}\delta p_{i-1} + T_{\mathrm{gm},j+\frac{1}{2}}\delta p_{j+1} + T_{\mathrm{gm},j-\frac{1}{2}}\delta p_{j-1} + T_{\mathrm{gm},k+\frac{1}{2}}\delta p_{k+1} + T_{\mathrm{gm},k-\frac{1}{2}}\delta p_{k-1}$$

$$- \left[\left(T_{\mathrm{gm},i+\frac{1}{2}} + T_{\mathrm{gm},i-\frac{1}{2}} \right)\delta p_{i} + \left(T_{\mathrm{gm},j+\frac{1}{2}} + T_{\mathrm{gm},j-\frac{1}{2}} \right)\delta p_{j} + \left(T_{\mathrm{gm},k+\frac{1}{2}} + T_{\mathrm{gm},k-\frac{1}{2}} \right)\delta p_{k} \right]$$

$$+ T_{\mathrm{gm},i+\frac{1}{2}}\left(p_{i+1}^{n} - p_{i}^{n} \right) + T_{\mathrm{gm},i-\frac{1}{2}}\left(p_{i-1}^{n} - p_{i}^{n} \right) + T_{\mathrm{gm},j+\frac{1}{2}}\left(p_{j+1}^{n} - p_{j}^{n} \right) \tag{5-76}$$

$$+ T_{\mathrm{gm},j-\frac{1}{2}}\left(p_{j-1}^{n} - p_{j}^{n} \right) + T_{\mathrm{gm},k+\frac{1}{2}}\left(p_{k+1}^{n} - p_{k}^{n} \right) + T_{\mathrm{gm},k-\frac{1}{2}}\left(p_{k-1}^{n} - p_{k}^{n} \right) - V_{i,j,k}\left(q_{\mathrm{gm}} \right)_{i,j,k}$$

$$= \frac{V_{i,j,k}}{\Delta t}\left(\varphi_{\mathrm{m}}\rho_{\mathrm{g}}^{n}\delta S_{\mathrm{gm}} + S_{\mathrm{gm}}^{n}\varphi_{\mathrm{m}}\frac{\partial \rho_{\mathrm{g}}}{\partial p}\delta p \right)$$

其中，

$$T_{\mathrm{gm},i+\frac{1}{2}} = F_{i+\frac{1}{2}}\left(\rho_{\mathrm{g}}\lambda_{\mathrm{g}} \right)_{i+\frac{1}{2}},\ \ T_{\mathrm{gm},i-\frac{1}{2}} = F_{i-\frac{1}{2}}\left(\rho_{\mathrm{g}}\lambda_{\mathrm{g}} \right)_{i-\frac{1}{2}},\ \ T_{\mathrm{gm},j+\frac{1}{2}} = F_{j+\frac{1}{2}}\left(\rho_{\mathrm{g}}\lambda_{\mathrm{g}} \right)_{j+\frac{1}{2}},$$

$$T_{\mathrm{gm},j-\frac{1}{2}} = F_{j-\frac{1}{2}}\left(\rho_{\mathrm{g}}\lambda_{\mathrm{g}} \right)_{j-\frac{1}{2}},\ \ T_{\mathrm{gm},k+\frac{1}{2}} = F_{k+\frac{1}{2}}\left(\rho_{\mathrm{g}}\lambda_{\mathrm{g}} \right)_{k+\frac{1}{2}},\ \ T_{\mathrm{gm},k-\frac{1}{2}} = F_{k-\frac{1}{2}}\left(\rho_{\mathrm{g}}\lambda_{\mathrm{g}} \right)_{k-\frac{1}{2}}$$

基质系统液相差分方程的线性方程为

$$T_{\mathrm{lm},i+\frac{1}{2}}\delta p_{i+1} + T_{\mathrm{lm},i-\frac{1}{2}}\delta p_{i-1} + T_{\mathrm{lm},j+\frac{1}{2}}\delta p_{j+1} + T_{\mathrm{lm},j-\frac{1}{2}}\delta p_{j-1} + T_{\mathrm{lm},k+\frac{1}{2}}\delta p_{k+1} + T_{\mathrm{lm},k-\frac{1}{2}}\delta p_{k-1}$$

$$- \left[\left(T_{\mathrm{lm},i+\frac{1}{2}} + T_{\mathrm{lm},i-\frac{1}{2}} \right)\delta p_{i} + \left(T_{\mathrm{lm},j+\frac{1}{2}} + T_{\mathrm{lm},j-\frac{1}{2}} \right)\delta p_{j} + \left(T_{\mathrm{lm},k+\frac{1}{2}} + T_{\mathrm{lm},k-\frac{1}{2}} \right)\delta p_{k} \right]$$

$$+ T_{\mathrm{lm},i+\frac{1}{2}}\left(p_{i+1}^{n} - p_{i}^{n} \right) + T_{\mathrm{lm},i-\frac{1}{2}}\left(p_{i-1}^{n} - p_{i}^{n} \right) + T_{\mathrm{lm},j+\frac{1}{2}}\left(p_{j+1}^{n} - p_{j}^{n} \right)$$

$$
\begin{aligned}
&+ T_{\mathrm{lm},j-\frac{1}{2}}\left(p_{j-1}^{n}-p_{j}^{n}\right) + T_{\mathrm{lm},k+\frac{1}{2}}\left(p_{k+1}^{n}-p_{k}^{n}\right) + T_{\mathrm{lm},k-\frac{1}{2}}\left(p_{k-1}^{n}-p_{k}^{n}\right) \\
&+ T_{\mathrm{glm},i+\frac{1}{2}}\delta p_{i+1} + T_{\mathrm{glm},i-\frac{1}{2}}\delta p_{i-1} + T_{\mathrm{glm},j+\frac{1}{2}}\delta p_{j+1} + T_{\mathrm{glm},j-\frac{1}{2}}\delta p_{j-1} + T_{\mathrm{glm},k+\frac{1}{2}}\delta p_{k+1} + T_{\mathrm{glm},k-\frac{1}{2}}\delta p_{k-1} \\
&- \left[\left(T_{\mathrm{glm},i+\frac{1}{2}} + T_{\mathrm{glm},i-\frac{1}{2}}\right)\delta p_{i} + \left(T_{\mathrm{glm},j+\frac{1}{2}} + T_{\mathrm{glm},j-\frac{1}{2}}\right)\delta p_{j} + \left(T_{\mathrm{glm},k+\frac{1}{2}} + T_{\mathrm{glm},k-\frac{1}{2}}\right)\delta p_{k}\right] \\
&+ T_{\mathrm{glm},i+\frac{1}{2}}\left(p_{i+1}^{n}-p_{i}^{n}\right) + T_{\mathrm{glm},i-\frac{1}{2}}\left(p_{i-1}^{n}-p_{i}^{n}\right) + T_{\mathrm{glm},j+\frac{1}{2}}\left(p_{j+1}^{n}-p_{j}^{n}\right) \\
&+ T_{\mathrm{glm},j-\frac{1}{2}}\left(p_{j-1}^{n}-p_{j}^{n}\right) + T_{\mathrm{glm},k+\frac{1}{2}}\left(p_{k+1}^{n}-p_{k}^{n}\right) + T_{\mathrm{glm},k-\frac{1}{2}}\left(p_{k-1}^{n}-p_{k}^{n}\right) - V_{i,j,k}\left(q_{\mathrm{lm}}\right)_{i,j,k} \\
&= \frac{V_{i,j,k}}{\Delta t}\left(\varphi_{\mathrm{m}}S_{\mathrm{gm}}^{n}\frac{\partial C_{s}}{\partial p}\delta p + \varphi_{\mathrm{m}}C_{s}^{n}\delta S_{\mathrm{gm}} + \varphi_{\mathrm{m}}\rho_{\mathrm{l}}\delta S_{\mathrm{lm}}\right)
\end{aligned} \tag{5-77}
$$

其中,

$$
T_{\mathrm{lm},i+\frac{1}{2}} = F_{i+\frac{1}{2}}\left(\rho_{\mathrm{l}}\lambda_{\mathrm{l}}\right)_{i+\frac{1}{2}}, \quad T_{\mathrm{lm},i-\frac{1}{2}} = F_{i-\frac{1}{2}}\left(\rho_{\mathrm{l}}\lambda_{\mathrm{l}}\right)_{i-\frac{1}{2}}, \quad T_{\mathrm{lm},j+\frac{1}{2}} = F_{j+\frac{1}{2}}\left(\rho_{\mathrm{l}}\lambda_{\mathrm{l}}\right)_{j+\frac{1}{2}},
$$

$$
T_{lm,j-\frac{1}{2}} = F_{j-\frac{1}{2}}\left(\rho_{\mathrm{l}}\lambda_{\mathrm{l}}\right)_{j-\frac{1}{2}}, \quad T_{\mathrm{lm},k+\frac{1}{2}} = F_{k+\frac{1}{2}}\left(\rho_{\mathrm{l}}\lambda_{\mathrm{l}}\right)_{k+\frac{1}{2}}^{1}, \quad T_{\mathrm{lm},k-\frac{1}{2}} = F_{k-\frac{1}{2}}\left(\rho_{\mathrm{l}}\lambda_{\mathrm{l}}\right)_{k-\frac{1}{2}},
$$

$$
T_{\mathrm{glm},i+\frac{1}{2}} = F_{i+\frac{1}{2}}\left(\frac{C_{s}K_{\mathrm{gm}}}{\mu_{\mathrm{g}}}\right)_{i+\frac{1}{2}}, \quad T_{\mathrm{glm},i-\frac{1}{2}} = F_{i-\frac{1}{2}}\left(\frac{C_{s}K_{\mathrm{gm}}}{\mu_{\mathrm{g}}}\right)_{i-\frac{1}{2}}, \quad T_{\mathrm{glm},j+\frac{1}{2}} = F_{j+\frac{1}{2}}\left(\frac{C_{s}K_{\mathrm{gm}}}{\mu_{\mathrm{g}}}\right)_{j+\frac{1}{2}},
$$

$$
T_{\mathrm{glm},j-\frac{1}{2}} = F_{j-\frac{1}{2}}\left(\frac{C_{s}K_{\mathrm{gm}}}{\mu_{\mathrm{g}}}\right)_{j-\frac{1}{2}}, \quad T_{\mathrm{glm},k+\frac{1}{2}} = F_{k+\frac{1}{2}}\left(\frac{C_{s}K_{\mathrm{gm}}}{\mu_{\mathrm{g}}}\right)_{k+\frac{1}{2}}, \quad T_{\mathrm{glm},k-\frac{1}{2}} = F_{k-\frac{1}{2}}\left(\frac{C_{s}K_{\mathrm{gm}}}{\mu_{\mathrm{g}}}\right)_{k-\frac{1}{2}}
$$

5.2.3　气藏气-液相对渗透率变化对气藏开发动态影响的数值模拟研究

1.机理模型的建立

为了研究液硫对气藏生产动态的影响,用双重介质模型对气藏中 X 井所在的一部分含气区域进行研究,水平井井段长度为 510m。并假定生产井在该含气区域的中部,网格划分见表 5-6,模拟区域基本参数见表 5-7。

表 5-6　模拟区域网格划分表

网格总数	网格维数	网格步长/m			模拟区域面积/km²
		I 方向	J 方向	K 方向	
1250	25×25×2	85	85	100	4.16

表 5-7　模拟区域基本参数表

基本参数	取值
基质孔隙度	0.078
裂缝孔隙度	0.012
基质渗透率/($10^{-3}\mu m^2$)	1.68

续表

基本参数	取值
裂缝渗透率/($10^{-3}\mu m^2$)	50.4
初始压力/MPa	55
储量/($10^8 m^3$)	17
液硫黏度/(10^{-3} Pa·s)	8
污染半径/m	2
地层温度/℃	123.4

2.气井产能影响因素敏感性分析

使用建立的机理模型分析了配产、是否存在液硫、液硫污染半径、液硫流动能力共 4 个因素对高含硫水平气井产能的影响。

1)配产对气井产能的影响

根据所建立的模型，分别考虑配产为 $40\times10^4 m^3\cdot d^{-1}$、$50\times10^4 m^3\cdot d^{-1}$、$60\times10^4 m^3\cdot d^{-1}$ 和 $70\times10^4 m^3\cdot d^{-1}$，分析不同配产对气井产能的影响，如图 5-20、图 5-21 和表 5-8 所示。

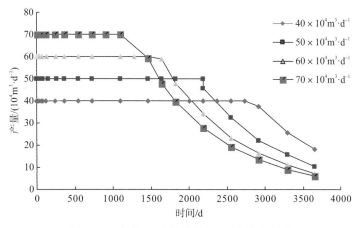

图 5-20 配产(存在液硫)对气井产量的影响

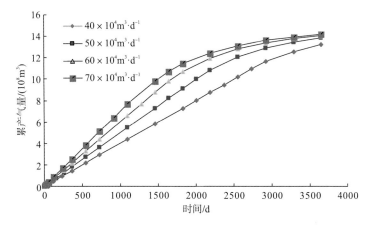

图 5-21 配产(存在液硫)对气井累产气量的影响

表 5-8 配产对气井产能影响计算结果统计表

配产/($10^4m^3\cdot d^{-1}$)	稳产时间/d	十年末日产气量/($10^4m^3\cdot d^{-1}$)	十年末累产气量/(10^8m^3)
40	2740	18.1	13.25
50	2192	10.5	13.85
60	1461	7.3	14.08
70	1096	6.0	14.18

由图表看出：

（1）不同配产 $40\times10^4m^3\cdot d^{-1}$、$50\times10^4m^3\cdot d^{-1}$、$60\times10^4m^3\cdot d^{-1}$ 和 $70\times10^4m^3\cdot d^{-1}$ 情况下，其稳产时间分别为 2740d、2192d、1461d 和 1096d。由此可见：气井配产越大，气井的稳产时间越短。

（2）4 种不同配产情况下的日产气量见表 5-8。可以看出：气井配产越低，十年末气井可以维持的日产气量越高；气井配产越大，十年末气井的累产气量越大。

2）是否存在液硫对气井产量的影响

根据所建立的模型，分别做出配产为 $50\times10^4m^3\cdot d^{-1}$ 时和配产为 $70\times10^4m^3\cdot d^{-1}$ 时是否存在液硫情况下的产气量，分析是否存在液硫对气井产能的影响，如图 5-22、图 5-23 和表 5-9 所示。

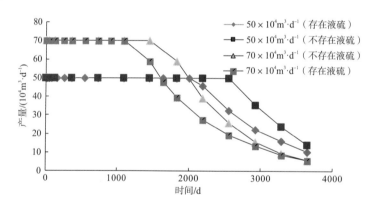

图 5-22 是否存在液硫对气井产量的影响

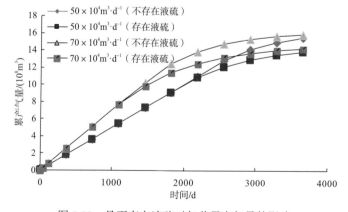

图 5-23 是否存在液硫对气井累产气量的影响

表 5-9　是否存在液硫对气井产能影响计算结果统计表

配产/($10^4m^3 \cdot d^{-1}$)	是否存在液硫	稳产时间/d	十年末日产气量/($10^4m^3 \cdot d^{-1}$)	十年末累产气量/(10^8m^3)
50	不存在	2557	13.8	15.45
	存在	2192	10.47	13.85
70	不存在	1461	5.96	15.91
	存在	1096	5.86	14.18

由图表可以看出：

(1)液硫的存在使得井底附近气体的渗流能力变差，稳产时间变短。

(2)配产为 $50\times10^4m^3 \cdot d^{-1}$ 时，存在液硫时气井的稳产时间比不存在液硫时气井的稳产时间缩短了 14.27%；配产为 $70\times10^4m^3 \cdot d^{-1}$ 时，存在液硫时气井的稳产时间比不存在液硫时气井的稳产时间缩短了 24.98%。这表明配产越大，稳产时间越短。

(3)配产为 $70\times10^4m^3 \cdot d^{-1}$ 时，存在液硫与不存在液硫十年末气井的日产气量相差不大；而配产为 $50\times10^4m^3 \cdot d^{-1}$ 时，存在液硫与不存在液硫十年末气井的日产气量有较大差异。这表明配产越大，到开发后期，液硫对产能的影响越小。

(4)液硫的存在使得气井的最终累产气量有较大幅度的下降。

3)液硫流动能力对气井产量的影响

分别取液硫的相对渗透率值为基准值的 1 倍、0.7 倍、0.5 倍、0.3 倍、0.1 倍，模拟液硫的流动能力对气井产能的影响，如图 5-24、图 5-25 和表 5-10 所示。

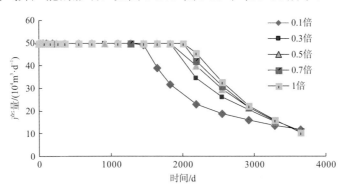

图 5-24　液硫流动能力对气井产量的影响

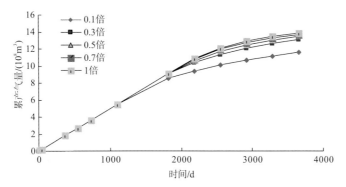

图 5-25　液硫流动能力对累产气量的影响

表 5-10 　液硫流动能力对气井产能影响计算结果统计表

液硫流动能力倍数/倍	稳产时间/天	十年末日产气量/($10^4 \mathrm{m}^3 \cdot \mathrm{d}^{-1}$)	十年末累产气量/($10^8 \mathrm{m}^3$)
0.1	1279	11.97	11.64
0.3	1644	15.46	13.10
0.5	1827	15.86	13.50
0.7	2010	11.08	13.71
1.0	2010	10.47	13.85

由图表可以看出：

(1)液硫的流动能力越差，气井的稳产时间越短；

(2)液硫的流动能力越差，十年末的气井的累产气量越低；

(3)当液硫的流动能力变得很差时(基准值的 0.1 倍)，对气井的产能影响非常明显，气井的稳产时间和十年末的累产气量均大幅降低。

4)裂缝渗透率对气井产量的影响

根据所建立的模型，分别选取不同裂缝渗透率对气井产能的影响，如图 5-26、图 5-27 及表 5-11 所示。

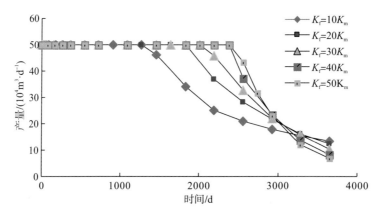

图 5-26 　裂缝渗透率对气井产量的影响

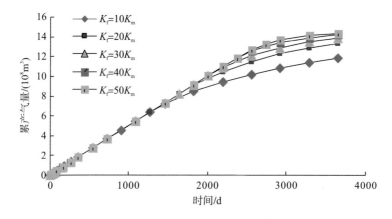

图 5-27 　裂缝渗透率对气井累产气量的影响

表 5-11　裂缝渗透率对气井产能影响计算结果统计表

裂缝渗透率	稳产时间/d	十年末日产气量/($10^4m^3 \cdot d^{-1}$)	十年末累产气量/(10^8m^3)
$K_f=10K_m$	1279	13.6	11.87
$K_f=20K_m$	1827	12.4	13.34
$K_f=30K_m$	2010	10.5	13.85
$K_f=40K_m$	2192	8.1	14.20
$K_f=50K_m$	2375	6.8	14.36

由图表可以看出：

（1）当裂缝渗透率分别为基质渗透率的 10 倍、20 倍、30 倍、40 倍和 50 倍时，气井稳产时间分别为 1279d、1827d、2010d、2192d 和 2375d。由此可见：裂缝渗透率越大，气井的稳产时间越长。

（2）当裂缝渗透率分别为基质渗透率的 10 倍、20 倍、30 倍、40 倍和 50 倍时，气井十年末日产气量分别为 $13.6\times10^4m^3\cdot d^{-1}$、$12.4\times10^4m^3\cdot d^{-1}$、$10.5\times10^4m^3\cdot d^{-1}$、$8.1\times10^4m^3\cdot d^{-1}$ 和 $6.8\times10^4m^3\cdot d^{-1}$。由此可见：裂缝渗透率越大，十年末气井的日产气量越低。

（3）当裂缝渗透率分别为基质渗透率的 10 倍、20 倍、30 倍、40 倍和 50 倍时，气井十年末累产气量分别为 $11.87\times10^8m^3$、$13.34\times10^8m^3$、$13.85\times10^8m^3$、$14.20\times10^8m^3$ 和 $14.36\times10^8m^3$。由此可见：裂缝渗透率越大，十年末气井的累产气量越高。

2.液硫饱和度分布预测

硫沉积是高含硫气藏开发过程中随温度、压力降低必然存在但必须解决的重要问题。目前，国内外对近井地点硫沉积预测局限于直井，普遍研究认为硫沉积主要发生在近井 2m 之内，见图 5-28。对裂缝系统硫沉积的预测几乎还处于空白，仅有 SPE 77332 论文描绘了裂缝系统硫沉积，也局限于直井，见图 5-29。本书建立了气-液硫和气-水渗流数学模型，可以初步预测裂缝系统含水饱和度和水平井周围液硫饱和度的分布，图 5-30 为水平井以 $70\times10^4m^3\cdot d^{-1}$ 产量生产 1096d 时裂缝系统含水饱和度和水平井周围液硫饱和度的分布图。由图 5-30 可知，由于近井地带温度大于 120℃，会在水平井周围发生液硫沉积。

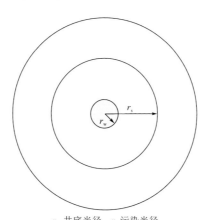

r_w:井底半径；r_s:污染半径

图 5-28　直井径向范围 2m 内存在硫沉积

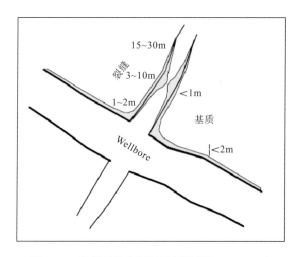

图 5-29　裂缝系统硫沉积示意图（据 SPE 77332）

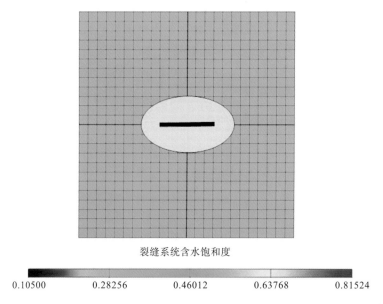

图 5-30　裂缝系统含水饱和度和水平井周围液硫饱和度分布图（1096d，$70×10^4 \mathrm{m}^3 \cdot \mathrm{d}^{-1}$）

5.3　应　用　效　果

5.3.1　实际生产数据验证模型可靠性

　　选择普光 302-2 井进行数值模拟，分别考虑硫沉积和不考虑硫沉积，模拟结果见图 5-31。通过数值模拟得出：当考虑硫沉积对气井开采动态的影响时，普光 302-2 井合理产量为 $90.9×10^4 \mathrm{m}^3 \cdot \mathrm{d}^{-1}$；若不考虑硫沉积影响，普光 302-2 井合理产量为 $121.2×10^4 \mathrm{m}^3 \cdot \mathrm{d}^{-1}$。通过对比产量，反映出硫沉积对储层渗流影响较大。

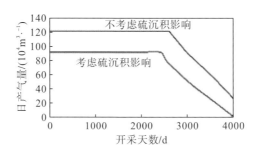

图 5-31　普光 302-2 井采气曲线

5.3.2　普光气田气井配产模拟研究

通过建立普光气田地质模型(图 5-32～图 5-35)，利用该项目的高含硫气藏数学模型，建立普光气田高含硫气藏数值模型，分别考虑不同配产的影响。结合模拟结果和不同单井配产方法(表 5-12)，可得出：普光气田气井按无阻流量(Q_{AOF})的 1/5～1/7 配产，确定气井合理产量为 30×10^4～$100\times10^4 m^3\cdot d^{-1}$，高部位普光 2-6 井区合理产量为 70×10^4～$100\times10^4 m^3\cdot d^{-1}$；中部为 50×10^4～$60\times10^4 m^3\cdot d^{-1}$，低部位靠近边底水区域为 30×10^4～$40\times10^4 m^3\cdot d^{-1}$。对于靠近边水的气井生产压差控制在 3MPa 以内。

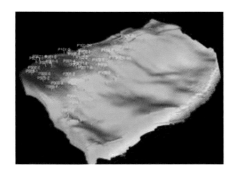

图 5-32　普光气田构造分布

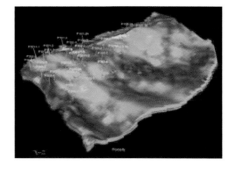

图 5-33　普光气田孔隙度分布

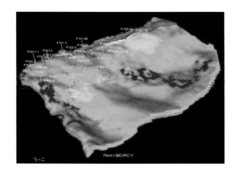

图 5-34　普光气田渗透率分布图

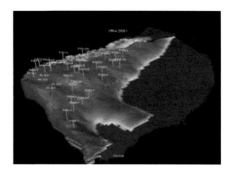

图 5-35　普光气田含气饱和度分布

表 5-12 普光气田单井不同配产方法配产结果

方法	配产结果
单井界限产量	直井 $36 \times 10^4 \mathrm{m}^3 \cdot \mathrm{d}^{-1}$ 水平 $40 \times 10^4 \mathrm{m}^3 \cdot \mathrm{d}^{-1}$
最小携液产量	3 寸半油管 $6 \times 10^4 \mathrm{m}^3 \cdot \mathrm{d}^{-1}$ 4 寸半油管 $10 \times 10^4 \mathrm{m}^3 \cdot \mathrm{d}^{-1}$
冲蚀流量	3 寸半油管产量低于 $100 \times 10^4 \mathrm{m}^3 \cdot \mathrm{d}^{-1}$
经验法	$1/5 \sim 1/6 Q_{\mathrm{AOF}}$
采气指数法	$1/6 \sim 1/7 Q_{\mathrm{AOF}}$
系统优化方法	$1/7 Q_{\mathrm{AOF}}$
节点分析法	$1/6 \sim 1/7 Q_{\mathrm{AOF}}$

5.3.3 不同采气速度对气藏整体开发效果的影响

利用普光主体地质模型研究不同采气速度对开采效果的影响。采气速度分别为 3%、4%、4.5%、5% 和 6%，对应的年产气量分别为 $54 \times 10^8 \mathrm{m}^3$、$73 \times 10^8 \mathrm{m}^3$、$82 \times 10^8 \mathrm{m}^3$、$91 \times 10^8 \mathrm{m}^3$、$109 \times 10^8 \mathrm{m}^3$，预测期为 30 年，模拟计算并分析气井的稳产期、见水时间等开发指标。

在此基础上，结合初步模拟计算结果，对个别单井配产进行调整，使首个计算方案中单井配产累加的采气速度为 6.0%。然后按照适当比例调低单井配产，逐步得出采气速度分别为 5.0%、4.5%、4.0% 和 3.0% 的单井配产。

模拟计算了 5 个采气速度，分析对比各方案日产气情况。采气速度为 3.0% 时稳产期最长约为 16 年，采气速度为 6.0% 时稳产期最短约为 5 年，采气速度为 4.0% 时稳产期为 9.4 年(图 5-36)。

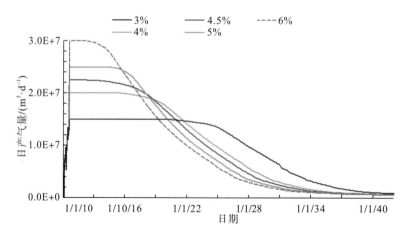

图 5-36 普光气田不同采气速度日产气量预测曲线

分析对比累积采气和地层压力的变化情况(图 5-37、图 5-38)可知,随着采气速度增加,地层压力下降加快,累积产气量快速上升,在预测期限末期,不同采气速度方案的地层压力和累积产气量分别趋于一致。累积采气约 $1110 \times 10^8 m^3$,采出程度约为 61.3%。

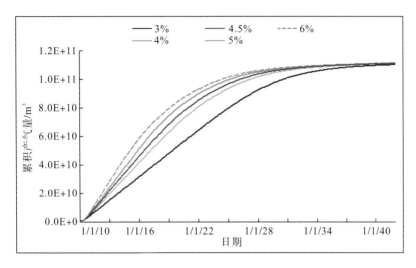

图 5-37 普光气田不同采气速度累积产气量预测曲线

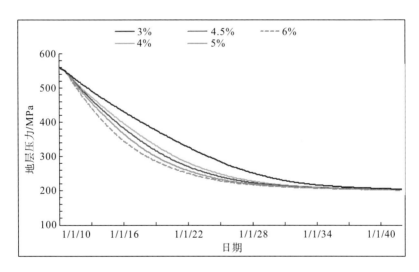

图 5-38 普光气田不同采气速度地层压力预测曲线

综上所述,采气速度为 3.0%时的各项开发指标都占优,但速度太低,恐难以满足国民对天然气的需要。据原石油天然气总公司开发司制定的气藏开发条例要求,若按储量级别划分,气驱气藏储量在 $50 \times 10^8 m^3$ 以上的气田,采气速度要求为 3%~5%,稳产期为 10年以上。普光气田动用地质储量为 $1811 \times 10^8 m^3$,综合研究认为采气速度为 4.0%的方案各项指标适中,对应的见水时间为 9.6 年、无水期采出程度为 39.6%、稳产时间为 9.4 年、稳产期采出程度为 39.1%,因此初步确定普光气田较为合理的采气速度为 4.0%。

5.3.4 双重介质气藏开发指标预测

依据前面建立的数学模型，考虑固硫和液硫的影响，应用实验相渗数据，选取采气速度为 4.0%，对普光气田主体部分开展考虑硫沉积影响的气田开发指标预测，计算结果见图 5-39 和表 5-13。

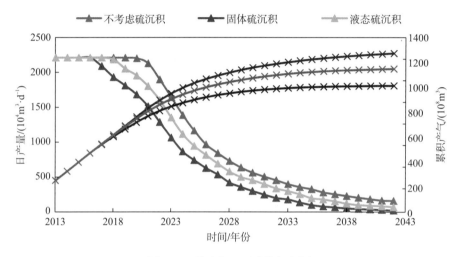

图 5-39　普光气田开发指标预测

表 5-13　考虑硫沉积影响的气田开发指标预测

时间/年份	年产气/($10^8 m^3$)			累积产气/($10^8 m^3$)			采出程度/%		
	不考虑硫沉积	固体硫沉积	液态硫沉积	不考虑硫沉积	固体硫沉积	液态硫沉积	不考虑硫沉积	固体硫沉积	液态硫沉积
2013	72.86	72.86	72.86	252.68	252.68	252.68	13.95	13.95	13.95
2014	72.86	72.86	72.86	325.54	325.5	325.54	17.98	17.98	17.98
2015	72.86	72.86	72.86	398.41	398.4	398.41	22.00	22.00	22.00
2016	72.86	72.86	72.86	471.27	471.3	471.27	26.02	26.02	26.02
2017	72.86	68.84	72.86	544.14	540.1	544.14	30.05	29.82	30.05
2018	72.86	63.62	71.94	617.00	603.7	616.08	34.07	33.34	34.02
2019	72.86	59.66	67.65	689.86	663.4	683.73	38.09	36.63	37.75
2020	72.57	55.44	64.35	762.43	718.8	748.08	42.10	39.69	41.31
2021	70.13	49.86	59.40	832.56	768.7	807.48	45.97	42.45	44.59
2022	62.54	42.44	52.80	895.09	811.1	860.28	49.43	44.79	47.50
2023	54.15	35.05	44.55	949.24	846.2	904.83	52.42	46.72	49.96
2024	45.74	28.48	36.70	994.98	874.7	941.52	54.94	48.30	51.99
2025	38.35	24.39	31.09	1033.33	899.1	972.61	57.06	49.64	53.71
2026	31.78	20.69	26.83	1065.11	919.7	999.44	58.81	50.79	55.19
2027	27.69	17.62	22.74	1092.79	937.4	1022.17	60.34	51.76	56.44
2028	23.99	13.86	19.04	1116.79	951.2	1041.22	61.67	52.52	57.49

续表

时间/年份	年产气/($10^8 m^3$)			累积产气/($10^8 m^3$)			采出程度/%		
	不考虑硫沉积	固体硫沉积	液态硫沉积	不考虑硫沉积	固体硫沉积	液态硫沉积	不考虑硫沉积	固体硫沉积	液态硫沉积
2029	20.92	11.75	16.43	1137.71	963.0	1057.65	62.82	53.17	58.40
2030	18.48	9.83	14.92	1156.19	972.8	1072.57	63.84	53.72	59.23
2031	16.63	8.15	13.13	1172.82	981.0	1085.70	64.76	54.17	59.95
2032	14.92	6.57	11.06	1187.74	987.5	1096.75	65.58	54.53	60.56
2033	13.10	5.87	9.80	1200.84	993.4	1106.56	66.31	54.85	61.10
2034	11.72	4.46	8.32	1212.55	997.9	1114.87	66.95	55.10	61.56
2035	10.69	3.23	6.47	1223.24	1001.1	1121.34	67.55	55.28	61.92
2036	9.21	2.54	5.87	1232.45	1003.6	1127.21	68.05	55.42	62.24
2037	8.32	2.15	4.98	1240.77	1005.8	1132.20	68.51	55.54	62.52
2038	7.49	1.65	3.93	1248.26	1007.4	1136.12	68.93	55.63	62.73
2039	6.70	1.39	3.23	1254.96	1008.8	1139.36	69.30	55.70	62.91
2040	6.01	1.16	2.94	1260.96	1010.0	1142.29	69.63	55.77	63.08
2041	5.35	0.92	2.67	1266.31	1010.9	1144.97	69.92	55.82	63.22
2042	5.21	0.59	2.28	1271.52	1011.5	1147.24	70.21	55.85	63.35

参 考 文 献

卞小强, 杜志敏, 陈静, 等. 2009. 一种关联元素硫在酸性气体中的溶解度新模型[J]. 石油学报(石油加工), (6): 889-895.

卞小强, 杜志敏, 汤勇. 2011. 四参数缔合模型预测酸性气体中硫的溶解度[J]. 天然气工业, 31(3): 73-74, 79.

陈磊, 李长俊. 2015. 基于 BP 神经网络预测硫在高含硫气体中溶解度[J]. 石油与天然气化工, (3): 1-5.

陈元千. 1990. 相对渗透率曲线和毛管压力曲线的标准化方法[J]. 石油实验地质, 12(1): 64-70.

邓英尔, 王允诚, 刘慈群, 等. 2000. 低渗非达西渗流相对渗透率计算方法及特征[J]. 西南石油大学学报, 22(3): 34-36.

谷明星, 里群, 邹向阳, 等. 1993. 固体硫在超临界/近临界酸性流体中的溶解度(Ⅰ)实验研究[J]. 化工学报, 44(3): 315-320.

郭肖, 杜志敏, 姜贻伟, 等. 2014. 温度和压力对气水相对渗透率的影响[J]. 天然气工业, 34(6): 60-64.

郭肖. 2014. 高含硫气井井筒硫沉积预测与防治[M], 武汉: 中国地质大学出版社.

侯晓春, 王雅茹, 杨清彦. 2008. 一种新的非稳态油水相对渗透率曲线计算方法[J]. 大庆石油地质与开发, 27(4): 54~56.

桓冠仁, 沈平平. 1982. 一种非稳态油水相对参透率曲线计算方法[J]. 石油勘探与开发, 5(2): 52-58.

黄启亮. 2012. 气润湿反转方法提高瓦斯抽采率[D]. 荆州: 长江大学.

黄时祯, 石美, 郭平, 等. 2013. 温度和测试方法影响相同油水黏度比相渗曲线的实验研究[J]. 重庆科技学院学报(自然科学版), 15(6): 87-91.

雷刚, 王昊, 董平川, 等. 2015. 非均质致密砂岩应力敏感性的定量表征[J]. 油气地质与采收率, 22(3): 90-94.

李洪, 李治平, 赖枫鹏, 等. 2015. 高含硫气藏元素硫溶解度预测新模型[J]. 西安石油大学学报(自然科学版), 30(2): 88-92.

李克文, 罗蔓莉, 王建新. 1994. JBN 方法的改进及相应的计算与绘图软件[J]. 石油勘探与开发, 21(3): 99-104+132.

吕伟峰, 刘庆杰, 张祖波, 等. 2012. 三相相对渗透率曲线实验测定[J]. 石油勘探与开发, 39(6): 713-719.

毛志强. 1998. 储层产能和产液性质评价中的相对渗透率模型[J]. 测井技术, (5): 5-8.

乔海波, 欧成华, 刘晓旭. 2006. 含硫气体元素硫溶解度预测模型研究[J]. 钻采工艺, 29(5): 91-93.

宋付权, 刘慈群. 2000. 低渗油藏的两相相对渗透率计算方法[J]. 西安石油学院学报(自然科学版), 15(1): 10-13.

王玉斗, 陈月明, 侯健, 等. 2002. 高温、低界面张力体系下油水相对渗透率研究[J]. 江汉石油学院学报, 24(3): 50-52.

杨学锋, 黄先平, 钟兵, 等. 2009. 高含硫气体中元素硫溶解度实验测定及计算方法研究[J]. 天然气地球科学, 20(3): 416-419.

杨学锋. 2006. 高含硫气藏特殊流体相态及硫沉积对气藏储层伤害研究[D]. 成都: 西南石油大学.

曾平. 2004. 高含硫气藏元素硫沉积预测及应用研究[D]. 成都: 西南石油大学.

张广东. 2014. 高含硫气藏相态特征及渗流机理研究[D]. 成都: 成都理工大学.

张文亮. 2010. 高含硫气藏硫沉积储层伤害实验及模拟研究[D]. 成都: 西南石油大学.

张砚. 2016. 高含硫气藏水平井硫沉积模型及产能预测研究[D]. 成都: 西南石油大学.

张勇, 杜志敏, 杨学锋. 2006. 高含硫气藏气-固两相多组分数值模拟[J]. 天然气工业, 26(8): 93-95.

周英芳, 王晓冬, 李斌会, 等. 2010. 低渗油藏油水相对渗透率非稳态计算方法[J]. 大庆石油地质与开发, 29(3): 93-97.

Abou-Kassem J H. 2000. Experimental and numerical modeling of sulfur plugging in carbonate reservoirs[J]. Journal of Petroleum Science and Engineering, 26(1-4): 91-103.

Adin A. 1978. Prediction of granular water filter performance for optimum design[J]. Filtration and Separation, 15(1): 55-60.

Ahmadloo F, Asghari K, YadaliJamaloei B. 2009. Experimental and theoretical studies of three-phase relative permeability[C]. SPE

124538.

Al-awadhy F, Kocabas I, Abou-Kassem J H, et al. 1998. Experimental and numerical modeling of sulfur plugging in carbonate oil reservoirs[C]. SPE 49498

Ali H S, Abu-Khamsin A M. 1987. The Effect of Overburden Pressure on Relative Permeability[C]. SPE 15730.

Ali M A, Islam M R. 1997. The effect of asphaltene precipita-tion on carbo nate rock prmeability: an ex perimental andnumerical approach[C]. SPE 38856.

Anderson W G. 1987. Wettability literature survey- part 5: the effects of wettability on relative permeability[C]. Journal of Petroleum Technology, 39(11): 1453-1468.

Bennion D B, Bachu S. 2007. Permeability and relative permeability measurements at reservoir conditions for CO2-water systems in ultra low permeability confining caprocks[C]. SPE 106995.

Bennion D B, Bachu S. 2008. Supercritical CO2 and H2S-brine drainage and imbibition relative permeability relationships for intergranular sandstone and carbonate formations[C]. SPE 99326.

Braester C. 1984. Influence of block size on the transition curve for a drawdown test in a naturally fractured reservoir[J]. SPE Journal, 24(5): 498-504.

Brooks R H, Corey A T. 1966. Properties of porous media affecting fluid flow[J]. Journal of the Irrigation and Drainage Division, 92(2): 61-88.

Brunner E, Place M C, Woll W H. 1988. Sulfur solubility in sour gas[J]. Journal of Petroleum Technology, 40(12): 1587-1592.

Brunner E, Woll W. 1980. Solubility of sulfur in hydrogen sulfide and sour gases[J]. Society of Petroleum Engineers Journal, 20(5): 377-384.

Burdine N T. 1953. Relative permeability caculations from pore size distribution date[J]. Transactions AIME, 19(8): 71-79.

Byrnes A P, Sampath K, Randolph P L. 1979. Effect of pressure and water saturation on permeability of western tight sandstones[C]. Fifth annual department of energy symposium on enhanced oil and gas recovery and improved drilling technology.

Camilleri D, Engelson S, Lake L W, et al. 1987. Description of an improved compositional micellar/polymer simulator[J]. SPE Reservoir Engineering, 2(4): 427-432.

Caudle B H, Slobod R L, Brownscombe E R. 1951. Further developments in the laboratory determination of relative permeability[J]. Journal of Petroleum Technology, 3(5): 145-150.

Chen C Y, Home R N, Fourar M. 2004. Experimental study of two-phase flow structure effects on relative permeabilities in a fracture[C]. Proceedings, Twenty-Ninth Workshop on Geothermal Reservoir Engineering. Stanford University, Stanford, California, January 26-28, 2004.

Chrastil J. 1982. Solubility of solids and liquids in supercritical gases[J]. The Journal of Physical Chemistry, 86(15): 3016-3021.

Civan F. 2007. Formation damage mechanisms and their phenomenological modeling- an overview[C]. SPE 107857.

Cluff R M, Byrnes A P. 2010. Relative permeability in tight gas sandstone reservoirs-the "permeability jail" model[C]. SPWLA 51st Annual Logging Symposium, June 19-23, 2010.

Corey A T. 1954. The interrelation between gas and oil relative permeabilities[J]. Producers Monthly, 19: 38-41

Darutriat J, Gland N, Youssef S, et al. 2009. Stress dependent directional permeabilities of two analog reservoir rocks: a prospective study on contribution of m-tomography and pore net work models[J]. SPE Reservoir Evaluation & Engineering, 12(2): 297-310.

Davis P M, Lau C, Hyne J B. 1992. Data on the solubility of sulfur in sour gases[J]. Alberta Sulphur Res. Ltd. Q. Bull. , 93.

Ertekin T, Silpngarmlers N. 2005. Optimization of formation analysis and evaluation protocols using neuro-simulation[J]. Journal of Petroleum Science & Engineering, 49(3-4): 97-109.

Eydinov D, Gao G, Li G, et al. 2009. Simultaneous estimation of relative permeability and porosity/permeability fields by history matching production data[J]. Journal of Canadian Petroleum Technology, 48(12): 13-25.

Fatt I. 1953. The effect of overburden pressure on relative permeability[J]. Journal of Petroleum Technology, 5(10): 15-16.

Freedman R, Heaton N, Flaum, M. 2011. Field applications of a new nuclear magnetic resonance fluid characterization method[C]. SPE 71713.

Gawish A, Al-Homadhi E. 2008. Relative permeability curves for high pressure, high temperature reservoir conditions[J]. Oil and Gas Business, (2): 1-19.

Gruesbeck C, Collins R E. 1982. Entrainment and deposition of fine particles in porous media[J]. Society of Petroleum Engineers Journal, 22(6): 847-856.

Guo X, Zhou X, Zhou B. 2015. Prediction model of sulfur saturation considering the effects of non-Darcy flow and reservoir compaction[J]. Journal of Natural Gas Science & Engineering, 22: 371-376.

Guo X, Du Z M, Jiang Y W. 2014. Can gas-water relative permeability measured under experiment conditions be reliable for the development guidance of a real HPHT[J], Natural Gas Industry, 34(6): 60-64.

Guo X, Du Z, Yang X, et al. 2009. Sulfur deposition in sour gas reservoirs: laboratory and simulation study[J]. Petroleum Science, 6(4): 405-414.

Guo X, Wang Q. 2016. A new prediction model of elemental sulfur solubility in sour gas mixtures[J]. Journal of Natural Gas Science and Engineering, 31: 98-107.

Guo X, Zhou X F, Zhou B H. 2015. Prediction model of sulfur saturation considering the effects of nonDarcy flow and reservoircompaction[J]. Journal of Natural Gas Science and Engineering, 22: 371-376.

Guo X, Zou G, Wang Y, et al. 2017. Investigation of the temperature effect on rock permeability sensitivity[J]. Journal of Petroleum Science & Engineering, 156: 616-622.

Guo X, Du Z M, Yang X F, et al. 2009. Sulfur depodition in sour gas reservoirs: laboratory and simulation study[J]. Petroleum Science, 6(4): 405-414.

Hands N, Bora Oz, Roberts B, et al. 2002. Advances in the prediction and management of elemental sulfur deposition associated with sour gas production from fractured carbonate reservoirs. SPE 77332.

He L J, Guo X. 2017. Study on sulfur deposition damage model of fractured gas reservoirs with high-content H2S[J]. Petroleum, 3(3): 321-325

He L, Guo X. 2016. Study on sulfur deposition damage model of fractured gas reservoirs with high-content H2S[J]. Petroleum, 3(3): 321-325.

Heidemann R A, Phoenix A V, Karan K, et al. 2001. A chemical equilibrium equation of state model for elemental sulfur and sulfur-containing fluids[J]. Industrial & Engineering Chemistry Research, 40(9): 2160-2167

Honarpour M M, Koederitzr L F, Harvey A H. 1982. Empirical equations for estimating two-phase relative permeability in consolidated rock[J]. Journal of Petroleum Technology, 34(12): 2905~2908.

Hu J H, Zhao J Z, Wang L, et al. 2014. Prediction model of elemental sulfur solubility in sour gas mixtures[J]. Journal of Natural Gas Science and Engineering, 18: 31-38.

Hu J H, He S L, Wang X D, et al. 2013. The modeling of sulfur deposition damage in the presence of natural fracture[J]. Petroleum

Science and Technology, 31(1): 80-87.

Johnson E F, BosslerD P, NaumannV O. 1959. Caculation of relative permeability from displacement experiments[J]. Transactions AIME, 216: 370-372.

Jones C, Al-Quraishi A A, Somerville J M, et al. 2001. Stress Sensitivity of Saturation and End-Point Relative Permeability[C]. SCA 2001-11.

Jones S C, Roszelle W O. 1978. Graphical techniques for determining relative permeability from displacement experiments[J]. Journal of Petroleum Technology, 30(5): 807-812.

Karan K, Heidemann R A, Behie L A. 1998. Sulfur Solubility in sour gas: predictions with an equation of state model[J]. Industrial & Engineering Chemistry Research, 37(5): 1679-1684.

Kazemi B H, Merrill L S, Porterfield K L, et al. 1976. Numerical simulation of water-oil flow in naturally fractured reservoirs[J]. Society of Petroleum Engineers Journal, 16(6): 1114-1122.

Kazemi B H, Merrill L S. 1979. Numerical simulation of water imbition in fractured cores[J]. Society of Petroleum Engineers Journal, 19(3): 175-182.

Kennedy H T, Wieland D R. 1960. Equilibrium in the methane-carbon dioxide-hydrogen sulfide-sulfur system[J]. Journal of Petroleum Technology, 7(219): 166-169.

Kewen L, Abbas F. 2000. Experimental study of wettability alteration to preferential gas-wetting in porous media and its effects[J]. SPE Reservoir Evaluation & Engineering, 3(2): 139-149

Kuo C H. 1972. On the production of hydrogen sulfide-sulfur mixtures from deep formations[J]. Journal of Petroleum Technology, 24(9): 1142-1146.

Lei G, Dong P, Wu Z, et al. A fractal model for the stress-dependent permeability and relative permeability in tight sandstones. Journal of Canadian Petroleum Technology, 2015, 54(01): 36-48.

Li K, Shen P, Qing T. 1994. A new method for calculating oil-water relative permeabilities with consideration of capillary pressure[J]. Mechanics and Practice, 16(2): 46-52.

Li K, Horne R N. 2001. Characterization of spontaneous water imbibition into gas-saturated rocks[C]. SPE74703.

Mahmoud M A. 2013. New numerical and analytical models to quantify the new-wellbore damage due to sulfur deposition in Sour Gas Reservoirs[C]. 2013 North Africa Technical Conference & Exhibition.

McCabe W L, Smith J C, Harriott P. 2001. Unit Operations of Chemical Engineering. 6th Edition. Boston: McGrawHill.

Miller M A, Ramey H J. 1985. Effect of temperature on oil/water relative permeabilities of unconsolidated and consolidated sands[J]. Society of Petroleum Engineers Journal, 25(6): 945-953.

Nakornthap K, Evans R D. 1986. Temperature-Dependent relative permeability and its effect on oil displacement by thermal methods. SPE Reservoir Engineering, 1(3): 230-242.

Owens W W, Archer D L. 1971. The effect of rock wettability on oil-water relative permeability relationtionships[J]. Journal of Petroleum Technology, 23(7): 873-878.

Pirson S J. 1958. Oil Reservoir Engineering[M]. New York: McGran Hill.

Ranaee E, Porta G M, Riva M, et al. 2014. Prediction of three-phase oil relative permeability through a sigmoid-based model[J]. Journal of Petroleum Science & Engineering, 126: 190-200.

Roberts B E. 1997. The effect of sulfur deposition on gaswell inflow performance[J]. SPE Reservoir Engineering, 12(2): 118-123.

Roof J G. 1971. Solubility of sulfur in hydrogen sulfide and in carbon disulfide at elevated temperature and pressure[J]. Society of

Petroleum Engineers Journal, 11 (3): 272-276.

Rose W D. 1948. Permeability and gas-slippage phenomena[C]. 28th Annual Mtg. Topical Committee on Production Tecnology.

Shedid S A, Zekri A Y, Almehaideb R A. 2009. Induced sulfur deposition during carbon dioxide miscible flooding in carbonate reservoirs[C]. SPE 119999.

Shedid S A, Zekri A Y. 2004. Formation Damage Due to Simultaneous Sulfur and Asphaltene Deposition[C]. SPE 86553.

Silpngarmlers N, Guler B, Ertekin T, et al. 2001. Development and testing of two-phase relative permeability predictors using artificial neural networks[J]. SPE Journal, 7 (3): 299-308.

Sun C Y, Chen G J. 2003. Experimental and modeling studies on sulfur solubility in sour gas[J]. Fluid Phase Equilibria, 214 (2): 187-195.

Swift S C, Manning F S, Thompson R E, et al. 1976. Sulfur-bearing capacity of hydrogen sulfide gas[J]. Society of Petroleum Engineers Journal, 16 (2): 57-64.

Thomas R D, Ward D C. 1972. Effect of overburden pressure and water saturation on gas permeability of tight sandstone cores[J]. Journal of Petroleum Technology, 24 (2): 120-124.

Tran T V, Civan F, Robb I. 2010. Correlating Flowing Time and Condition for Plugging of Rectangular Opening, Natural Fractures, and Slotted Liners by Suspended Particles[C]. SPE 126310.

Weifeng L, Qingjie L, Zhang Z, et al. 2012. Measurement of three-phase relative permeabilities[J]. Petroleum Exploration and Development, 39 (6): 758-763.

Wylle M RJ, Gardner G H F. 1958. The generalized kozeny-carmen equation its application to problems of multi-phaseflow in porous media[J]. World Oil, 2: 121-126

Xiao L, Mao Z, Liu T, et al. 2013. Comparisons of pore structure for unconventional tight gas, coalbed methane and shale gas reservoirs[C]. SPE 165774.

Zekri A Y, Shedid S A, Almehaideb R A. 2009. Sulfur and asphaltene deposition during co_2 flooding of carbonate reservoirs[C]. SPE 118825.